Smart Search and Recommendation System
Principle, Algorithm and Application

智能搜索和推荐系统
原理、算法与应用

刘宇 赵宏宇 刘书斌 孙明珠 著

机械工业出版社
CHINA MACHINE PRESS

图书在版编目（CIP）数据

智能搜索和推荐系统：原理、算法与应用 / 刘宇等著 . —北京：机械工业出版社，2021.1
（2023.9 重印）
（智能系统与技术丛书）

ISBN 978-7-111-67067-4

I. 智…　II. 刘…　III. 搜索引擎－程序设计　IV. TP391.3

中国版本图书馆 CIP 数据核字（2020）第 252040 号

智能搜索和推荐系统：原理、算法与应用

出版发行：机械工业出版社（北京市西城区百万庄大街 22 号　邮政编码：100037）

责任编辑：董惠芝　　　　　　　　　　　　责任校对：殷　虹

印　　刷：北京建宏印刷有限公司　　　　　版　　次：2023 年 9 月第 1 版第 4 次印刷

开　　本：186mm×240mm　1/16　　　　　印　　张：17

书　　号：ISBN 978-7-111-67067-4　　　　定　　价：79.00 元

客服电话：（010）88361066　68326294

  2018 年春天，我从西雅图飞回阔别七年的北京，加入了一家互联网电商公司。我们的团队负责公司的搜索、推荐和智能客服业务。过去十多年间，随着大规模云计算的普及和GPU 的发展，各种机器学习算法得到了快速发展，成为各大互联网公司促进业务增长的强劲引擎。不管是在学术界还是工业界，各种新算法层出不穷，但是是否能真正落地，真正地应用在商业场景中并带来可观收益，都需要很多的尝试和摸索。

  在这个新公司中，我结识了一批像刘宇和刘书斌这样的新互联网人，他们非常好学、务实、努力，并充满热情，都希望能够利用新技术、新方法为公司带来新的业务增长。不过一开始，尤其是在各种新算法、新论文博得大众眼球的时候，很多人容易陷入一个误区，就是过多使用最新的算法或者倾向于使用复杂的算法。实际上，深入了解业务场景，合理地收集和整理正确反映用户行为和业务场景数据，是对算法提升最直接、最有效的手段。从如何把用户的购买行为进行合理的归因，到数据如何做归一化，甚至如何处理一些细节的数值越界问题，都直接影响搜索和推荐算法的效果。我们只有把这些"小"问题处理好了，才有余力尝试更加复杂的算法模型。

  对于一个经营服装家居的电商平台来说，如何帮助用户输入合理的搜索词并且在大量的产品当中快速找到满意的产品，对用户体验和业务提升都是非常重要的。刘宇在自然语言处理和理解方面带领团队做了很多研究和开发工作，积累了很多经验。我们经常在一起讨论有关系统和算法的设计问题，应对各种挑战和难点。在搜索和推荐系统中，我们不仅需要从产品角度定义用户关注的产品属性，还需要从用户的角度挖掘对产品的分类和属性的定义，还要合并、去重和分组，最后需要进行点击率预测。在一系列的处理过程中，并不是用最复杂、最新的算法就可以解决问题的，而是需要寻找问题的关键步骤进行重点投入，对非关键问题简化处理，或者在将来的迭代中再考虑优化。对于过于复杂的问题，我们还要考虑适当缩小问题的空间来降低解决问题的复杂度。当然，一个应用最终能够正式运用到产品中，在工程实践中还需要非常多的精雕细琢。

  刘宇和几位同事把过去几年学习到的各种算法以及应用的经验整理记录下来，这对刚刚开始进入算法工作的工程研究人员会有很大帮助。如何在实际场景中应用这些知识，还需要每个人根据实际问题不断探索。苹果公司一直非常推崇创新和创意，但是它的创始人史蒂芬·乔布斯曾经表达过一种担心——大家会以为只要有好的创新和好的创意，一个产品就成功了。实际上，从一个伟大的创意到一个伟大的产品需要我们不断地修正思路，不断地做出必要的取舍。在算法工程和工作中，我们也需要使用同样的思路。一个最优的算法固然重要，但是真正的成功在于不断实践，投入足够的精力和时间去解决那些看似不重要的周边问题，并需要对问题做出必要的裁剪，通过快速迭代逐步递进，从而给我们的工作带来真正可观的商业价值。

孙燕峰

Hulu 技术总监

2020 年 11 月于西雅图

美国著名棒球运动员及教练尤吉·贝拉（Yogi Berra）有一句名言："从理论上讲，理论与实践没有区别；但是在实践中，两者是不一样的。"

对于在互联网公司的搜索、推荐、广告等人工智能领域践行的工程师来说，尤吉的这句话非常适用。一方面，这些领域的工作要求工程师在概率统计、应用数学、自然语言处理以及机器学习等方面具有扎实的基础理论知识。另一方面，在这些领域中，如何将理论应用到工程实践，解决搜索、推荐、广告系统等实际问题，是工程师必须面对的挑战。

今天，在市面上已经有一些关于智能系统的基础理论书籍，在网络上也有很多关于搜索、推荐、广告开源系统及框架的文档，但是鲜有能够将基础理论、智能系统的基本原理，以及实际应用都覆盖到位的图书。

本书作者结合自己在学校和工作中的理论学习以及实践体会，将理论、原理和实践有机地结合起来，用严谨的文字，深入浅出地阐述了自己的理论感悟与实践心得，是一本值得收藏的好书。

黄彦林

前唯品会 CTO

为什么要写本书

搜索和推荐是人工智能技术应用最早和最成熟的两个领域。在互联网快速发展的今天，信息呈爆炸式增长，而搜索和推荐系统是解决信息过载最有效的方式。搜索引擎作为网站和应用的入口，地位越来越重要。推荐系统是拉动用户增长的利器，也是互联网流量变现的重要工具。

由于工作的原因，我开始对自然语言处理在搜索中的应用进行梳理。在梳理的过程中，我翻阅了很多资料和文档。但是，我发现市面上的资料都比较陈旧。一些资料是专门讲解搜索引擎应用的，偏工程应用，整本书都在讲解代码。还有一些资料要么讲述自然语言处理的理论和应用，要么讲解机器学习的理论和应用，而对如何将这些理论应用到搜索场景并没有做出系统的描述。一个偶然的机会我翻阅了张俊林的《这就是搜索引擎：核心技术详解》一书，书中提到该书是他学习搜索引擎的笔记。这个点子启发了我，是不是我也可以把在工作和学习过程中的笔记整理出来，为初学者提供一个较为详细的入门指引呢？

2019年我换了工作，选择了一个专门从事推荐系统的岗位。新团队中的每个人都有相似的特质，那就是喜欢迎接各种挑战。于是，我鼓动大家把自己在工作过程中的心得体会记录下来。虽然大家一开始不理解我的初衷，但是还是按照我的方法做了。面对困难，我们并没有裹足不前，而是通过不断尝试新的算法和前沿技术，克服了各种生产和线上的实际困难。在整理心得体会时，我们发现了搜索、推荐以及广告系统的同质性，并希望能把重点提炼出来，总结成册来帮助更多的初学者。

这里分享一些学习心得：学习的过程是一个痛并快乐的过程；每一门学科的发展必然有一些先知先贤为我们指引迷途，大家任何时候奋起直追都不算晚；在学习的路上不断求新、求变才是"王道"。

读者对象

本书面向零基础读者，介绍了搜索和推荐系统的工作原理及实践应用。通过学习本书，以下读者可以从中受益。

- ❑ 搜索和推荐系统的初中级读者。
- ❑ 自然语言处理的初中级读者及爱好者。
- ❑ 机器学习的初中级读者及爱好者。

本书特色

本书将搜索、推荐和广告的核心技术进行了完美统一，介绍了搜索和推荐方面的相关知识，并把自然语言处理、机器学习和深度学习的一些知识点应用到搜索和推荐场景。

- ❑ 涵盖了工业界常用的搜索架构和一些基本算法。
- ❑ 涵盖了工业界常用的推荐架构和一些基本算法。
- ❑ 在讲解过程中统一了搜索、推荐以及广告的一些同质技术。
- ❑ 将一些自然语言处理基本模型融入搜索和推荐的业务场景中。
- ❑ 将一些基本的机器学习算法应用到搜索和推荐的排序学习场景中。
- ❑ 梳理了排序学习的一些主要实现方法。

如何阅读本书

本书分为 4 部分。

第一部分（第 1 ~ 3 章）：搜索和推荐系统的基础。

这部分首先说明了概率统计与应用数学是现代机器学习理论的基础，也是基于统计的自然语言处理的基础；其次介绍了搜索系统和推荐系统的常识，为读者的后续学习打下基础；最后描述了知识图谱的相关基础理论，为其在搜索系统和推荐系统领域的应用作铺垫。

第二部分（第 4 ~ 6 章）：搜索系统的基本原理。

这部分的主要内容包括搜索系统框架及原理、主要算法以及相关评价体系。首先，介绍搜索系统的架构和原理，使读者了解搜索系统的组成、工作原理以及知识图谱在搜索系统中应用的概况；其次，主要讲解搜索系统中涉及的基本模型、机器学习以及深度学习算法；最后，描述评价搜索系统的相关指标和方法。

第三部分（第 7 ~ 9 章）：推荐系统的基本原理。

这部分的主要内容包括推荐系统框架及原理、主要算法以及推荐系统相关评价指标。首先，介绍推荐系统的架构和原理，使读者了解推荐系统的组成、工作原理以及知识图谱在推荐系统中应用的概况；其次，主要讲解推荐系统中涉及的线性模型、树模型以及深度学习模型；最后，对判断一个推荐系统的优劣给出相应的指标体系。

第四部分（第 10 ~ 12 章）：应用。

这部分首先介绍了三种常见的搜索引擎工具——Lucene、Solr 和 Elasticsearch；其次讲述了搜索系统和推荐系统两个方向的应用；最后详细介绍了如何充分结合 AI 与工程在工业界发挥作用。

其中，第一部分相对独立。如果你是一名资深用户，能够理解搜索和推荐的相关基础知识，那么可以直接跳过这部分内容。但是如果你是一名初学者，请一定从第 1 章的基础理论知识开始学习。

勘误和支持

由于笔者水平有限，编写时间仓促，书中难免会出现一些错误或者不准确的地方，恳请读者批评指正。书中的全部源文件可以从网站 https://github.com/michaelliu03/Search-Recommend-InAction 下载，我也会在该网站及时更新相关内容。如果你有更多的宝贵意见，也欢迎发送邮件至 841412988@qq.com，期待得到你的真挚反馈。

致谢

首先要感谢伟大的人工智能之父——艾伦·麦席森·图灵，是他开创了整个 AI 领域。

感谢清华大学对我的培养，为我提供了一个良好的学习环境。

感谢机械工业出版社的策划编辑杨福川，在这一年多的时间里始终支持我的写作，引导我顺利完成全部书稿。感谢责任编辑董惠芝为本书出版付出的巨大努力。

最后感谢我的妻子和两个可爱的女儿，感谢你们时时刻刻给我信心和力量！

谨以此书献给我最亲爱的家人，以及众多热爱人工智能和机器学习的朋友们！

刘宇

2020 年 12 月

|目　录|

第一部分 *Part 1*

搜索和推荐系统的基础

Chapter 1 | 第 1 章

概率统计与应用数学基础知识

搜索和推荐作为算法领域相对成熟的两个应用方向，主要应用于机器学习和自然语言处理。机器学习和自然语言处理都会用到很多应用数学的知识，特别是概率与统计的一些基础知识。

本章将简要介绍概率统计和应用数学的基础知识，以便读者对其相关知识点的掌握。已经了解概率统计和应用数学基础知识的读者，可以将本章作为复习模块，也可以直接跳过阅读后面的内容。

1.1 概率论基础

概率论是机器学习中重要的基础知识。下面介绍一些与本书相关的概率论知识。

1.1.1 概率定义

概率是对一个事件将要发生的可能性的一种测度。概率值在 0 到 1 之间，0 代表不可能发生，1 代表确定发生。事件的概率值越高，它发生的可能性就越大。

假设概率值 P 为某个事件 A 发生的概率，记作 $P(A)$，(Ω, F, P) 为一个测度空间，其中 Ω 表示样本空间，F 表示事件空间，那么满足以下公理。

公理 1：事件的概率是一个非负实数，且 $P(A) \in \mathbb{R}$，即 $P(A) \geqslant 0, \forall A \in F$。

公理 2：样本空间集合的概率值为 1，即 $P(\Omega) = 1$。

公理 3：任意可数的无交集的事件序列 $A_1, A_2, \cdots$，满足如下条件：

$$P\left(\bigcup_{i=1}^{\infty} A_i\right) = \sum_{i=1}^{\infty} P(A_i)$$

通过上面 3 条公理，可以得出以下 3 条推论：

推论 1：空集的概率值为 0，$P(\phi)=0$。

推论 2：如果 A 是 B 的子集或者 A 等于 B，那么 A 发生的概率一定小于或者等于 B 发生的概率，即 if $A \subseteq B$ then $P(A) \leqslant P(B)$。

推论 3：任意事件发生的概率值在 0 到 1 之间，即 $0 \leqslant P(A) \leqslant 1$。

概率具有的基本性质如下：

1）$P(\overline{A}) = 1 - P(A)$

2）$P(A-B) = P(A) - P(AB)$

3）$P(A \cup B) = P(A) + P(B) - P(AB)$，特别地，当 $B \subset A$ 时，$P(A-B) = P(A) - P(B)$ 且 $P(B) \leqslant P(A)$；$P(A \cup B \cup C) = P(A) + P(B) + P(C) - P(AB) - P(BC) - P(AC) + P(ABC)$

4）若 $A_1, A_2, \cdots, A_n$ 两两互斥，则 $P\left(\bigcup_{i=1}^{n} A_i\right) = \sum_{i=1}^{n} (P(A_i))$

5）$P(A\overline{B}) = P(A) - P(AB)$, $P(A) = P(AB) + P(A\overline{B})$, $P(A \cup B) = P(A) + P(\overline{A}B) = P(AB) + P(A\overline{B}) + P(\overline{A}B)$

6）条件概率 $P(A|B)$ 满足概率的所有性质，例如：$P(\overline{A}_1|B) = 1 - P(A_1|B)$, $P(A_1 \cup A_2|B) = P(A_1|B) + P(A_2|B) - P(A_1A_2|B)$, $P(A_1A_2|B) = P(A_1|B)P(A_2|A_1B)$

7）若 $A_1, A_2, \cdots, A_n$ 相互独立，则 $P(\cap_{i=1}^{n} A_i) = \prod_{i=1}^{n} P(A_i)$, $P(\cup_{i=1}^{n} A_i) = \prod_{i=1}^{n} (1 - P(A_i))$

8）互斥、互逆与独立性之间的关系：A 与 B 互逆 $\Rightarrow$ A 与 B 互斥，反之不成立；A 与 B 互斥（或互逆）且均非零概率事件 $\Rightarrow$ A 与 B 不独立。

9）若 $A_1, A_2, \cdots, A_m$；$B_1, B_2, \cdots, B_n$ 相互独立，则 $f(A_1, A_2, \cdots, A_m)$ 与 $g(B_1, B_2, \cdots, B_n)$ 也相互独立，其中 $f(A)$、$g(B)$ 分别表示对相应事件做任意事件运算后所得的事件。另外，概率为 1（或 0）的事件与任何事件相互独立。

概率定义的实质是从大量可重复的试验中总结出来的一些规律。下面介绍几个重要的概念。

古典概率：如果一个可重复的试验可能出现 N 种不同的结果，试验的一组事件为 $\{A_1, A_2, \cdots, A_i\}$，并且所有结果出现的可能性相同，假设任意事件 A_i 可能出现的结果有 N 个，M 表示事件数，则事件 A_i 发生的频率为 $Q(A_i) = N/M$。如果 N 趋向于无穷大，则频率 $Q(A_i)$ 无限接近概率 $P(A_i)$，即

$$\lim_{N \to \infty} Q(A_i) = P(A_i)$$

条件概率：在已知事件 B 发生的情况下，事件 A 发生的概率，称为条件概率 $P(A|B)$，即

$$P(A|B) = \frac{P(AB)}{P(B)}$$

当 $P(B)>0$，变换上述公式，可以得到：

$$P(AB) = P(B)P(A|B) = P(A)P(B|A)$$

上述公式的一般形式称作概率的乘法规则：

$$P(A_1 \cap \cdots \cap A_n) = P(A_1)P(A_2 \mid A_1)P(A_3 \mid A_1 A_2) \cdots P\left(A_n \mid \bigcap_{i=1}^{n-1} A_i\right)$$

条件概率满足以下性质：

1）$P(A|B) \geqslant 0$

2）$P(\Omega|B) = 1$

3）如果事件 A_i 独立不相容，则

$$P\left(\sum_{i=1}^{\infty} A_i \mid B\right) = \sum_{i=1}^{\infty} P(A_i \mid B)$$

如果 A_i、A_j 条件独立，则

$$P(A_i, A_j|B) = P(A_i|B)P(A_j|B)$$

全概率公式：假设样本空间为 Ω，试验的一组事件为 $\{B_1, B_2, \cdots, B_i\}$，事件两两相斥，则

$$B_i \cap B_j = \Phi(i \neq j; i, j = 1, 2, \cdots, n) \text{ 且 } \bigcup_{i=1}^{n} B_i = \Omega$$

其中，$B_1, B_2, \cdots, B_n$ 为样本空间 Ω 的一个划分。事件 A 的全概率公式为：

$$P(A) = P\left(A \cap \left(\bigcup_{i=1}^{n} B_i\right)\right) = \sum_{i=1}^{n} P(AB_i) = \sum_{i=1}^{n} P(B_i)P(A \mid B_i)$$

全概率公式的意义在于，当直接计算 $P(A)$ 较为困难，而 $P(B_i)$、$P(A|B_i)$ ($i = 1, 2, \cdots$) 的计算较为简单时，可以利用全概率公式计算 $P(A)$。公式的含义是，将事件 A 分解成几个小事件，先求小事件概率，然后相加从而求得事件 A 的概率。注意，对事件 A 进行分割，不是直接对 A 进行分割，而是先找到样本空间 Ω 的一个个划分小事件 $B_1, B_2, \cdots, B_n$，这样事件 A 就被事件 $AB_1, AB_2, \cdots, AB_n$ 分解成了 n 部分，即 $A = AB_1 + AB_2 + \cdots + AB_n$。在每一个小事件 B_i 中，事件 A 发生的概率是 $P(A|B_i)$。

贝叶斯公式：与全概率公式相反，贝叶斯公式是在条件概率的基础上寻找事件 B 发生的概率（即在大事件 A 已经发生的条件下，求分割中的小事件 B_i 发生的概率）。设 $B_1, B_2, \cdots, B_i$ 是样本空间 Ω 的一个划分，则对任一事件 $A(P(A)>0)$ 有：

$$P(B_i \mid A) = \frac{P(B_i)P(A \mid B_i)}{P(A)} = \frac{P(B_i)P(A \mid B_i)}{\sum_{i=1}^{n} P(B_i)P(A \mid B_i)}$$

贝叶斯公式也称朴素贝叶斯公式，$P(B_i|A)$ 为后验概率，$P(B_i)$ 为先验概率，$P(A|B_i)$ 为似然。在实际机器学习应用过程中，贝叶斯公式经常用到，全概率公式则很少用到。

例 1：假设一个女孩天生聪明的概率是 $P(A) = 1/10$，一个女孩漂亮的概率是 $P(B) = 1/10$，一个女孩学习机器学习的概率是 $P(C) = 1/100$，求一个既聪明又漂亮的女孩学习机器学习的

概率是多少?

解: $P(A, B, C) = P(A) \times P(B) \times P(C) = \dfrac{1}{10} \times \dfrac{1}{10} \times \dfrac{1}{100} = \dfrac{1}{10000}$

例 2: 假设一个女孩天生聪明的概率是 $P(A) = 1/10$,聪明的女孩子学习机器学习的概率是 $P(B|A) = 1/1000$,一个人学习机器学习的概率是 $P(B) = 1/100$,求一个学机器学习是聪明女孩的概率是多少?

解: $P(A|B) = P(A) \times P(B|A)/P(B) = \dfrac{1}{10} \times \dfrac{1}{1000} \div \dfrac{1}{100} = \dfrac{1}{100}$

1.1.2 随机变量

前文讲到的概率在许多概率模型中的试验结果是数值化的,也有一些例子中的试验结果不是数值化的,但是这些试验结果是与某些数值相关联的。比如在传输信号试验中,传输信号所需要的时间,接收到的信号中发生错误的次数,传输信号的延迟,等等,这些事件发生的概率可以用随机变量表示。

随机变量可以随机地取不同的值,取值可以是离散的,也可以是连续的。随机变量更像是一种函数,可以表示随机试验中所有可能的输出结果,如图 1-1 所示。

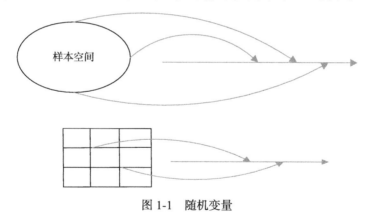

图 1-1 随机变量

随机变量可以分为离散型随机变量和连续型随机变量。

离散型随机变量: 如果随机变量为有限可列举的数值:$x_1, x_2, \cdots x_n$,我们称之为离散型随机变量。

连续型随机变量: 如果随机变量 X 可以取实数数轴上的某个区间内的任意值,我们称之为连续型随机变量。

1.1.3 基础的概率分布

很多基础的概率分布在机器学习和深度学习领域很有用,这些概率分布也是其他复杂分布的基础。下面我们学习几种基础的概率分布。

1）0-1 分布：$P(X = k) = p^k(1-p)^{1-k}$，$k = 0, 1$

其中，p 为 $k = 1$ 时的概率（$0<p<1$）。假设一个试验事件发生的概率为 p，不发生的概率为 $1-p$，任何一个只有两种结果的随机事件都服从 0-1 分布。

2）二项分布 $B(n, p)$：$P(X = k) = C_n^k p^k (1-p)^{n-k}$，$k = 0, 1, \cdots, n$

其中，$C_n^k = \dfrac{n!}{k!(n-k)!}$ 是二项式系数。该公式可以理解为，在 n 次试验中有 k 次成功（成功的概率为 p）和 $n-k$ 次失败（失败的概率为 $1-p$），并且 k 次成功可以在 n 次试验的任何次试验中出现，则 k 次成功分布在 n 次试验中共有 C_n^k 种不同的排列组合。

0-1 分布是二项分布的特例。

例 3：二项分布代码，如下所示。

```
1. import numpy as np
2. from scipy import stats
3. import matplotlib.pyplot as plt
4. #####################
5. # 二项分布
6. #####################
7. def binom_pmf_test():
8.     '''''
9.     为离散分布
10.    二项分布的例子：抛掷 100 次硬币，恰好两次正面朝上的概率是多少？
11.    '''
12.    n = 100# 独立试验次数
13.    p = 0.5# 每次正面朝上概率
14.    k = np.arange(0,100) #0-100 次正面朝上概率
15.    binomial = stats.binom.pmf(k,n,p)
16.    print( binomial)# 概率和为 1
17.    print(sum(binomial))
18.    print( binomial[2])
19.    plt.plot(k, binomial,'o-')
20.    plt.title('Binomial: n=%i , p=%.2f' % (n,p),fontsize=15)
21.    plt.xlabel('Number of successes')
22.    plt.ylabel('Probability of success',fontsize=15)
23.    plt.show()
```

二项分布示意图如图 1-2 所示。

二项分布不断叠加后会产生一个重要的分布，就是正态分布。

3）**正态分布 $N(\mu, \sigma^2)$**：$\varphi(x) = \dfrac{1}{\sqrt{2\pi}\sigma} e^{-\frac{(x-\mu)^2}{2\sigma^2}}$，$\sigma>0$；$-\infty < x < +\infty$

例 4：正态分布代码，如下所示。

```
1.def  normal_distribution():
2.    '''''
3.    正态分布是一种连续分布，其函数可以在实线上的任何地方取值
4.    正态分布由两个参数描述：分布的平均值 μ 和方差 σ²
5.    '''
6.    mu = 0  # mean
```

```
7.    sigma = 1  # standard deviation
8.    x = np.arange(-10, 10, 0.1)
9.    y = stats.norm.pdf(x, 0, 1)
10.   print(y)
11.   plt.plot(x, y)
12.   plt.title('Normal: $\mu$=%.1f, $\sigma^2$=%.1f' % (mu, sigma))
13.   plt.xlabel('x')
14.   plt.ylabel('Probability density', fontsize=15)
15.   plt.show()
```

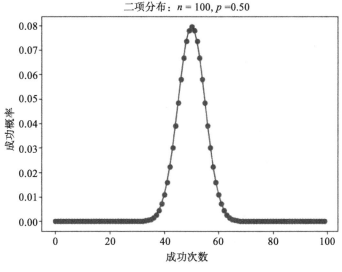

图 1-2　二项分布示意图

正态分布示意图如图 1-3 所示。

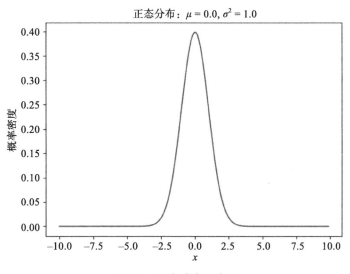

图 1-3　正态分布示意图

4）泊松分布 $p(\lambda)$：$P(X=k) = \dfrac{\lambda^k}{k!} e^{-\lambda}$，$\lambda > 0$; $k = 0, 1, 2\cdots, n$

λ 是单位时间（或单位面积）内随机事件的平均发生率，因此该分布适合描述单位时间内随机事件发生的次数。若随机变量 X 取 0 和一切正整数，在 n 次独立试验中出现的次数 x 恰为 k 次的概率为 $P_{(X=k)}(k=0, 1, ..., n)$，式中 λ 是一个大于 0 的参数，此概率分布称为泊松分布。它的期望值 $E(x) = \lambda$，方差 $D(x) = \lambda$。当 n 很大，且在一次试验中出现的概率 P 很小时，泊松分布近似二项分布。

5）均匀分布 $U(a, b)$：$f(x) = \begin{cases} \dfrac{1}{b-a}, & a < x < b \\ 0 & \end{cases}$

均匀分布由两个参数 a 和 b 定义，它们是数轴上的最小值和最大值，在边界 a 和 b 处的 $f(x)$ 的值通常是不重要的。

6）正态分布 $N(\mu, \sigma^2)$：$\varphi(x) = \dfrac{1}{\sqrt{2\pi}\sigma} e^{-\frac{(x-\mu)^2}{2\sigma^2}}$，$\sigma > 0, -\infty < x < +\infty$

若随机变量 X 服从数学期望为 μ、方差为 σ^2 的正态分布，可记作 $N(\mu, \sigma^2)$。当 $\mu = 0, \sigma = 1$ 时，正态分布是标准正态分布。

7）指数分布 $E(\lambda)$：$f(x) = \begin{cases} \lambda e^{-\lambda x}, & x > 0; \lambda > 0 \\ 0 & \end{cases}$

其中，$\lambda > 0$，常被称为频率参数，即单位时间内发生某事件的次数。指数分布的区间是 $[0, \infty)$。如果一个随机变量 X 呈指数分布，则可以写作 $X \sim$ Exponential(λ)。指数分布可以用来表示独立随机事件发生的时间间隔，比如旅客进机场的时间间隔、软件更新的时间间隔等。它是可靠性研究中最常用的一种分布形式。

8）几何分布 $G(p)$：$P(X=k) = (1-p)^{k-1}p$, $0 < p < 1$, $k = 1, 2, \cdots$

在 n 次伯努利试验中，试验 k 次才得到第一次成功的概率，即前 $k-1$ 次皆失败，第 k 次成功的概率。在伯努利试验中，成功的概率为 p，x 表示出现首次成功前的试验次数，x 是离散型随机变量，只取正整数。

9）超几何分布 $H(N, M, n)$：$P(X=k) = \dfrac{C_M^k C_{N-M}^{n-k}}{C_N^n}$，$k = 0,1,\cdots,\min(n,M)$

描述了从有限的 N 个物件（其中包含 M 个指定种类的物件）中抽出 n 个物件，成功抽出指定种类物件的次数（不放回）。

1.1.4 期望、方差、标准差、协方差

期望：试验中每次可能结果的概率乘以其结果的总和。对于离散型变量和连续型变量而言，其求解期望的方式如下所示。

离散型：$P\{X = x_i\} = p_i$，$E(X) = \sum\limits_i x_i p_i$

连续型：$X \sim f(x), E(X) = \int_{-\infty}^{+\infty} xf(x)\mathrm{d}x$

期望代表了概率加权下随机变量的平均值。平均值的计算公式如 $\overline{X} = \frac{1}{n}\sum_{i=1}^{n} x_i$，如求

$1 \sim 10$ 数字的均值，计算过程为：$\overline{A} = \frac{1+2+\cdots+9+10}{10} = 5.5$。期望除了表示均值外，还反映随机变量平均取值的大小。

比如掷骰子，骰子有 6 个面，分别是（1, 2, 3, 4, 5, 6），掷 10000 次骰子，假设骰子被掷到每个面的概率是均匀的，那么按照上面的计算方法，投掷 10000 次后的均值是 3.5。如果所掷骰子的概率不服从均匀分布，均值的计算过程同离散型变量求期望的方法。

方差： $D(X) = E[X–E(X)]^2 = E(X^2)–[E(X)]^2$

一个随机变量的方差描述的是它的离散程度，也就是该随机变量在其期望值附近的波动程度。方差是针对预测数据的，预测数据的离散程度越大，方差越大。方差示意图如图 1-4 所示。

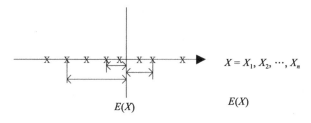

图 1-4 方差示意图

标准差： $\sqrt{D(X)} = \sqrt{E[X - E(X)]^2}$

从本质上讲，方差和标准差具有相同物理意义，只是计算方式略有不同。

协方差： $\mathrm{Cov}(X,Y) = E[(X–E(X)(Y–E(Y))]$

协方差是两个随机变量变化趋势的度量。若 $\mathrm{Cov}(X, Y) > 0$，X、Y 的变化趋势相同；若 $\mathrm{Cov}(X, Y) < 0$，X、Y 的变化趋势相反；若 $\mathrm{Cov}(X, Y) = 0$，X、Y 不相关。

如图 1-5 所示，图 1-5a 中第 1、3 象限的协方差变化趋势相同，图 1-5b 中第 2、4 象限的协方差变化趋势相反。

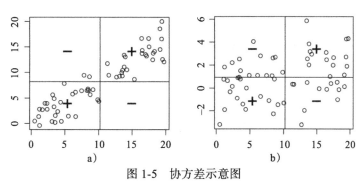

图 1-5 协方差示意图

1.2 线性代数基础

线性代数是理解深度学习所必须掌握的基础数学学科之一，所以对线性代数基础知识的总结和归纳有很重要的意义和作用。

1.2.1 矩阵

矩阵：一个二维数组，其中的每一个元素由行和列确定，可以用 A 表示。

矩阵的秩：设在矩阵 A 中有一个不等于 0 的 r 阶子式 D，且所有 $r+1$ 阶子式（如果存在的话）全等于 0，那么，D 称为矩阵 A 的最高阶非零子式，r 称为矩阵 A 的秩，记作 $R(A) = r$。

矩阵的乘法：设矩阵 A 为 $m \times s$ 阶矩阵，B 为 $s \times n$ 阶矩阵，那么 $C = A \times B$ 是 $m \times n$ 阶矩阵，其中

$$c_{ij} = \sum_{k=1}^{s} a_{ik} b_{kj}$$

两个相同维数的向量 x 和 y 的点积可看作矩阵乘积 $x^T y$。矩阵乘积 $C = A \times B$ 中计算 c_{ij} 的步骤可看作矩阵 A 的第 i 行和矩阵 B 的第 j 列的点积。

单位矩阵和逆矩阵：任意向量和单位矩阵相乘，都不会改变。n 维向量不变的单位矩阵，记作 I_n。单位矩阵中所有沿主对角线的元素都是 1，其他位置的元素都是 0。逆矩阵满足 $A^{-1}A = I$。

1.2.2 向量

向量是和标量相对应的一个概念。标量是一个单独的数。向量指有序排列的一列数。向量带有方向性，记作 $\vec{X}$。

$$\vec{X} = \begin{bmatrix} x_1 \\ x_2 \\ \cdots \\ x_{n-1} \\ x_n \end{bmatrix}$$

在机器学习中，我们使用范数来衡量向量的大小。形式上 L^p 范数的定义如下：

$$\|x\|_p = \left(\sum_i |x_i|^p \right)^{\frac{1}{p}}$$

如果 $p = 1$，$\|x\|_1 = \sum_i |x_i|$，称为 L^1 范数；如果 $p = 2$，$\|x\|_2 = \sqrt{\sum_{i=1}^{n} x_i^2}$，称为 L^2 范数；如果 $p = \infty$，$\|x\|_\infty = \max_{1 \leqslant i \leqslant n} |x_i|$。

范数是将向量映射到非负值的函数。直观来看，向量 x 的范数衡量从原点到点 x 的距离。L^p 范数示例如图 1-6 所示。

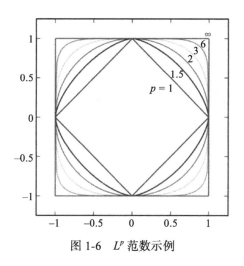

图 1-6　L^p 范数示例

1.2.3　张量

张量的概念是由 G.Ricci 在 19 世纪末提出来的。G.Ricci 研究张量的目的是为几何性质和物理规律的表达寻求一种在坐标变换下形式保持不变。他所考虑的张量是如同向量分量的一个数组，要求张量在坐标变换下服从某种线性变换的规律。近代理论已经把张量叙述成向量空间 V 及其对偶空间 V^* 上的多重线性函数，但是用分量表示张量仍有它的重要意义，尤其是涉及张量的计算时更是如此[⊖]。

在某些情况下，我们会讨论坐标超过两维的数组。一般地，一个数组中的元素分布在若干维坐标的规则网格中，称为张量，如图 1-7 所示。

$$\boldsymbol{\sigma} = \begin{bmatrix} \sigma_{11} & \sigma_{12} & \sigma_{13} \\ \sigma_{21} & \sigma_{22} & \sigma_{23} \\ \sigma_{31} & \sigma_{32} & \sigma_{33} \end{bmatrix} = \begin{bmatrix} \sigma_{xx} & \sigma_{xy} & \sigma_{xz} \\ \sigma_{yx} & \sigma_{yy} & \sigma_{yz} \\ \sigma_{zx} & \sigma_{zy} & \sigma_{zz} \end{bmatrix}$$

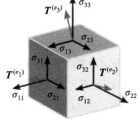

图 1-7　张量示意图

⊖　陈维恒,《微分流形初步》. 北京：高等教育出版社.

张量实际上是一个多维数组（Multidimensional Array），目的是创造更高维度的矩阵、向量，在深度学习中经常会用到。

1.2.4 特征向量和特征值

矩阵可以通过分解发现矩阵表示成数据元素时不明显的函数性质。特征分解是矩阵分解最常使用的方法之一，它将矩阵分解成一组特征向量和特征值。矩阵 A 的特征向量是指与 A 相乘后相当于对该向量进行缩放的非零向量 x：

$$Ax = \lambda x$$

标量 λ 被称为这个特征向量对应的特征值。类似地，我们也可以定义左特征向量 $x^{\mathrm{T}}A = \lambda x^{\mathrm{T}}$，但是通常更关注右特征向量。如果 v 是 A 的特征向量，那么其缩放后也是 A 的特征向量。此外，鉴于 sv 和 v 有相同的特征值，因此我们通常只考虑单位特征向量。

假设矩阵 A 有 n 个线性无关的特征向量 $\{v^{(1)}, \cdots, v^{(n)}\}$，对应的特征值为 $\{\lambda_1, \cdots, \lambda_n\}$，我们可将特征向量连接成一个矩阵使得每一列是一个特征向量 $[v^{(1)}, \cdots, v^{(n)}]$，同时也可以将特征值连接成一个向量 $\lambda = [\lambda_1, \cdots, \lambda_n]^{\mathrm{T}}$，则可以将特征分解为：

$$A = V \mathrm{diag}(\lambda) V^{-1}$$

不是每个矩阵都能够分解成特征值和特征向量。在一些情况下，特征分解可能会涉及复数和非实数。每个实对称矩阵都可以分解成实特征向量和实特征值：

$$A = Q \Lambda Q^{-1}$$

其中，Q 是 A 的特征向量组成的正交矩阵，Λ 是对角矩阵。特征值 $\Lambda_{i,i}$ 对应的特征向量是矩阵 Q 的第 i 列，记作 $Q_{:,i}$。

1.2.5 奇异值分解

除了前述由特征向量和特征值组成的特征分解外，奇异值分解（Singular Value Decomposition，SVD）也是使用较为广泛的矩阵分解方法。它将矩阵分解为奇异向量和奇异值。通过奇异值分解，我们可以得到与特征分解类似的信息。与特征分解不同的是，奇异值分解能分解非方阵，因此应用更加广泛。

奇异值分解将矩阵 A 分解为三个矩阵的乘积：

$$A = UDV^{\mathrm{T}}$$

其中，A 为 $m \times n$ 的矩阵，U 为 $m \times m$ 的矩阵，D 为 $m \times n$ 的矩阵，V 为 $n \times n$ 的矩阵。矩阵 U 和矩阵 V 为正交矩阵（如果 $AA^{\mathrm{T}} = E$，则 n 阶实矩阵 A 称为正交矩阵）；D 为对角矩阵（主对角线之外的元素皆为 0 的矩阵，常写为 diag）；对角矩阵上的元素称为矩阵 A 的奇异值，矩阵 U 的列向量称为左奇异向量，矩阵 V 的列向量称为右奇异向量。

1.3　机器学习基础

机器学习是人工智能的核心，在处理各种模型问题时，需要用到一些基础的数学知识，比如梯度、极大似然估计、随机过程的求解等。这些知识点都会在后面的章节中用到。本节只对机器学习中会用到的基础数学知识做简单介绍。

1.3.1　导数

在几何概念上，导数的思想是用直线逼近曲线，进行局部线性化，即使用简单的线性函数去描述复杂函数。如图 1-8 所示，在一元函数中，A 点的导数是 A 点切线的斜率。

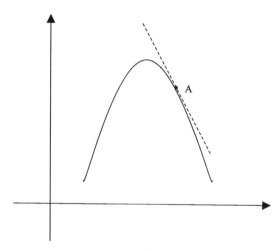

图 1-8　导数示意图

一阶导数的表达式：

$$f'(x) = \lim_{\Delta \to 0} \frac{f(x+\Delta) - f(x)}{\Delta}$$

对函数进行线性逼近时，假设函数 $f(x)$ 是一个可微函数，x_0 是定义域中的一个点，那么

$$f(x_0 + \Delta) = f(x_0) + \Delta \cdot \frac{\mathrm{d}}{\mathrm{d}x} f(x_0) + o(\Delta)$$

其中，$\mathrm{d}x = \Delta$，$\mathrm{d}f(x_0) = f(x_0 + \Delta) - f(x_0) + o(\Delta)$

可推出：

$$\mathrm{d}f(x_0) = \frac{\mathrm{d}}{\mathrm{d}x} f(x_0) \cdot \mathrm{d}x$$

常见函数的导数如下。

❑ 多项式函数：$\dfrac{\mathrm{d}}{\mathrm{d}x} x^n = n \cdot x^{n-1}$

□ **三角函数：** $\dfrac{\mathrm{d}}{\mathrm{d}x}\sin(x) = \cos(x)$

□ **指数函数：** $\dfrac{\mathrm{d}}{\mathrm{d}x}\mathrm{e}^x = \mathrm{e}^x$

将二维平面扩展到多维后，一元函数变为多元函数，曲线变为曲面；曲线上点的切线只有一条，但曲面上点的切线却有无数条，此时可以用偏导数来表示多元函数沿着坐标轴的变化率。例如，$f_x(x,y)$ 指的是函数在 y 轴方向不变，函数值沿着 x 轴方向的变化率；$f_y(x,y)$ 指的是函数在 x 轴方向不变，函数值沿着 y 轴方向的变化率。

1.3.2 梯度

将函数扩展到多元函数，则在多维空间，A 点的方向就不止二维平面中一条切线的方向了，那么该点在哪个方向下降或者上升最快呢？这便引出梯度的概念，梯度是一个矢量。

梯度的数学定义：设函数 $f(x,y)$ 在平面区域 D 内具有一阶连续偏导数，则对每一个点 $f(x_0, y_0) \in D$ 都可以得到一个向量 $f_x(x_0, y_0)\boldsymbol{i} + f_y(x_0, y_0)\boldsymbol{j}$，称作 $f(x,y)$ 在 P 点处的梯度，记作 $\nabla f(x,y)$。

函数 $f(x,y)$ 具有一阶连续偏导数，意味着可微。可微意味着函数 $f(x,y)$ 在各个方向的切线都在同一个平面，即切平面。

梯度还是标量场增长最快的方向。多元函数的一阶偏导数构成的向量如下：

$$\nabla f =\ <\frac{\partial f}{\partial x_1}, \frac{\partial f}{\partial x_2}, \cdots, \frac{\partial f}{\partial x_N}>$$

图 1-9 为给出的两个梯度的示意图。

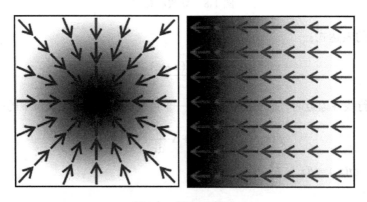

图 1-9　梯度示意图

1.3.3 最大似然估计

假设样本是 $X_i = \{X_1, X_2, \cdots, X_n\}$，未知的估计参数为 θ，待优化的目标函数为：$f(X_1,$

X_2, $\cdots$, $X_n|\theta$)。如果我们能从总样本中抽取几个样本的组合，使得样本组合的概率最大，那么参数估计问题就可以简单地转换成如下的最优化问题。

1）假设样本 $X_i = \{X_1, X_2, \cdots, X_n\}$ 是独立同分布的，$L(X_1, X_2, \cdots, X_n|\theta)$ 为包含估计参数的似然函数：

$$L(X_1, X_2, \cdots, X_n \mid \theta) = f(X_1, X_2, \cdots, X_n \mid \theta) = \prod_{i=1}^{n} f(x_i \mid \theta)$$

2）令方程的两边取对数，简化方程的运算复杂度：

$$\ln L(X_1, X_2, \cdots, X_n \mid \theta) = \sum_{i=1}^{n} \ln f(x_i \mid \theta)$$

3）对方程两边的算式求导（如果该似然函数的导数存在），令另一侧等于 0：

$$\frac{\partial \ln L(X_1, X_2, \cdots, X_n \mid \theta)}{\partial \theta} = 0$$

4）求解似然方程得到 $L(\theta)$ 的估计值。

最大似然函数的思想可以理解为：已知某个总体下的随机样本满足某种概率分布，概率分布的参数是未知的，经过反复试验，如果某个参数值能够使得样本出现的概率最大，就把这个参数值当作最大似然估计值。

1.3.4　随机过程与隐马尔可夫模型

随机过程：设（Ω, F, P）为一个概率空间，T 为一个参数集，且 $T \subset R$，若对于每一个 $t \in T$，均有定义在（Ω, F, P）上的一个随机变量 $X(\omega, t)$，（$\omega \in \Omega$）与之对应，则称 $X(\omega, t)$ 为（Ω, F, P）上的一个随机过程。

马尔可夫链：已知一组随机变量 $\{X_1, X_2, X_3 \cdots X_t, X_{t+1}\}$ 组成的随机过程为 $\{X_t, t = 0, 1, 2, \cdots\}$，其中这些变量的取值范围构成状态空间 $\{x_i\}$。如果 X_{t+1} 在时间 $t+1$ 的概率依赖于历史 $\{X_1, X_2, X_3, \cdots, X_t\}$ 的情况，则可以简化成 X_{t+1} 的历史条件概率仅仅依赖 X_t 的取值，即：$P(X_{t+1} = x|X_1 = x_1, X_2 = x_2, \cdots, X_t = x_t) = P(X_{t+1} = x|X_t = x_t)$。

具有这种性质的随机过程称为马尔可夫过程。马尔可夫链是指时间、状态都是离散情况下的马尔可夫随机过程。

齐次马尔可夫链：如果一条马尔可夫链中 $X_u = i$ 转移到 $X_{t+u} = j$ 的概率为 $p_{ij} = P(X_{t+u} = j|X_u = i)$，$p_{ij}$ 的取值只依赖于时间 t，而与起始时间 u 无关，我们称之为齐次马尔可夫链。

马尔可夫链常用于对一些有内在规律的问题的预测，最常见的就是天气预测问题。

隐马尔可夫模型：隐马尔可夫模型也具有马尔可夫性，是隐藏状态序列为马尔可夫链的一种变形。它的观测状态并不像隐藏状态一样可以直接构成马尔可夫链，但可以通过隐藏状态到观测状态的转移矩阵，间接求出观测状态的概率。隐马尔可夫模型如图 1-10 所示。

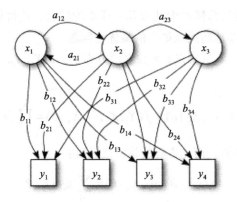

图 1-10　隐马尔可夫模型

隐马尔可夫模型的主要元素包括 S、O、Π、A、B，具体含义如下。

1）S 代表 HMM 的隐藏状态：隐马尔可夫的隐藏状态（$S_1, S_2, \cdots, S_n$）满足马尔可夫性。

2）O 代表 HMM 的观测状态：观测状态是通过直接观测得到的，本身没有马尔可夫性，通过观测状态转移矩阵和隐藏状态发生关系。

3）Π 代表初始化状态概率矩阵：用于初始化各个状态在 $t = 1$ 时的矩阵。

4）A 代表隐藏状态间的转移概率：隐藏状态序列可以构成马尔可夫链，$A_{ij} = P(i_{t+1} = S_j | i_t = S_i)$（$1 \leqslant i \leqslant N, 1 \leqslant j \leqslant N$）表示隐马尔可夫链在 t 时刻，隐藏状态 S_i 已知的条件下，$t+1$ 时刻的隐状态 S_j 的概率。

5）B 代表观测状态转移矩阵：

$$B_{ij} = P(O_i | S_j)$$

表示在 t 时刻，隐藏状态 S_j 已知的情况下，观测状态是 O_i 的概率。

一般地，我们可以用 $\lambda = (A, B, \Pi)$ 三元组来简洁地表示一个隐马尔可夫模型。

1.3.5　信息熵

简单地说，熵是信息论中对不确定性和无序程度的一种测度。熵越大，代表信息越混乱和不确定。反过来，熵越小，代表信息更有序、规则。

熵：已知离散型随机变量 X 的概率 $p(x) = P(X = x)(x \in R)$，则 X 的熵 $H(X)$ 为

$$H(X) = -\sum_{x \in R} p(x) \log_2 p(x)$$

假设 $0 \leqslant p(x) \leqslant 1$，一个二元信息熵可以简单表示为

$$H(X) = -p(x)\log_2 p(x) - (1-p(x))\log_2 p(x)$$

从图 1-11 可以看出，当 $p(x) = 0.5$ 时，熵达到最大，不确定性达到最大；当 $p(x) = 0$ 或者 $p(x) = 1$ 时，熵最小，不确定性最小。

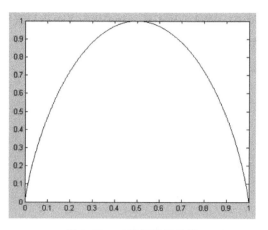

图 1-11　二元信息熵曲线

随机变量的熵小于等于随机变量取值个数的对数值：$H(x) \leq \log_2|x|$。当且仅当概率平均分布时，$H(x)$ 的最大值为 $p(x) = \dfrac{1}{|x|}$。

信息熵可以应用于有监督学习算法。决策树 ID3、C4.5 就是以熵作为测度的分类算法。

联合熵：如果（X, Y）表示一对离散随机变量的不确定性，即 $X, Y \sim p(x, y)$，则它们的联合熵 $H(X, Y)$ 为

$$H(X, Y) = \sum_{x \in \Omega} \sum_{y \in \Psi} p(x, y) \log_2 p(x, y)$$

联合熵是一对随机变量所需信息量的平均测度。

条件熵：在给定随机变量 X 的情况下，随机变量 Y 的条件熵定义为

$$
\begin{aligned}
H(Y|X) &= \sum_{x \in \Omega} p(x) H(Y|X = x) \\
&= \sum_{x \in \Omega} p(x) \left(-\sum_{y \in \Psi} p(y|x) p(x) \log_2 p(y|x) \right) \\
&= -\sum_{x \in \Omega} \sum_{y \in \Psi} p(y|x) p(x) \log_2 p(y|x) \\
&= -\sum_{x \in \Omega} \sum_{y \in \Psi} p(x, y) \log_2 p(y|x)
\end{aligned}
$$

$$H(Y|x) = \sum_{y \in \Psi} p(y|x) \log_2 p(y|x)$$

自信息：表示事件 X 发生的不确定性，也用来表示事件所包含的信息量，可表示为

$$I(X) = -\log_2 P(X)$$

互信息：事件 X、Y 之间的互信息等于 X 的自信息减去 Y 条件下 X 的自信息，可表示为

$$I(X; Y) = H(X)–H(X|Y) = \log_2 P(X, Y)/(P(X)P(Y))$$

互信息 $I(X; Y)$ 是已知 Y 值后 X 不确定性的减少量。

联合熵、条件熵和互信息间的对应关系如图 1-12 所示。

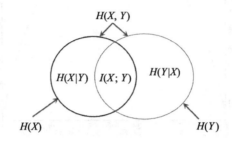

图 1-12　联合熵、条件熵和互信息间的对应关系

1.4　本章小结

本章主要对搜索推荐过程中可能用到的数学知识进行了简单的梳理。这些内容可以帮助读者理解自然语言处理、机器学习以及深度学习中所涉及的相关算法。

第 2 章　*Chapter 2*

搜索系统和推荐系统常识

本章通过对搜索和推荐知识进行梳理，使读者能够对其有一个整体的认知。首先介绍搜索系统，包括什么是搜索系统、搜索系统的历史地位、现在的发展情况以及今后的发展趋势；然后详细叙述推荐系统，包括什么是推荐系统、推荐系统的发展史及应用场景；最后介绍推荐系统分类以及搜索和推荐系统的区别与联系。

2.1　搜索系统

我们现在正处在一个信息过载的时代。全世界每年产生 1EB 到 2EB (1EB ≈ 10^{18}B) 信息，相当于地球上每个人每年大概产生 250MB 信息。其中，纸质信息仅占所有信息的 0.03%。静态网页有上百亿，动态及隐藏网页至少是静态网页的 500 倍。Tom Landauer 认为人的大脑只能存储约 200MB 信息，一生只能接触约 6GB 信息。

近些年，大数据技术的出现及发展、深度学习以及神经网络计算能力的提高，加速提高了我们对信息的处理能力，但是并没有缓解信息过载给我们造成的影响。搜索引擎成为我们获取信息的主要手段之一。

2.1.1　什么是搜索引擎及搜索系统

信息检索（Information Retrieval，IR）是从文档集合中返回满足用户需求的相关信息的过程。它是一门研究信息获取（Acquisition）、表示（Representation）、存储（Storage）、组织（Organization）和访问（Access）的学科。检索来自 Retrieval，有些人把它翻译成获取，本义是获得与输入要求相匹配的输出。而搜索来自 Search，指带有目的性地寻找。信息检索不仅仅是指搜索，信息检索系统（IR System）也不仅仅是搜索引擎。从狭义上讲，信息检索就是指信息搜索（Information Search）；从广义上讲，信息检索包含搜索引擎（Search Engine）、问答系统（Question Answering）、信息抽取（Information Extraction）、信息过滤（Information Filtering）、信息推荐（Information Recommending）等。

搜索引擎⊖是指根据一定的策略、运用特定的计算机程序从互联网上搜集信息，在对信息进行组织和处理后，将用户检索到的相关信息展示给用户，为用户提供检索服务。搜索引擎包括4个接口，分别是搜索器、索引器、检索器和用户接口。搜索器的功能是在互联网中漫游，负责发现和搜集信息。索引器的功能是理解搜索器所搜索的信息，从中抽取出索引项，输出用于表示文档以及生成文档库的索引表。检索器的功能是根据用户的查询在索引库中快速检出文档，并进行文档与查询的相关度评价，对将要输出的结果进行排序，实现某种用户相关性反馈机制。用户接口的功能是输入用户查询、显示查询结果、提供用户相关性反馈机制。

具体的搜索引擎架构示意图如图2-1所示。

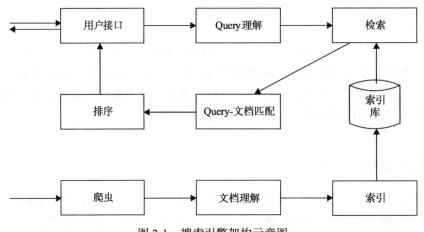

图2-1　搜索引擎架构示意图

搜索系统的概念可以从如下两方面解释。

1）**系统角度**。从系统角度来看，搜索系统是一个更广泛的概念，包括搜索引擎。具有相关性计算和分析的系统都可以归为搜索系统。除了我们常说的搜索引擎外，搜索系统还应该包括外部支持的业务场景和应用领域等特征。

2）**用户角度**。从用户角度来看，搜索系统的输出是对用户需求的投射，因此我们在设计搜索系统时需要观察用户对检索结果的反应，除此之外，还得考虑相应的应用场景以及搜索工程。

本书所谈的搜索系统和信息检索在概念上是一致的。而信息检索在狭义上和搜索引擎也是一致的。

⊖ 简单搜索引擎代码实现示例地址：https://github.com/michaelliu03/Search-Recommend-InAction/blob/master/chapter2/search/search_engine.py.

2.1.2　搜索引擎的发展史

20 世纪 90 年代，Tim Berners-Lee 开启了互联网时代，并使其获得大规模发展。1990 年，Tim Berners-Lee 开发出世界上第一个 Web 服务器和第一个 Web 客户端，被命名为万维网（World Wide Web，WWW）。次年，世界上第一个 WWW 网站 info.cern.ch 成立，伴随该网站成立的还有 HTTP 传输协议及相应的 HTML 等 Web 服务技术的诞生。1993 年，NCSA 发明了第一个显示图片的浏览器 Mosaic，随后客户端浏览器逐渐趋于成熟。这些技术为互联网的快速发展奠定了基础。

互联网的快速发展使得搜索引擎的出现成为必然。1990 年，第一个互联网搜索引擎 Archie 出现，主要用于搜索 FTP 服务器上的文件。在用户准确输入文件名的前提下，Archie 可以准确地告诉用户该文件的位置。虽然 Archie 搜索的内容不是网页，但工作原理与网页搜索相似：自动搜索信息资源、建立索引、提供检索服务。

1995 年，Excite 搜索引擎正式上线，它是早期流行的搜索引擎之一。Excite 的出现可以追溯到 1993 年 2 月，起由是 6 名斯坦福大学生想通过分析字词关系对互联网的大量信息进行有效检索。Excite 以概念检索闻名，是搜索引擎技术——文本检索的代表。文本检索一般包括布尔模型、向量空间模型等，主要用于计算用户查询关键词和网页文本内容的相似度。

1995 年 4 月，Yahoo 正式成立。其由斯坦福大学博士杨致远和大卫·费罗创建。随着访问量和收录链接数的增长，Yahoo 对互联网上重要站点的目录进行分类整理，迎合了用户需求，从而得到快速成长。Yahoo 也成为"目录导航"搜索引擎技术的代表。该技术提高了被收录网站的质量，但不便于扩展且收录网站数量较少。

1998 年 9 月，拉里·佩奇和谢尔盖·布林共同创建 Google 公司，其以 PageRank 链接分析等新技术大幅度提高搜索质量，成为占有搜索引擎市场份额最大的公司。Google 是 PageRank 链接分析技术的代表，其充分利用网页之间的链接关系，考虑网页链入的数量和质量，从而计算网页的排名，提升搜索质量。

2000 年 1 月，中国最大的搜索引擎公司百度成立，并一举成为国内最大的搜索引擎。目前，百度不再只是某一搜索引擎技术的使用，其试图通过用户查询、地理位置以及历史行为（搜索、点击、浏览）去理解用户此刻真正的需求。

STATCOUNTER 统计的 2019 年 1 月 ~ 12 月全球搜索引擎市场份额中，Google 占比高达 92.63%，微软的 Bing 和雅虎分别位居第二和第三，百度排在第四位。

STATCOUNTER 统计的 2019 年 1 月 ~ 12 月中国国内搜索引擎市场份额占比中，百度依靠本地化优势，以 67.51% 的占比排在第一位，搜狗和神马排在第二和第三。

在互联网快速发展的今天，信息正呈爆炸式增长，如何在信息过载的环境下快速有效地定位到目标信息成为关键问题。搜索是解决信息过载较为有效的方式。搜索引擎通过对互联网资源整理和分类，并将其存储在数据库中为用户提供查询服务，包括信息搜集、信息分类、用户查询等。因此，作为互联网网站和应用的入口，搜索引擎的地位越来越重要。

2.1.3 搜索引擎的分类

搜索引擎可以分为以下 4 类：全文搜索引擎、元搜索引擎、垂直搜索引擎和目录搜索引擎。下面对这 4 类搜索引擎进行具体介绍。

1. 全文搜索引擎

计算机通过扫描文章中的每个词，对每个词建立索引，记录词汇在文章中出现的次数和位置信息。当用户进行查询时，计算机按照事先建立好的索引进行查找，并将结果反馈给用户。按照数据结构的不同，全文搜索可以分为结构化数据搜索和非结构化数据搜索。对于结构化数据，全文搜索一般是通过关系型数据库的方式进行存储和搜索，也可以建立索引。对于非结构化数据，全文搜索主要有两种方法：顺序扫描和全文检索。顺序扫描，顾名思义，按照顺序查询特定的关键字，这种方式耗时且低效；全文检索需要提取关键字并建立索引，因此，搜索到的信息过于庞杂，用户需要逐一浏览并甄别所需信息。在用户没有明确检索意图情况下，全文检索方式效率稍显不足。Google 和百度都是典型的全文搜索引擎。

2. 元搜索引擎

按照功能划分，搜索引擎可以分为元搜索引擎（Meta Search Engine）和独立搜索引擎（Independent Search Engine）。元搜索引擎是一种调用其他独立搜索引擎的搜索引擎，其能对多个独立搜索引擎进行整合、调用并优化结果。独立搜索引擎主要由网络爬虫、索引、链接分析和排序等部分组成；元搜索引擎由请求提交代理、检索接口代理、结果显示代理三部分组成，不需要维护庞大的索引数据库，也不需要爬取网页。元搜索引擎具体实现逻辑如图 2-2 所示。

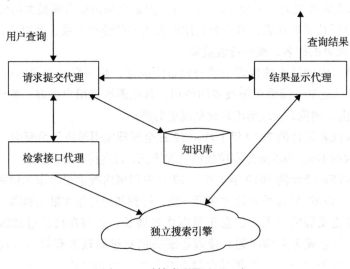

图 2-2　元搜索引擎实现逻辑

请求提交代理就是将请求分发给独立搜索引擎。元搜索引擎可以按照用户需求和偏好请求实际需要调用的独立搜索引擎，该方式能够有效提升用户查询的准确率和响应效率。检索接口代理是将查询内容转化成独立搜索引擎能够接受的模式，并且保证不会丢失必需的语义信息。结果显示代理是元搜索引擎按照用户的需求采用不同的排序方式对结果进行去重、排序。元搜索引擎常用的排序方式有：相关度排序、时间排序、搜索引擎排序等。

元搜索引擎的整体工作流程如下：用户通过网络访问元搜索引擎并向服务器发出查询，服务器接收到查询内容后，先访问结果数据库，查询近期记录中是否存在相同的查询，如果存在，返回结果；如果没有，将查询进行处理后分发到多个独立搜索引擎，并集中各搜索引擎的查询结果，结合排序方式对结果进行排序，生成最终结果并返给用户，同时保存现有结果到数据库中，以备下次查询使用。保存的查询结果有一定的生存期，超过一定时间的记录就会被删除，以保证查询结果的时效性。

3. 垂直搜索引擎

垂直搜索引擎是针对某个行业的专业搜索引擎，是搜索引擎的细分和延伸，对特定人群、特定领域、特殊需求提供服务。它的特点是专业、精确和深入。垂直搜索引擎将搜索范围缩小到极具针对性的具体信息。

垂直搜索引擎的结构与通用搜索系统类似，主要由三部分构成：爬虫、索引和搜索。但垂直搜索的表现方式与 Google、百度等搜索引擎在定位、内容、用户等方面存在一定的差异，所以它不是简单的行业搜索引擎。用户使用通用搜索引擎时，通常是通过关键字进行搜索，该搜索方式一般是语义上的搜索，返回的结果倾向于文章、新闻等，即相关知识。垂直搜索的关键字搜索是放到一个行业知识的上下文中，返回的结果是消息、条目。对于有购房需求的人来说，他们希望得到的信息是供求信息而不是关于房子的文章和新闻。

4. 目录搜索引擎

目录搜索引擎是网站常用的搜索方式，类似于书本章节目录。该搜索方式是对网站信息整合处理并分目录呈现给用户，整合处理的过程一般需要人工维护，更新速度较慢，而且用户需要事先了解网站的基本内容，熟悉主要模块，所以应用场景越来越少。

2.2　推荐系统

用户在意图明确的情况下，能够通过关键词进行搜索。那么，当用户不了解自己真正想要什么的时候，系统该如何给出用户可能想要的结果，满足用户的需求呢？推荐系统能够解决这类问题。比如用户在找喜欢的音乐，但又没有具体的歌名或者歌手时，很难在短时间内找到真正合适的音乐，这时候就需要分析用户历史行为，进而找出用户可能感兴趣的音乐推荐给用户，这就是推荐系统所需要完成的事情。

2.2.1 什么是推荐系统

推荐系统[⊖]是能找出用户和物品之间联系的信息过滤系统。推荐系统主要有两个显著的特征。

1）主动性：从用户角度考虑，前文提到的搜索引擎都是为了解决信息过载问题而存在的，需要用户提供明确的需求。当用户无法准确描述自己的需求时，搜索引擎就不能够为用户提供精确的服务了。而推荐系统不需要用户提供明确的需求，能够自主地通过分析用户和物品之间的关联数据进行建模，为用户提供可能感兴趣的信息。

2）个性化：推荐系统能够挖掘冷门信息推荐给用户。热门物品通常能够代表大多数人的喜好，冷门物品往往只能代表少数人的个性化需求，但冷门物品所带来的收益可能超过热门物品，所以挖掘长尾冷门信息是推荐系统的方向。

总之，推荐系统推荐的物品通常来说不是对用户有帮助的，就是用户自己感兴趣的。

2.2.2 推荐系统的发展史

推荐系统也是互联网时代解决信息过载的一种信息检索工具。自20世纪90年代起，人们便意识到推荐系统所能带来的价值。经过30年的发展，推荐系统在学术界成为一个重要的研究领域，为工业界做出巨大贡献。

1994年，MIT和明尼苏达大学组成的GroupLens研究组提出了第一个自动化推荐系统GroupLens。该系统将协同过滤作为推荐系统的重要技术，是最早的个性化推荐系统。1997年，Paul Resnick等人最早提出推荐系统（Recommender System，RS）一词，开辟了推荐系统这一重要研究领域。

1998年，Amazon上线基于物品的协同过滤推荐算法，将推荐系统从学术界真正应用到工业界，应用于百万商品的推荐上。2003年，Amazon的Greg Linden等人公布基于物品的协同过滤推荐算法，并根据实践结果进行统计。该推荐系统对推荐结果的准确度有很大提升。

2005年，Adomavicius G等人在关于推荐系统的综述中对推荐系统进行划分，包括基于内容的推荐、基于协同过滤的推荐和混合推荐，并对当时推荐系统的局限性和未来发展方向给出指导。

2006年10月，Netflix组织了一次竞赛，提出只要能够将现有的电影推荐算法Cinematch的准确度提高10%，就能获得100万美元的奖金。该比赛在学术界和工业界引起了较大的关注。参赛者提出了若干推荐算法来提高推荐结果准确度，极大地推动了推荐系统的发展。

2007年，"第一届ACM推荐系统大会"在美国举行，这是推荐系统领域的顶级会议——通过重要的国际论坛来展示推荐系统在不同领域的最新研究成果、理论和方法。

⊖ 简单推荐系统实现代码示例地址：https://github.com/michaelliu03/Search-Recommend-InAction/blob/master/chapter2/recommend/FirstRecommend.py.

2016 年，YouTube 发表论文，提出将深度神经网络应用到推荐系统中，实现了从大规模可选的推荐内容中找到最有可能的推荐结果。

2.2.3 推荐系统应用场景

与搜索系统不同的是，推荐系统主要利用用户的行为数据，分析用户的行为日志，从而提供不同的推荐页面，提高用户的满意度以及网站的点击率和转化率。常见的推荐系统的推荐形式主要有三种：个性化推荐、相关推荐和热门推荐。个性化推荐经常以"猜你喜欢""发现"等形式在首页出现；相关推荐经常以"相关推荐""看了又看"等形式放在内容详情页；"热门推荐"按照各类数据的统计结果进行推荐。推荐系统的常见应用场景包括：电子商务、个性化广告、音乐和电影、求职等。

电商领域的推荐系统有很广泛的应用场景。推荐系统可以帮助很多用户在淘宝、天猫上完成消费。相关的推荐功能非常多。以"淘宝"为例，其主要推荐功能有：相关商品、店铺推荐、买了还买、看了还看、猜你喜欢等。

淘宝首页"猜你喜欢"的产品，如图 2-3 所示，商品详情页中"看了又看"的产品，如图 2-4 所示。订单详情页"你可能还喜欢"展示如图 2-5 所示。

图 2-3　淘宝首页"猜你喜欢"　　图 2-4　商品详情页"看了又看"

淘宝的推荐算法中有基于内容推荐的成分，如推荐系统需要给用户和商品打标签，通过算法匹配推荐商品给用户；还有基于协同思想的方法，根据某顾客以往的购买行为或者通过具有相似购买行为的客群的购买行为给顾客推荐可能喜欢的商品。

图 2-5 订单详情页"你可能还喜欢"

在海量音乐中，如何找出我们自己喜欢的音乐呢？推荐系统在这其中扮演着重要的角色。以网易云音乐为例，网易云音乐的主要推荐场景有：每日推荐、歌单推荐、电台推荐等。"私人 FM"和"每日歌曲推荐"是综合了用户听歌记录、收藏的歌曲、歌单、歌手、收看的 MV 以及本地歌曲等多种因素，再经过多重计算之后给出的相关推荐结果。网易云音乐还设置了"每日推荐"条目，以便收集用户的每日行为数据，不断地完善和丰富用户画像。"歌单"和"电台"的推荐功能也是一致的，主要收集用户的偏好和行为数据。同时，网易云音乐的推荐应用中设置了用户自己打标签的功能，即当系统推荐不准确时，用户可以自行标记。

2.2.4 推荐系统的分类

推荐系统具有不同的分类方法。常见的分类方法有：按照推荐结果因人而异分类、按照推荐方法分类、按照推荐模型构建方式分类。因为推荐算法是整个推荐系统中最核心部分，所以推荐系统还可以依据推荐算法分类。基于此，推荐系统可以分为基于内容的推荐、基于协同过滤的推荐以及混合推荐方法。

1. 基于内容的推荐

基于内容的推荐策略始于信息检索领域，是搜索领域的重要研究方向。这种方法利用用户已经选择的对象，从候选集中找出与用户已选对象相似的对象作为推荐结果。这一推荐策略是首先提取推荐对象的内容特征，并和用户模型中的用户兴趣匹配。匹配度较高的对象就可以作为推荐结果推荐给用户。计算推荐对象的内容特征和用户模型中兴趣特征两者之间的相似性是内容推荐策略中的关键步骤。一般采用的最简单的方法为计算两个向量的夹角余弦值。基于内容的推荐策略的主要部分就是用户特征的描述以及推荐对象内容特征的提取。目前，文本信息的特征提取方法已经趋于成熟，但多媒体信息的特征提取技术还需要进一步探索。图 2-6 是基于内容的推荐，用户 A 喜欢具有 A、B 特征的商品 A，而商品 C 也是 A、B 类型的，商品 C 和商品 A 相似，于是商品 C 被推荐给用户 A。

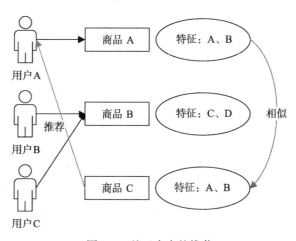

图 2-6　基于内容的推荐

基于内容的推荐策略的优点有：1）简单有效，推荐结果较为直观，可解释性强；2）没有新推荐对象的冷启动问题；3）简单的分类方法就能够支持该策略。缺点有：1）受推荐对象特征提取能力的限制，对图像、视频、声音等多媒体资源的特征提取以及文本资源的提取不够全面；2）很难推出新颖的推荐结果，惊喜度指标较低，难以发现用户新的兴趣点；3）存在新用户的冷启动问题，因为很难发现新用户的兴趣爱好，无法和推荐对象的内容特征进行匹配。

2. 基于协同过滤的推荐

目前，基于协同过滤的推荐是推荐系统中应用最广泛、最有效的推荐策略。它于 20 世纪 90 年代出现，促进了推荐系统的发展。协同过滤的基本思想是聚类。比如，如果周围很多朋友选择了某种商品，那么自己大概率也会选择该商品；或者用户选择了某种商品，当看到类似商品且其他人对该商品评价很高时，则购买这个商品的概率就会很高。协同过滤又分为三种：基于用户的协同过滤、基于项目的协同过滤和基于模型的协同过滤。

1）基于用户的协同过滤的基本思想是首先找到与目标用户兴趣相似的用户集合，然后找到这个集合中用户喜欢并且没有听说过的物品推荐给目标用户。图 2-7 是基于用户的协同过滤的实现逻辑。用户 A 喜欢商品 A 和商品 C，用户 C 喜欢商品 A、商品 C 和商品 D，用户 A 和用户 C 具有相似的兴趣爱好，因此把商品 D 推荐给用户 A。

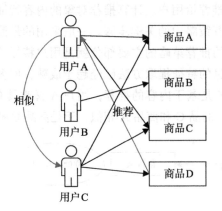

图 2-7　基于用户的协同过滤

2）基于项目的协同过滤的基本思想是基于所有用户对推荐对象的评价的推荐策略。如果大部分用户对一些推荐对象的评分较为相似，那么当前用户对这些推荐对象的评价也相似。然后，将相似推荐对象中用户未进行评价的商品推荐给用户。总之，基于项目的协同过滤就是根据用户对推荐对象的评价，发现对象间的相似度，根据用户的历史偏好将类似的商品推荐给该用户。图 2-8 是基于项目的协同过滤的实现逻辑。用户 A 喜欢商品 A 和商品 C，用户 B 喜欢商品 A、商品 B 和商品 C，用户 C 喜欢商品 A，通过这些用户的喜好可以判定商品 A 和商品 C 相似，喜欢商品 A 的用户同时也喜欢商品 C，因此给喜欢商品 A 的用户 C 也推荐了商品 C。

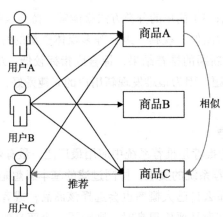

图 2-8　基于项目的协同过滤

3）基于模型的协同过滤的基本思想是基于样本用户的喜好信息训练一个推荐模型，然后根据实时的用户喜好信息进行推荐。其和上述两种协同推荐的不同点在于先对已有数据应用统计和机器学习的方法得到模型，再进行预测。常用的方法有机器学习方法、统计模型、贝叶斯模型和线性回归模型等。

基于协同过滤推荐的优点有：1）可以使用在复杂的非结构化对象上；2）能够发现用户新的兴趣爱好，给用户带来惊喜；3）以用户为中心的自动推荐，随着用户数量的增加，用户体验也会越来越好。缺点在于：1）存在冷启动问题，即在没有大量用户数据的情况下，用户可能不满意获得的推荐结果；2）存在稀疏性问题，即用户大量增长的同时，评价差异性会越来越大，推荐对象也越来越多，导致大量的推荐对象没有经过用户评价，部分用户无法获得推荐结果，部分推荐对象无法被推荐。

3. 混合推荐方法

各种推荐方法都会存在优缺点。在实际应用中，我们可以采用推荐策略的组合方式，即混合推荐方法。目前，使用最多的混合推荐方法就是把基于内容的推荐和协同过滤推荐组合。根据应用场景的不同，组合的方式也不尽相同，主要有两种混合方式。

1）推荐结果混合：将多种推荐方法产生的结果通过某种方式进行混合计算而产生最终的推荐结果。如何从多个推荐结果中选出推给用户的最终结果成为混合推荐的关键。常见的机制是投票机制，即使用一定的标准对多个结果进行判断，选择其中之一。

2）推荐算法的混合：以某一种推荐策略作为框架，混合另外的推荐策略，如基于协同过滤推荐的框架混合基于内容的推荐策略。

2.3　搜索与推荐的区别

搜索和推荐都是用户解决信息过载的有效手段，能够帮助用户快速准确地定位到想要的信息。互联网上搜索和推荐这两种方式大量并存，它们之间到底有怎样的区别呢？

1）按照用户意图是否明确，我们可以将两者进行区分。搜索引擎是一种用户意图明确的信息检索方式，用户能够提供查询关键词，指引搜索引擎查询相关内容。这个过程是用户主动发起的。反之，当用户意图不够明确时，推荐系统就能够满足用户此时的需求。比如音乐播放器根据用户的喜好和历史行为给出用户推荐列表，电商平台根据购买、浏览等记录给出用户可能喜欢的商品列表，这些都是用户在意图不明确的时候被动接受的内容。也正是因为推荐系统不需要明确的搜索内容，所以能够满足用户难以用文字表述的需求。

2）两者个性化区别。当用户在输入想要检索的内容时，搜索引擎展示的结果基本固定，个性化程度较低。推荐系统的个性化程度较高，因为推荐并没有一个标准的答案。推荐系统可以根据每位用户的历史观看行为、评分记录等生成一个当下对用户最有价值的结果，这也是推荐系统独特的魅力。

3）评价标准不同。搜索质量的重要评价标准是能否帮用户快速找到准确的结果，因此搜索引擎的排序算法需要尽量把最好的结果放到前面。总而言之，"好"的搜索算法需要让用户获取信息的效率更高，停留时间更短。搜索引擎常用的评价指标有：归一化折损累计增益（nDCG）、精准度 – 召回率（Precision-Recall）等。而推荐系统则希望用户被所推荐的内容吸引，停留更长的时间，有更多的持续性动作。对用户兴趣挖掘的越深，推荐的成功率也就越高。推荐系统的评价面要更加宽泛，推荐结果的数量也更多，出现的位置、场景也更加复杂。对于 Top N 推荐，MAP 或 CTR 是普遍的评价方法；对于评分预测问题，RMSE 或 MAE 是常见量化方法。

4）马太效应和长尾理论。由于用户使用搜索引擎是为了快速找到结果，因此绝大部分用户的点击集中在排列较靠前的结果上，而排列靠后的结果以及翻页后的内容很少被关注。这就是著名的马太效应，即热门物品受到更多的关注，冷门物品则越被遗忘的现象。长尾理论是指冷门物品的种类远远高于热门物品的种类。在电商领域，如果这些长尾物品被充分挖掘，其带来的价值可能会超过热门物品所带来的价值。推荐系统能够发现被"遗忘"的非热门的物品，将长尾资源盘活和利用，引起用户的注意，挖掘用户的兴趣，提供给用户更多的选择。而且，依赖热门内容可能会导致潜在客户的流失。

2.4　本章小结

本章主要对搜索系统与推荐系统的常识进行阐述。首先介绍搜索系统的相关基础知识：搜索系统和搜索引擎的定义、搜索引擎的发展史、地位和分类；其次介绍推荐系统的相关基础知识：推荐系统的定义、发展史、应用场景和分类；最后讲述搜索和推荐的区别，对两者进行区分。

第 3 章 *Chapter 3*

知识图谱相关理论

在现代搜索和推荐系统中，知识图谱可以弥补由于语义和实体之间的认知不同而形成的语义鸿沟。本章将介绍一些知识图谱知识，首先介绍知识图谱的相关概念以及知识图谱的存储方式，然后介绍通过知识抽取与知识挖掘的方法构建知识图谱，最后介绍知识图谱的融合与推理。

3.1 知识图谱概述

知识图谱的概念诞生于 2012 年，由 Google 公司首先提出。知识图谱的提出是为了准确地阐述人、事、物之间的关系，最早应用于搜索引擎。知识图谱是为了描述文本语义，在自然界建立实体关系的知识数据库。一般情况下，我们可以使用关系图来表示知识图谱。

3.1.1 什么是知识图谱

我们可以从不同的视角去审视知识图谱的概念。在 Web 视角下，知识图谱如同简单文本之间的超链接一样，通过建立数据之间的语义链接，支持语义搜索。在自然语言处理视角下，知识图谱就是从文本中抽取语义和结构化的数据。在知识表示视角下，知识图谱是采用计算机符号表示和处理知识的方法。在人工智能视角下，知识图谱是利用知识库来辅助理解人类语言的工具。在数据库视角下，知识图谱是利用图的方式去存储知识的方法。

目前，学术界还没有给知识图谱一个统一的定义。在谷歌发布的文档中有明确的描述，知识图谱是一种用图模型来描述知识和建模世界万物之间关联关系的技术方法。知识图谱还是比较通用的语义知识的形式化描述框架，它用节点表示语义符号，用边表示语义之间的关系，如图 3-1 所示。在知识图谱中，人、事、物通常被称作实体或本体。

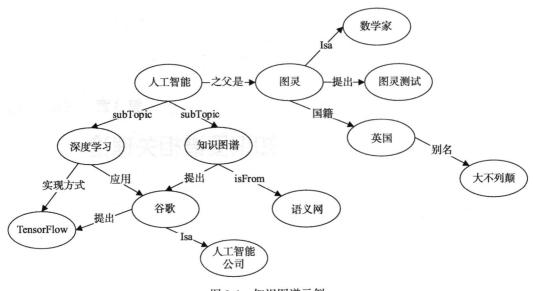

图 3-1 知识图谱示例

知识图谱的组成三要素包括：实体、关系和属性。

实体：又叫作本体（Ontology），指客观存在并可相互区别的事物，可以是具体的人、事、物，也可以是抽象的概念或联系。实体是知识图谱中最基本的元素。

关系：在知识图谱中，边表示知识图谱中的关系，用来表示不同实体间的某种联系。如图 3-1 所示，图灵和人工智能之间的关系，知识图谱和谷歌之间的关系，谷歌和深度学习之间的关系。

属性：知识图谱中的实体和关系都可以有各自的属性，如图 3-2 所示。

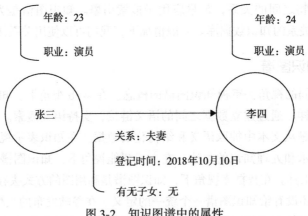

图 3-2 知识图谱中的属性

知识图谱的构建涉及知识建模、关系抽取、图存储、关系推理、实体融合等多方面技术。知识图谱的应用则体现在语义搜索、智能问答、语言理解、决策分析等多个领域。

3.1.2　知识图谱的价值

知识图谱最早应用于搜索引擎，一方面通过推理实现概念检索，另一方面以图形化方式向用户展示经过分类整理的结构化知识，从而使人们从人工过滤网页寻找答案的模式中解脱出来，可应用到智能问答、自然语言理解、推荐等方面。知识图谱的发展得益于 Web 技术的发展，受 KR、NLP、Web 以及 AI 等方面的影响。知识图谱的价值归根结底是为了让 AI 变得更智慧。

1. 助力搜索

搜索的目的是在万物互联的网络中，能够使人们方便、快速地找到某一事物。目前，我们的搜索习惯和搜索行为仍然是以关键词为搜索目的，知识图谱的出现可以彻底改变这种搜索行为模式。在知识图谱还没有应用到搜索引擎上时，搜索的流程是：从海量的 URL 中找出与查询匹配度最高的 URL，按照查询结果把排序分值最高的一些结果返回给用户。在整个过程中，搜索引擎可能并不需要知道用户输入的是什么，因为系统不具备推理能力，在精准搜索方面也略显不足。而基于知识图谱的搜索，除了能够直接回答用户的问题外，还具有一定的语义推理能力，大大提高了搜索的精确度。图 3-3 所示是知识图谱助力搜索示意图。

图 3-3　知识图谱助力搜索

2. 助力推荐

推荐技术和搜索技术非常相似，但是稍有区别。搜索技术采用信息拉取的方式，而推荐技术采用信息推送的方式，所以在推荐技术中有一些问题，比如冷启动和数据稀疏问题。

以电商推荐为例介绍知识图谱在推荐上的应用。假设我买了手机，手机的强下位关系是手机壳，这样系统就可以给我推荐手机壳，同时也可以推荐相似或互补的实体。图3-4为知识图谱助力推荐示意图。

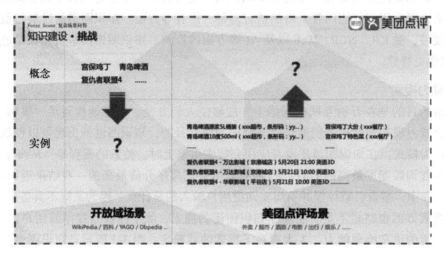

图 3-4　知识图谱助力推荐

3. 助力问答

问答与对话系统一直是NLP在人工智能实现领域的关键标志之一。知识图谱相当于是给问答与对话系统挂载了一个背景知识库。对于问答与对话系统或者聊天机器人来说，其除了需要实体知识图谱和兴趣知识图谱等开放领域的稀疏大图外，还需要针对机器人和用户个性化的稠密小图。同时，知识图谱是需要动态更新的。图3-5是知识图谱助力问答示意图。

身高大于170的中国或美国的作家	Q

实体名称	查询链接
林晴萱	林晴萱
谢莉·杜瓦尔	谢莉·杜瓦尔
卡里姆·阿卜杜拉·贾巴尔	卡里姆·阿卜杜拉·贾巴尔
余秋雨	余秋雨
何炅	何炅
曹德权	曹德权
迈克尔·克莱顿	迈克尔·克莱顿

图 3-5　知识图谱助力问答

3.1.3　知识图谱的架构

知识图谱的架构涉及知识表示、知识获取、知识处理和知识利用等多个方面。一般情况下，知识图谱构建流程如下：首先确定知识表示模型，然后根据不同的数据来源选择不同的知识获取手段并导入相关的知识，接着利用知识推理、知识融合、知识挖掘等技术构建相应的知识图谱，最后根据不同应用场景设计知识图谱的表现方式，比如：语义搜索、智能推荐、智能问答等。

从逻辑上，我们可以将知识图谱划分为两个层次：数据层和模式层。数据层可以是以事实为单位存储的数据库，可以选用的图数据库有 RDF4j、Virtuoso、Neo4j 等三元组。<实体，关系，实体>或者<实体，属性，属性值>可以作为基本的表达方式，存储在图数据库中。模式层建立在数据层之上，是知识图谱的核心。通常，通过本体库来管理数据层，本体库的概念相当于对象中"类"的概念。借助本体库，我们可以管理公理、规则和约束条件，规范实体、关系、属性这些具体对象间的关系。

知识图谱有自顶向下和自底向上两种构建方式。自顶向下构建是指借助百科类数据源，提取本体和模式信息，并加入知识库中。自底向上构建是指借助一定的技术手段，从公开的数据中提取资源，选择其中置信度较高的信息，经人工审核后，加入知识库中。在知识图谱发展初期，多数企业和机构采用自顶向下的方式构建知识图谱，目前大多企业采用自底向上的方式构建知识图谱。

知识图谱的架构如图 3-6 所示。

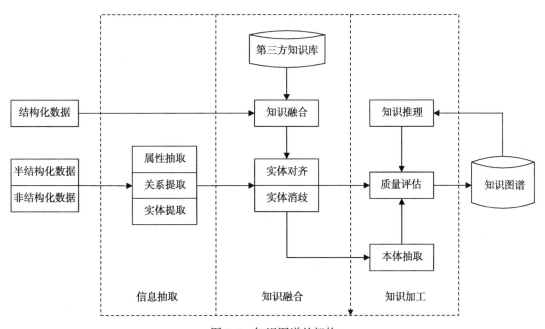

图 3-6　知识图谱的架构

知识源：包括结构化数据、非结构化数据和半结构化数据。

信息抽取：就是从各种类型的数据源中提取实体、属性以及实体间的相互关系，在此基础上形成本体的知识表述。知识图谱的构建过程中存在大量的非结构化或者是半结构化数据，这些数据在知识图谱的构建过程中需要通过自然语言处理的方法进行信息抽取。从这些数据中，我们可以提取出实体、关系和属性。

知识融合：主要工作是把结构化的数据以及信息抽取提炼到的实体信息，甚至第三方知识库进行实体对齐和实体消歧。这一阶段的输出应该是从各个数据源融合的各种本体信息。

知识加工：知识加工阶段如图 3-6 所示，其中知识推理中重要的工作就是知识图谱的补全。常用的知识图谱的补全方法包括：基于本体推理的补全方法、相关的推理机制实现以及基于图结构和关系路径特征的补全方法。

3.1.4 知识图谱的表示与建模

知识图谱的表示是指用语言对知识图谱进行建模，从而达到方便知识计算的目的。从图的角度来看，知识图谱就是一个语义网络，即用互联的节点和弧表示知识结构。知识图谱的表示是一种符合计算机高效计算要求的数据结构。人工智能领域关于知识图谱的表示方法经历了 4 次更迭。

1. 一阶谓词逻辑

一阶谓词逻辑是公理系统的标准形式逻辑，例如，"图灵是图灵奖得主"。

一阶谓词逻辑优点：接近自然语言的描述，容易被接受；能把事物的属性以及事物间的各种语义联想显式地表示出来；有严格的形式定义和推理规则；易于转化为计算机内部形式。

一阶谓词逻辑缺点：无法表示不确定性知识；难以表示启发性知识和元知识；效率低，推理复杂度通常较高。

2. Horn 逻辑

Horn 逻辑是一阶谓词逻辑的子集，表达式比较简单，复杂度较低，可以表示为 p(t_1, t_2, $\cdots$, t_n)，其中，p 是谓词，n 是数目，t_i 是项，如：has_child(X, Y)。

Horn 逻辑规则由原子构建，形式为 H: $-B_1$, B_2, $\cdots$, B_m。其中，H 与 B_1, B_2, $\cdots$, B_m 是原子，H 是头部原子；B_1, B_2, $\cdots$, B_m 是体部原子，可以表示为 has_child(X, Y):-has_child(X, Y)。

3. 产生式模型

产生式模型形如 P → Q，或 IF P THEN Q CF=[0,1]，其中，P 是产生式的前提，Q 是一组结论或操作，CF 为确定性的因子，称为置信度。

4. 框架

框架是一种描述对象（事物、事件或概念等）属性的数据结构。在框架理论中，框架是知识表示的基本单元。一个框架由若干个槽结构组成，每个槽又可以分为若干个侧面。一个槽用于描述所描述对象某一方面的属性。一个侧面用于描述相应属性的一个方面。槽和侧面所具有的属性值分别称为槽值和侧面值。

下面举一个框架的示例：

框架名：t intent result 病

检查意图：intent

检查结果：result

检查者：y

患病条件：$\{z_i|i \in I\}$

医生：$\{t_j|j \in N\}$

条件一：有某个 z_i 症状

根据上述框架示例，下面介绍一个具体场景：

框架名：小 A 检查出胃部癌症

检查意图：胃部突感不适

检查结果：胃癌

检查医生：小 B

主治医生：小 C

患者：小 A

条件一：小 A 胃部曾有重疾在先，小 A 胃部癌细胞检查报告确诊

逻辑系统由两部分组成，包括概念、关系。概念可以解释为一个领域的子集。

例：学生，教师：$\{x|student(x)\}, \{y|teacher(y)\}$；

关系可以解释为该领域的二元关系，即笛卡儿积。

例：朋友，医患：$\{<x, y>|friends(x, y)\}, \{<x, y>|doctor\text{-}patient(x, y)\}$；

那么，我们可以根据这些基本的元素得到描述逻辑的知识库，即 O:=<T, A>，T 是 Tbox，A 是 Abox。Tbox 包含内涵知识，描述概念的一般性质。由于概念之间存在包含关系，因此 Tbox 是一种类似网格的结构。这种结构是由包含关系决定的，与具体实现无关。Tbox 语言包括定义和包含，定义指引入概念以及关系的名称，包含指声明包含关系的公理。例如，定义：(Mother, has＿son, Peter)，包含：(Mother ⊑∃ has＿son.Peter)。Abox 包含外延知识（又称为断言），描述论域中的特定个体。Abox 语言包括概念断言和关系断言，概念断言表示一个对象是否属于某个概念，关系断言表示两个对象是否满足一定的关系。

1968 年，J.R.Quillian 在其博士论文中最先提出语义网络，把它作为人类联想记忆的一个显式心理学模型，并在他设计的可教式语言理解器（Teachable Language Comprehenden，TLC）中用作知识表示。语义网络的基本思想是在网络中，用节点代替概念，用节点间的

连接弧代替概念间的关系。所以，语义网络又称联想网络。语义网络中的节点表示各种事物、概念、情况、属性、动作、状态等。每个节点可以带有若干属性，一般可以用框架或元组表示。此外，节点也可以嵌套形成一个小的语义网络。最简单的语义网络就是一个三元组，如（节点 1，弧，节点 2）。举一个实际的例子"这个班里的每个学生都读过一本有关人工智能的书"，用谓词逻辑可以表示为：∀s 学生 (s)(∃b) 书 (b)[读过 (s, b)]，其语义网络如图 3-7 所示。

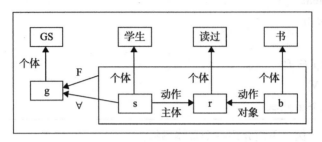

图 3-7 语义网络示例

语义网络有优点也有缺点，优点是结构性强，联想性好，能突显系统的自然性。缺点是与一阶谓词逻辑相比，语义网络没有公认的形式来表示体系，并且处理起来比较复杂。

后来，W3C 主导和结合多个元数据团体构建了一个架构，即资源描述框架（Resource Description Framework，RDF），它是能够对结构化的元数据进行编码、交换和再利用的基础架构。图 3-8 所示为 W3C 推荐的语义网标准栈。RDF 假定任何复杂的语义都可以通过

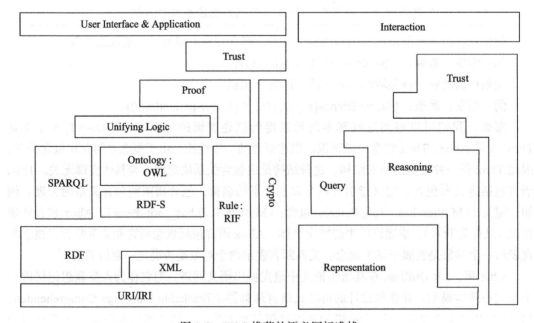

图 3-8 W3C 推荐的语义网标准栈

三元组组合来表达。三元组的形式为 < 对象，属性，值 > 或 < 主语，谓词，宾语 >，比如 < 钱三强，国籍，中国 >。RDF 是数据模型，不是序列化模型。RDF 还允许分布式定义知识，分布式定义的知识还可以合并。这里举一个 RDF 的例子：< 谷歌 rdf:type 人工智能公司 >+< 人工智能公司 rdf:subclass 高科技公司 >::=< 谷歌 rdf:type 高科技公司 >。

对于逻辑的描述，因为 RDF 在表达能力上有缺陷，所以 W3C 基于 RDF 语法提出了 Web 本体语言（Web Ontology Language，OWL）。OWL 是知识图谱语言中最规范、最严谨、表达能力最强的语言，它使表示出来的文档具有语义理解的结构基础。OWL 主要包括头部和主体两部分，在描述本体时会预先指定一系列的命名空间，包括 xmlns:owl，xml:rdf 等，并使用命名空间中预定义的标签形成本体的头部。如：

```
<owl:Ontology rdf:about=" ">
    <rdfs:commcnt> 本体实例 </rdfs:comment>
    <rdfs:label> 人工智能专家本体 </rdfs:label>
</owl:Ontology >
```

主体用来描述本体类别、实例、属性之间相互关联的部分，是 OWL 的核心，包含以下几部分：

```
<owl:Class rdf:ID=" 人工智能专家 ">
    <rdfs:subClassof rdf:resource= " 科学家 "/>
    <rdfs:labelxml:lang="en"> AI Expert </rdfs:label>
    <rdfs:labelxml:lang="zh"> 人工智能专家 </rdfs:label>
</owl:Class>
<owl:ObjectProperty rdf:ID=" 国籍 ">
    <rdf:domain rdf:resource=" 人物 "/>
    <rdf:range rdf:resource="xsd:string"/>
</owl:ObjectProperty>
```

3.2　信息抽取

信息抽取是构建知识图谱的第一步。信息抽取简单地说是一个输入和输出的过程。输入是未知的文本信息，输出是具有固定格式、无二义性的数据信息。这些被抽取出来的数据可以直接显示给用户、存储于数据库或电子表格中以供后续分析，也可以用于索引系统，以便检索访问。对于机器来讲，如果其具备识别领域常用词汇的能力，就可以代替人工从事一些简单的知识性工作。比如，猎头寻找知识图谱领域的专家，只要判断候选人的简历中是否包含知识图谱领域的词汇即可。从图模型的角度来看，构建知识图谱的第一步是获取图谱中的实体。知识图谱中的实体通常通过文本中的词汇或短语进行描述，比如"姚明""复旦大学""叶莉"等。知识图谱是由实体、属性和关系这个三元组所组成的，由于属性抽取和实体抽取用到的方法相同，因此下面主要讲实体识别、关系抽取。

3.2.1 实体识别

命名实体识别（Named Entity Recognition，NER）是自然语言处理中的一项基本任务，即给出一段输入文本，利用序列标注等方法，抽取文本中的实体。命名实体指文本中代表具体指向意义的实体，一般人名、机构组织名、地址名、时间日期、金额等都属于可以用来识别的实体。一般来说，我们对一些简单的实体，如货币金额、时间、URL 等都可以用总结好的正则式来匹配识别。但是在一些实体上，例如中文人名、地名、机构名称等，则需要通过机器学习、深度学习模型进行识别。

图 3-9 所示为命名实体识别技术的发展历程。近年来，随着迁移学习和预训练的流行，NER 飞速发展。早期人们利用基于规则和字典的方法识别实体，手段比较粗暴，泛化性差。传统的机器学习利用 HMM、MEMM、CRF 算法模型代替了早期通过字典和规则来识别实体。当深度学习发展起来并被广泛运用于自然语言处理之后，我们利用 RNN-CRF 或者 CNN-CRF 深度学习模型来识别实体。近期，注意力模型和迁移学习在 NLP 的最基本的几个任务上都有很好的应用。利用 Transformer、ELMo、BERT 模型提高 NER 识别率成为识别命名实体的首选。

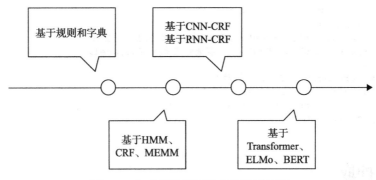

图 3-9　命名实体识别技术的发展历程

因为基于规则识别命名实体的方法太简单，这里不再讲述。下面介绍两种其他命名实体识别方法，第一种是 CRF 方法，第二种是深度学习方法。这两种方法也是工业界常用来识别命名实体的方法。

1. CRF

NER 可以基于序列标注的模型进行处理，具体可以使用 HMM、CRF 等算法解决命名实体识别问题。HMM 是一种生成式模型，也就是通过联合概率 $P(Y, X)$ 直接建模输入文本 X 和输出标签序列 Y。HMM 将待测的标签序列视作隐变量，将输入文本 X 视作由这些隐变量经由马尔可夫随机过程生成的结果。因此，对输入文本求解最优标签序列过程可以建模为 $\hat{Y} = \mathrm{argmax}_Y P(Y, X)$。而 CRF 是一种判别式模型，它可以直接建模并求解使 $P(Y|X)$ 最大的 Y。在 CRF 模型中，每个 y_i 不仅取决于 y_{i-1}，还取决于整个输入 X，如图 3-10 所示。

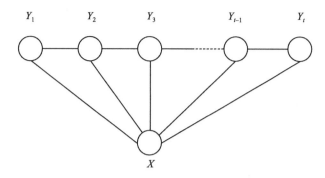

图 3-10　CRF 模型示意图

CRF 模型训练流程如下。

（1）训练文本预处理

1）清理文本中的乱字符，统一文本格式。

2）对待训练文本进行中文分词。

3）确定序列标注集合，对训练文本进行标注。

（2）训练 CRF 模型

1）制作 CRF 特征模板。

2）输入标注好的预处理训练文本。

3）使用 CRF++ 工具进行训练，生成 CRF 模型。

CRF 模型适用于序列标注模型的训练是因为，CRF 训练的序列标注的目标函数除了包含输入的状态特征函数外，还包含各个标签之间的转移特征函数。CRF 模型通过语料来训练模型，利用随机梯度下降法优化未知参数。

实际上，NER 的预测阶段是求序列标注的概率最大的问题，即用训练模型为输入序列做标注，得到输出序列标注，然后利用维特比算法解码，动态规划求出概率最大的序列，也就是最优的标签序列。

例如：假设给出一段文本，开头为：我爱北京天安门，中华人民共和国万岁。

1）预处理阶段（包括分词）：我 爱 北京 天安门 中华 人民 共和国 万岁。

2）使用 BMESO 作为序列标注的标准：B 表示实体的开头，M 表示实体的中间，E 表示实体的结尾，S 表示单一实体，O 表示非实体部分。

那么，预处理的文本经过标注后可表示为：

我 / O　爱 / O　北京 / O　天安门 / O　中华 / B　人民 / M　共和国 / E　万岁 / O

3）模板一般分 Unigram 模板和 Bigram 模板。

Unigram 模板：每个模板生成一组状态特征函数，一共有 $L \times N$ 个，其中 L 是标签个数，N 是在训练集合上展开后生成的唯一样本数。Unigram 模板如下：

U00:%x[−2, 0]

U01:%x[−1, 0]

U02:%x[0, 0]

U03:%x[1, 0]

U04:%x[2, 0]

U05:%x[−2, 0]/%x[−1, 0]/%x[0, 0]

U06:%x[−1, 0]/%x[0, 0]/%x[1, 0]

U07:%x[0, 0]/%x[1, 0]/%x[2, 0]

U08:%x[−1, 0]/%x[0, 0]

U09:%x[0, 0]/%x[1, 0]

以"中华"为当前 token，不同的模板对应的 token 如下：

U00:%x[−2, 0] →北京

U01:%x[−1, 0] →天安门

U02:%x[0, 0] →中华

U03:%x[1, 0] →人民

U04:%x[2, 0] →共和国

U05:%x[−2, 0]/%x[−1, 0]/%x[0, 0] →北京 / 天安门 / 中华

U06:%x[−1, 0]/%x[0, 0]/%x[1, 0] →天安门 / 中华 / 人民

U07:%x[0, 0]/%x[1, 0]/%x[2,0] →中华 / 人民 / 共和国

U08:%x[−1, 0]/%x[0, 0] →天安门 / 中华

U09:%x[0, 0]/%x[1, 0] →中华 / 人民

这里标签个数 L 为 5 个，在训练集合第一句话中是 8 个 token。所以一共有 40 个函数。

如 U02:%x[0, 0]，生成如下函数：

func1 = if (output = B and feature=U02:" 我 ") return 1 else return 0

func2 = if (output = M and feature=U02:" 我 ") return 1 else return 0

func3 = if (output = E and feature=U02:" 我 ") return 1 else return 0

func4 = if (output = S and feature=U02:" 我 ") return 1 else return 0

func5 = if (output = O and feature=U02:" 我 ") return 1 else return 0

func6 = if (output = B and feature=U02:" 爱 ") return 1 else return 0

func7 = if (output = M and feature=U02:" 爱 ") return 1 else return 0

func8 = if (output = E and feature=U02:" 爱 ") return 1 else return 0

func9 = if (output = S and feature=U02:" 爱 ") return 1 else return 0

func10= if (output = O and feature=U02:" 爱 ") return 1 else return 0

…

func36 = if (output = B and feature=U02:" 万岁 ") return 1 else return 0

func37 = if (output = M and feature=U02:" 万岁 ") return 1 else return 0 func38 = if (output = E and feature=U02:" 万岁 ") return 1 else return 0

func39 = if (output = S and feature=U02:" 万岁 ") return 1 else return 0

func40= if (output = O and feature=U02:" 万岁 ") return 1 else return 0

这些函数经过训练后，得到不同的配比权重。

Bigram 模板：Bigram 模板生成的函数还需要考虑前一个时刻的标签。比如 func(S', S)，其中 S' 表示的是 t–1 时刻的状态，S 是此刻的状态，联合起来组成了 Bigram 模板的特征。学过 HMM 模型做序列标注的读者可能会发觉，Bigram 特征模板在 HMM 模型中起到了转移概率的作用。在 Bigram 特征模板里面简单地写一个 B，默认表示 func(S', S)。如果我们用 S' 表示前一个状态，S 表示当前的状态，可能得到如下的 Bigram 特征函数：

func1 = if (S' = B and S=B) return 1 else return 0

func2 = if (S' = B and S=M) return 1 else return 0

func3= if (S' = B and S=E) return 1 else return 0

func4= if (S' = B and S=S) return 1 else return 0

func5= if (S' = B and S=O) return 1 else return 0

…

func21 = if (S' = O and S=B) return 1 else return 0

func22 = if (S' = O and S=M) return 1 else return 0

func23= if (S' = O and S=E) return 1 else return 0

func24= if (S' = O and S=S) return 1 else return 0

func25= if (S' = O and S=O) return 1 else return 0

我们把预处理和标记好的文本作为输入，又有了训练模型的规则，就可以得到基于 CRF 模型训练的序列标注 NER 模型了。

2. BiLSTM-CRF

自从深度学习诞生后，人们开始考虑如何利用深度学习的自动提取特征功能，以便更加有效地提取特征，提高 NER 模型识别的准确率和召回率。但是，深度学习预测出来的标签有可能是无效的，因为其是对每个 token 单独的标签预测，没有联系上下文信息。深度学习模型需要 CRF 提供更多的标签之间的转移概率，即上下文信息。这里我们举个例子进行说明。

1）假设预处理的文本经过标注后表示为：

我 / O　爱 / O　北京 / O　天安门 / O　中华 / B　人民 / M　共和国 / E　万岁 / O

2）标注后的句子向量转换后得到：

$$x = (x_1, x_2, \cdots, x_n)$$

其中，x 是文本转换后的词向量集合，x_i 表示每个 one-hot 向量，维数是文本字典的大小。

3）模型在词向量（Word Embedding）层把 x_i 表示的 one-hot 向量转换成对应的中文分

词的词向量。

4）词向量层后面接着 BiLSTM 层。输入为词向量序列 $w = (w_1, w_2, \cdots, w_n)$，得到前向 LSTM 的隐藏层序列是 $\vec{h} = (\vec{h}_1, \vec{h}_2, \cdots, \vec{h}_n)$，后向 LSTM 的隐藏层序列是 $\overleftarrow{h} = (\overleftarrow{h}_1, \overleftarrow{h}_2, \cdots, \overleftarrow{h}_n)$，然后按照位置拼接这两部分得到 $h = (\vec{h}_t, \overleftarrow{h}_t)$。假设隐藏层是 m 维向量，则有 $h \in R_{n \times m}$。在进入下一层之前，我们可以设置 dropout 的数量来防止过拟合。

5）下一层是一个线性层，负责把隐藏层的 m 维向量映射到 k 维的标签集合上，得到自动提取的句子特征 $P = (p_1, p_2, \cdots, p_n) \in R_{n \times k}$。每一维向量可以看作是每个词对不同标签的打分。

6）最后一层是 CRF 层，因为需要对整句话进行计算，所以在句子前加一个起始状态，在句子最后加一个结束状态。矩阵 $O_{(k+2)(k+2)}$ 代表不同标签之间的转移矩阵，2 表示起始状态和结束状态。

7）假设得到的标签序列为 $y = (y_1, y_2, \cdots, y_n)$，$x$ 是句子的词向量表示，则句子对应标签序列 y 的打分可以记为两个部分。第一部分可以看成自动提取句子的特征对应标签的得分，由 BiLSTM 决定；第二部分可以看成从一个标签转移到另外一个标签的分数，由 CRF 决定。两部分相加得到最后的得分：

$$\text{score}(x, y) = \sum_{i=1}^{n} P_{i, y_i} + \sum_{i=1}^{n+1} O_{y_{i-1}, y_i} \tag{3-1}$$

8）最后通过 Softmax 得到归一化概率，

$$P(y|x) = \frac{\exp(\text{score}(x, y))}{\sum_Y \exp(\text{score}(x, Y))} \tag{3-2}$$

转换成对数似然函数，训练的过程求最大似然函数。

$$\log P(y^x|x) = \text{score}(x, y^x) - \log\left(\sum \exp(\text{score}(x, Y))\right) \tag{3-3}$$

9）在模型预测的时候，因为是一个动态规划的问题，所以我们利用维特比解码算法来求解。

$$y^* = \arg\max_Y \text{score score}(x, Y) \tag{3-4}$$

利用 BiLSTM-CRF 模型识别命名实体的网络结构代码如下，详情见脚注网址[⊖]，具体示意图如图 3-11 所示。

```
1. class BiLSTM_CRF(object):
2.     def __init__(self,config,embedding_pretrained,dropout_keep =1):
3.         self.lr = config["lr"]
4.         self.batch_size = config["batch"]
5.         self.embeding_size = config["embedding_size"]
```

⊖ https://github.com/michaelliu03/Search-Recommend-InAction/tree/master/chapter3/ner_extract.

```
6.          self.embeding_dim = config ["embedding_dim"]
7.          self.sen_len = config["sen_len"]
8.          self.tag_size = config["tag_size"]
9.          self.pretrained = config["pretrained"]
10.         self.dropout_keep = dropout_keep
11.         self.embedding_pretrained = embedding_pretrained
12.         self.input_data = tf.placeholder(tf.int32,shape=[self.batch_size,
                self.sen_len],name="input_data")
13.         self.labels = tf.placeholder(tf.int32,shape=[self.batch_size,self.
                sen_len],name="labels")
14.         self.embedding_placeholder = tf.placeholder(tf.float32,shape=[self.
                batch_size,self.embeding_dim],name="embedding_placeholder")
15.         with tf.variable_scope("bilstm_crf") as scope:
16.             self._build_net()
17.
18.     def _build_net(self):
19.         word_embeddings = tf.gct_variable("word_embeddings",[self.embeding_size,
                self.embeding_dim])
20.         if self.pretrained:
21.             embeddings_init = word_embeddings.assign(self.embedding_pretrained)
22.         input_embedded = tf.nn.embedding_lookup(word_embeddings,self.input_data)
23.         input_embedded = tf.nn.dropout(input_embedded,self.dropout_keep)
24.
25.         lstm_fw_cell = tf.nn.rnn_cell.LSTMCell(self.embeding_dim,forget_bias=1.0,
                state_is_tuple=True)
26.         lstm_bw_cell = tf.nn.rnn_cell.LSTMCell(self.embeding_dim,forget_bias=1.0,
                state_is_tuple=True)
27.         (output_fw,output_bw),states = tf.nn.bidirectional_dynamic_rnn(lstm_fw_cell,
28.         lstm_bw_cell,
29.         input_embedded,
30.         dtype =tf.float32,
31.         time_major=False,
32.         scope = None)
33.         bilstm_out = tf.concat([output_fw,output_bw],axis=2)
34.         W = tf.get_variable(name="W",shape=[self.batch_size, 2 * self.
                embeding_dim,self.tag_size],dtype=tf.float32)
35.         b = tf.get_variable(name="b",shape=[self.batch_size,self.sen_len,
                self.tag_size],dtype=tf.float32,initializer=tf.zeros_initializer())
36.         bilstm_out = tf.tanh(tf.matmul(bilstm_out,W) +b)
37.         log_likelihood, self.transition_params = tf.contrib.crf.crf_log_
                likelihood(bilstm_out, self.labels,
38.         tf.tile(np.array([self.sen_len]),
39.         np.array([self.batch_size])))
40.         loss = tf.reduce_mean(-log_likelihood)
41.
42.         # Compute the viterbi sequence and score (used for prediction and test time).
43.         self.viterbi_sequence, viterbi_score = tf.contrib.crf.crf_decode
                (bilstm_out, self.transition_params,
44.         tf.tile(np.array([self.sen_len]),
45.         np.array([self.batch_size])))
46.
47.         # Training ops.
48.         optimizer = tf.train.AdamOptimizer(self.lr)
49.         self.train_op = optimizer.minimize(loss)
```

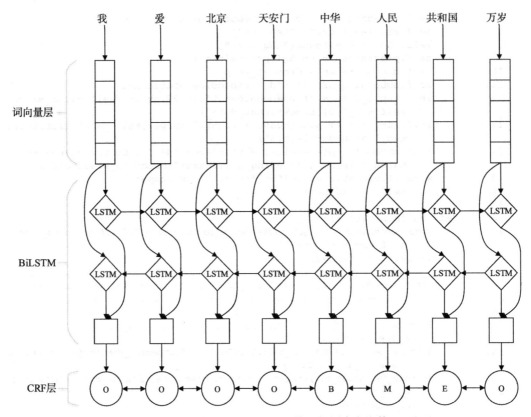

图 3-11 利用 BiLSTM-CRF 模型识别命名实体

3.2.2 关系抽取

知识图谱可以表示成实体与实体之间通过某种关系连接的形式，所以关系抽取是构建知识图谱最重要的子任务之一。一般情况下，关系抽取产生的结果可以表示为 < 主体，谓词，客体 > 的形式，比如 < 高斯，老师，古德曼 >，这里表示高斯是古德曼的老师，虽然老师是一个名词，但是它表示了高斯与古德曼之间的关系。关系抽取旨在从无结构的文本中抽取实体与实体之间的关系。再比如 < 乔布斯，苹果公司 > 之间的关系是，乔布斯是苹果公司的创始人。关系抽取所得到的关系实例可以用于对搜索和推荐的查询语义进行更深入的分析，对查询的结果进行扩展。

我们知道在实体识别的过程中，可以选择基于规则的方式，也可以选择基于序列统计的方式，还可以利用深度学习的方式。对于关系抽取，我们同样可以选择两种方式：第一种是基于模式或规则的方式。这种方式很好理解，比如，X 表示一个人物实体，Y 表示一个时间实体，那么 X 与 Y 的时间关系就有很多种形式。如 "X 出生于 Y" "X 死于 Y" 等。"出生" "死亡" 就是 X 与 Y 之间的两种具体关系。这些关系可以通过模式被定义出来。基于模式的关系抽取如图 3-12 所示。

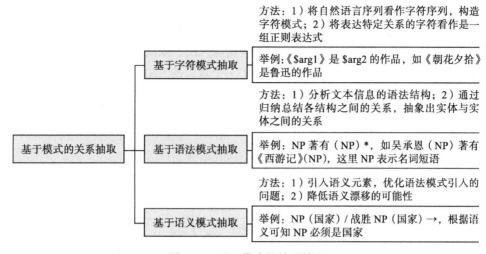

图 3-12　基于模式的关系抽取

　　第二种方法是基于学习的抽取[○]。如图 3-13 所示，基于学习的抽取包括基于监督学习的方式、基于远程监督学习的方式及基于深度学习的方式。基于监督学习的方式需要大量的人工标注及文本特征工程，而基于深度学习的方式可以减少文本特征工程，所以这里重点讲一下基于深度学习的方式。

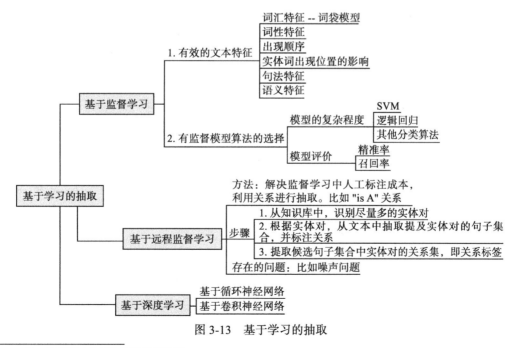

图 3-13　基于学习的抽取

　○　基于学习的抽取代码示例地址：https://github.com/michaelliu03/Search-Recommend-InAction/tree/master/chapter3/relation_extract.

1. 基于 RNN

我们在自然语言处理过程中经常会用到循环神经网络。这里也可以采用 RNN 建模句子的关系来抽取的方法。如图 3-14 所示，模型包括输入层、双向循环层和池化层。输入层将句子的每个词变为词向量。双向循环层使用了一个双向的 RNN 对句子建模。对于 t 时刻，RNN 接收来自当前的词向量 e_t 和上一时刻的网络输出 h_{t-1}^{fw}，则前向过程如下：

$$h_t^{fw} = \tanh(W_{fw}e_t + U_{fw}h_{t-1}^{fw} + b_{fw}) \tag{3-5}$$

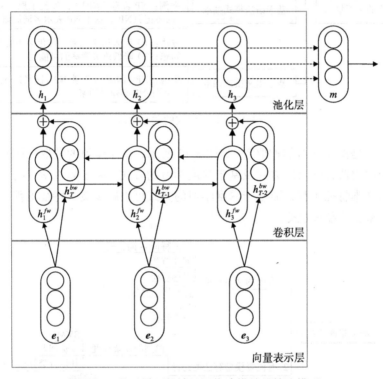

图 3-14　基于循环的神经网络建模关系抽取模型

其中，$h_{t-1}^{fw} \in \mathbb{R}^M$ 是 RNN 在 t 时刻的输出，$W_{fw} \in \mathbb{R}^{M \times D}$、$U_{fw} \in \mathbb{R}^{M \times N}$、$b_{fw} \in \mathbb{R}^M$ 是模型待学习的参数。池化层作用是从 H 的每一层中提取出最大的元素，然后接一个 Softmax 函数，得到每个关系的概率，即：

$$P(r_i \mid s; W_0, b_0) = \frac{\exp((W_0m + b_0)_i)}{\sum_{k=1}^{n_r} \exp((W_0m + b_0)_k)} \tag{3-6}$$

2. 基于 CNN

卷积神经网络一般应用在图像处理中，但是在自然语言处理中也有不错的成绩。基于卷积神经网络进行关系抽取的主要思想为：使用卷积神经网络对输入语句进行编码，基于编码结果并使用全连接层及激活函数对实体对的关系进行分类，如图 3-15 所示。

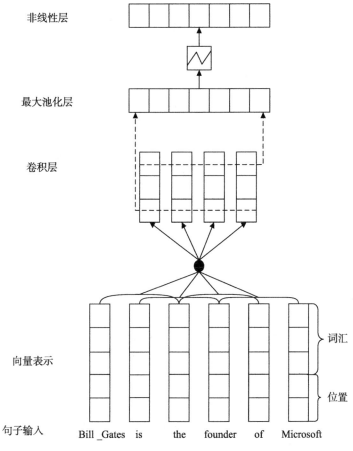

图 3-15　基于卷积神经网络建模关系抽取模型

模型会先将每个句子转化为稠密实数向量，然后利用卷积、池化和非线性转换等操作构建对应的句向量。基于 CNN 的输入和基于 RNN 的输入是一样的，输入为原始句子，然后转变为 word2vector，加入位置向量。其基本思想是离实体越近的词通常包含越多的关于分类有用的信息。卷积可以表示成如下形式：

$$p_i = \left[\vec{W}\vec{q} + \vec{b} \right]_i \tag{3-7}$$

将数据经过 CNN 处理后，使用注意力机制对新的句子进行加权处理，力图降低噪声数据的权重。

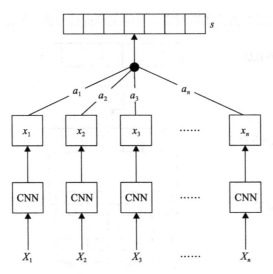

图 3-16 加入注意力机制的关系抽取

3.3 知识融合

知识融合的目标是融合各个层面的知识，是解决异构问题的有效途径。为什么要知识融合呢？其实很简单，因为在构建知识图谱的过程中，结构化、半结构化、非结构化数据很有可能来自不同知识库。

知识融合的对象包括知识体系的融合和实例的融合。知识体系的融合就是两个或者多个异构知识体系进行融合，可以对相同的类别、属性、关系进行映射。而实例的融合是对来自两个不同知识库中的实例（包括实体实例、关系实例）进行融合。

知识融合的过程中有很多技术上的挑战，如数据质量的挑战，这是因为数据质量受命名模糊、数据输入错误、数据丢失、数据格式不一致、缩写等影响；又如数据规模的挑战，这是因为大量的知识数据、异构数据需要处理。

知识融合的核心是计算两个知识图谱中两个节点或边之间的语义映射关系。换句话说，知识图谱中最重要的是实体，在知识融合的过程中实体对齐和实体消歧是主要的工作。

3.3.1 实体对齐

实体对齐也被称作实体匹配，用来判断两个来自不同或者相同知识库中的实体是否表示同一对象的过程。实体对齐可以分为成对实体对齐和协同实体对齐两类不同的算法。成对实体对齐是独立判断两个实体是否对应同一对象的过程，通过匹配实体的属性判断它们是否对齐。协同实体对齐是从更大的范围考虑两个实体是否对应同一对象的过程，通过协调不同对象间的匹配情况达到全局最优。

在具体实现方面，我们可以考虑基于表示学习的方法进行实体对齐，也可以使用传统的方法。传统的方法就是计算两个实体的相似度，如图 3-17 所示。计算相似度的方法也是多种多样的，如编辑距离的计算、集合相似度的计算、基于向量相似度的计算、聚类等。基于表示学习的方法就是把来自各个知识库的实体表示在同一个语义向量空间，然后计算两个实体的相似度。这样，实体对齐就转化为实体相似度计算的问题。基于表示学习方法的本质也是实体相似度计算的过程。

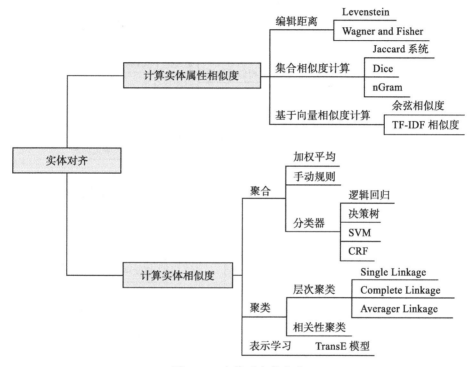

图 3-17 实体对齐的方法

3.3.2 实体消歧

实体消歧的目标是消除指定实体的歧义。歧义是指同样一个词有可能所表达的含义是不同的。实体歧义产生的原因多种多样，但是可以归结为以下两种情况：第一，同名异指。比如，网球冠军"李娜"和歌手"李娜"，甚至还有跳水运动员"李娜"，等等。再比如"我的手机是苹果""我喜欢吃苹果"，这里的"苹果"含义是不相同的。第二，同名同指。比如，篮球"飞人"和迈克尔·乔丹可能指的是同一实体。

实体消歧任务从技术路线上可以分为实体链接和实体聚类两种类型。实体链接是指给定目标实体列表，将实体指称项与目标实体列表中的对应实体进行链接，实现消歧。实体聚类是指未给定目标实体列表，以聚类方式对实体指称项进行消歧。所有指向同一个目标实体的指称项被聚类到同一类别下，聚类结果中每一个类别对应一个目标实体。实体消歧采用的方法汇总如图 3-18 所示。

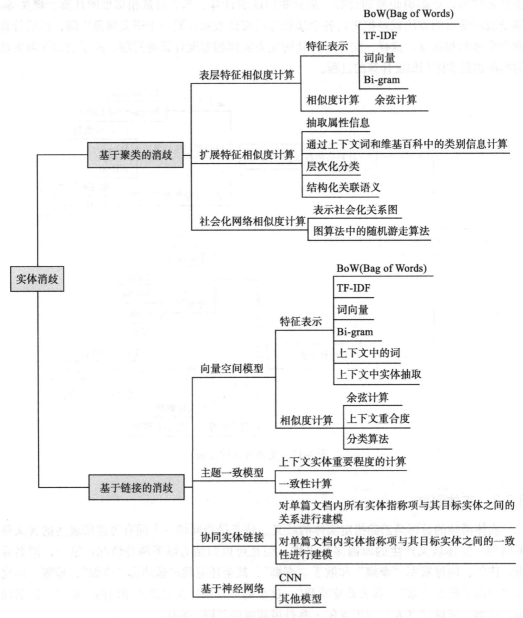

图 3-18 实体消歧采用的方法汇总

3.4 知识加工

人工智能分为计算智能、感知智能和认知智能三个层次。简要来讲，计算智能即具有快速计算、记忆和储存能力；感知智能即具有视觉、听觉、触觉等感知能力，当下十分热门的语音识别、语音合成、图像识别即是感知智能；认知智能是具有理解、解释的能力。而认知智能是人类独有的能力。人工智能的研究目标之一，就是希望机器具备认知智能，能够像人一样思考。这种像人一样思考的能力具体体现在，机器对数据和语言的理解、推理、解释、归纳、演绎的能力，以及一切人类所独有的认知能力上。学界和业界都希望通过计算机模拟，让机器获得和人类相似的智慧，实现智能时代下的精准分析、智慧搜索、人机交互、深层关系推理等。知识图谱和以知识图谱为代表的知识工程系列技术是认知智能的核心。知识加工是构建知识图谱过程中的一个阶段。知识推理和质量评估是知识加工过程中重要的环节。

3.4.1 知识推理

知识推理在知识图谱的发展过程中非常重要。知识推理可以用于补全知识图谱和质量检测等。知识推理包含对知识的思考、认知和理解等过程，是认知世界的重要途径。知识推理按照推理的过程分为逻辑推理和非逻辑推理。逻辑推理又分为演绎推理（Deduction）、归纳推理（Induction）、设证推理（Abduction，也称溯因推理）。从推理方法上看，推理主要分为确定性推理、不确定性推理。确定性推理大多指确定性逻辑推理，具有完备的推理过程和充分的表达能力，可以严格地按照专家预先定义好的规则准确地推导出最终结论。但是，确定性推理很难应对真实世界中，尤其是对于网络大规模知识图谱中的不确定，甚至不正确的事实和知识。不确定性推理也被称为概率推理，是统计机器学习中一个重要的议题。它并不是严格地按照规则进行推理，而是根据以往的经验和分析，结合专家先验知识构建概率模型，并利用统计计数、最大化后验概率等统计学的手段对推理假设进行验证或推测。不确定性推理可以有效地对真实世界中的不确定性建模。下面具体讲讲逻辑推理中的两种方法。

1. 演绎推理

演绎推理是一种自上而下的推理，从一般到特殊的过程，也就是从一般性的前提出发，通过演绎（即推导），得出具体陈述或个别结论的过程。最经典的演绎推理就是三段论，包括一个一般性原则（大前提）、一个附属于大前提的特殊化陈述（小前提）以及由此引申出的特殊化陈述符合一般性原则的结论。比如下面的一个三段论例子：

"哺乳动物都是胎生，用肺呼吸的动物；

海豚在水中是胎生的并用肺呼吸；

结论：海豚是哺乳类动物。"

演绎推理有以下几种方法，下面具体进行阐述。

（1）基于规则的推理

通常，基于规则的推理需要在已知事实上反复迭代使用规则，开销大、效率低，只能进行确定性推理，无法完成不确定性推理。基于规则的推理的示例如图 3-19 所示。

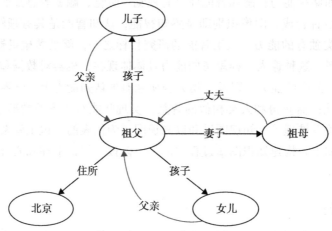

图 3-19 基于规则的推理

根据图 3-19 的关系，可以推理出以下结论：

hasChild(A, B) $\Rightarrow$ hasParent(B, A)

marryTo(A, B) $\Rightarrow$ marryTo(B, A)

marryTo(A, B) $\wedge$ hasChild(A, C) $\Rightarrow$ hasChild(B, C)

（2）马尔可夫逻辑网

马尔可夫逻辑网是将概率图模型与一阶谓词逻辑相结合的一种统计关系学习模型。其核心思想是通过为规则绑定权重的方式对一阶谓词逻辑规则中的硬性约束进行软化。它给一阶谓词逻辑注入了出色的不确定性处理能力，通过建模不确定性规则，能够容忍知识库中存在的不完整性和矛盾性等问题。马尔可夫逻辑网示例如表 3-1 所示。马尔可夫逻辑示意图如图 3-20 所示。

表 3-1 马尔可夫逻辑网示例

描述	逻辑	条款形式	权重
朋友的朋友是朋友（Friends of friends are friends）	$\forall x \forall y \forall z Fr(x, y) \wedge Fr(y, z) \Rightarrow Fr(x, z)$	$\neg Fr(x, y) \vee \neg Fr(x, y) \vee Fr(x, z)$	0.7
没有朋友的人抽烟（Friendless people smoke）	$\forall x (\neg (\exists y Fr(x, y)) \Rightarrow Sm(x))$	$Fr(x, g(x)) \vee Sm(x)$	2.3
抽烟会致癌（Smoking causes cancer）	$\forall x Sm(x) \Rightarrow Ca(x)$	$\neg Sm(x) \vee Ca(x)$	1.5
如果两个人是朋友，或者都抽烟或者都不抽烟（If two people are friends, either both smoke neither does）	$\forall x \forall y Fr(x, y) \Rightarrow (Sm(x) \Leftrightarrow Sm(y))$	$\neg Fr(x, y) \vee \neg Sm(x) \vee Sm(y)$ $\neg Fr(x, y) \vee Sm(x) \vee \neg Sm(y)$	1.1

说明：Fr 表示 Friends，Sm 表示 Smoke，Ca 表示 Cancer.

由于 $\forall x \mathrm{Sm}(x) \Rightarrow \mathrm{Ca}(x)$，$\forall x \forall y \mathrm{Fr}(x, y) \Rightarrow (\mathrm{Sm}(x) \leftrightarrow \mathrm{Sm}(y))$，设 A = Anna B = Bob
$x = [\mathrm{Sm}(A) = 1, \mathrm{Sm}(B) = 0, \mathrm{Ca}(A) = 1, \mathrm{Ca}(B) = 0, \mathrm{Fr}(A, A) = 1, \mathrm{Fr}(B, B) = 1, \mathrm{Fr}(A, B) = 1,$
$\mathrm{Fr}(B, A) = 1]$，则 $P(x) \propto \exp(1.5 \times 2 + 1.1 \times 2)$

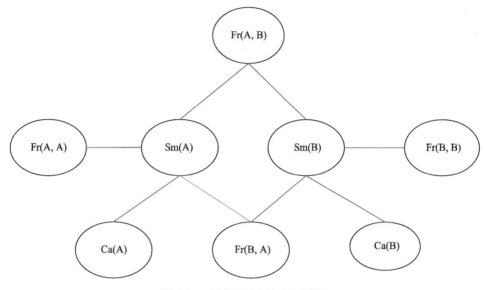

图 3-20　马尔可夫逻辑网示意图

利用马尔可夫逻辑网对知识图谱进行建模，可分如下几种情况处理。

1）当规则及其权重已知时，计算知识图谱中任意未知事实成立的概率是马尔可夫随机场的推断问题。

2）当规则已知但其权重未知时，自动学习每条规则的权重是马尔可夫随机场的参数学习问题。

3）当规则及其权重均未知时，自动学习规则及其权重（马尔可夫随机场的结构学习）实际上属于归纳推理的范畴。

（3）概率软逻辑

概率软逻辑是马尔可夫逻辑网的进一步延伸，其最大优点是允许原子事实的真值可以在 [0,1] 区间内连续地任意取值，而不像马尔可夫逻辑网那样只能取 {0,1} 中的离散值。它进一步增强了马尔可夫逻辑网的不确定性处理能力，能够同时建模不确定性的规则和事实，并且连续真值的引入使得推理从原本的离散优化问题简化为连续优化问题，大大提升了推理效率。

概率软逻辑是给定一组原子事实和绑定权重的规则，计算所有可能的原子事实真值取值为 I 的概率分布。更形式化地，用 R 表示实例化的规则集合，$r \in R$ 表示一条实例化的规则，那么 I 的概率分布如下：

$$f(I) = \frac{1}{Z} \exp\left[-\sum_{r \in R} \lambda_r (d_r(I))^p\right] \tag{3-8}$$

其中，$Z = \int \exp[-\sum_{r \in R} \lambda_r (d_r(I))^p]$，$\lambda_r$ 是规则 r 的权重，Z 是连续型的马尔可夫随机场规范因子，$p \in \{1, 2\}$ 提供了两种不同的损失函数。

2. 归纳推理

归纳推理是一种自下而上的推理，是基于已有观察得出结论的过程。它是从特殊到一般的过程。所谓归纳推理，就是从一类事物的大量特殊事例出发，推出该类事物的一般性结论。我们熟知的数学归纳法就是归纳推理的一个典型例子。

（1）归纳逻辑程序设计

使用一阶谓词逻辑来进行知识表示，通过修改和扩充逻辑表达式来完成对数据的归纳。目标是找到定义目标谓词 P 的规则，使其覆盖所有正例而不覆盖任何反例。

FOIL（First Order Inductive Learner）利用序贯覆盖实现规则的学习，基本流程如下。

1）从空规则 "P ←" 开始，将目标谓词作为规则头。

2）逐一将其他谓词加入规则体进行考察，按预定标准评估规则的优劣并选取最优规则。

3）去除该规则覆盖的训练样例，以剩下的训练样例组成训练集重复上述过程。

（2）关联规则挖掘

AMIE（Association Rule Mining under Incomplete Evidence）支持从不完备的知识库中，挖掘闭式规则。

两个谓词共享一个变量或实体，则称其为连通的。如果规则中任意两个谓词可通过连通关系的传递性相连，则称该规则为连通的。如果规则是连通的且其中的变量都至少出现两次，则称其为闭式逻辑规则。例如，hasChild(p, c) ∧ isCitizenOf(p, s) ⇒ isCitizenOf(c, s)。

（3）路径排序算法

PRA（Path Ranking Algorithm）是以实体间的路径为特征来学习目标关系的分类器，如图 3-21 所示。PRA 的工作流程如下：首先生成并选取路径特征集合；其次计算每个训练样例的特征值；根据训练样例，为每个目标关系训练一个分类器。

3. 基于分布式的知识推理

分布式知识表示（Knowledge Graph Embedding）的核心思想是将符号化的实体和关系在低维连续向量空间进行表示，在简化计算的同时最大限度地保留原始的图结构。

基于分布表示的知识推理步骤如下。

1）实体关系表示：定义实体和关系在向量空间中的表示形式（向量 / 矩阵 / 张量）。

2）打分函数定义：定义打分函数，衡量每个三元组成立的可能性。

3）表示学习：构造优化问题，学习实体和关系的低维连续向量表示。

根据打分函数的不同，我们可以把分布式表示知识推理分为两种类型，一种是采用基于距离打分函数来衡量三元组成立可能性的模型，称作位移距离模型；另一种是采用相似度计算的打分函数来衡量三元组成立可能性的模型，称作语义匹配模型。

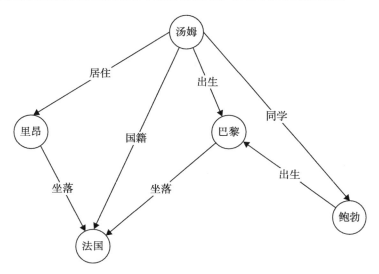

图 3-21　PRA 示例

（1）Trans 模型

Trans 模型中，TransE 是最具代表性的位移距离模型，其核心思想是计算实体和关系间的位移。TransE 示意图如图 3-22 所示，从图中可以看到，

$$h + r \approx t$$

其中，h，t 表示实体向量，向量 r 表示关系向量，位移操作 $h + r \approx t$，打分函数 $f(h, r, t) = \|h + r - t\|_{1/2}$

比如，中国 (h_1)– 北京 (t_1) = 法国 (h_2)– 巴黎 (t_2) = 首都 (r)

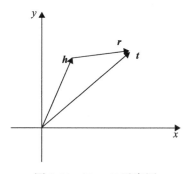

图 3-22　TransE 示意图

（2）语义模型

语义模型是计算实体和关系在隐式向量空间的语义匹配程度，以此来判断三元组成

立的可能性。按照模型的复杂程度，我们可以把它分为两种：第一种是简单匹配模型，也就是将头实体和尾实体的表示进行组合，再与关系的表示进行匹配；第二种是复杂匹配模型——深度神经网络，它利用较为复杂的神经网络结构完成实体和关系的语义匹配。MLP模型示意图如图3-23所示。

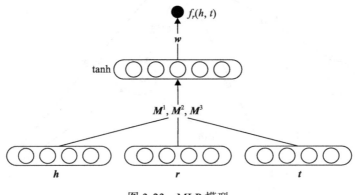

图 3-23　MLP 模型

从图 3-23 中我们可以看到，$f_r(h, t) = w^T \tanh(M^1 h + M^2 r + M^2 t)$，其中，$h$、$t$ 表示实体向量，向量 r 表示关系向量。

3.4.2　质量评估

质量评估就是对最后的结果数据进行评估，将合格的数据放入知识图谱中。根据所构建的知识图谱不同，质量评估对数据要求也不同。质量评估的目的是获得合乎要求的知识图谱数据，要求的标准根据具体情况确定。比如对于公共领域的知识图谱，知识图谱的获取可采用众包的方法，即对于同一个知识点，可能会有很多人来完成，如果这个知识点只有一个答案，可以将多人的标注结果进行比较，取投票多的结果作为最终结果。当然，这是不严谨的，特别是针对一些行业知识图谱，表现尤为突出。行业内的一个知识点，可能只有行业专家能够给出权威正确的答案，如果让大众投票来决定，可能会得到错误的知识。所以，针对行业知识图谱，我们可以采用不同于评估公共知识图谱的策略。

3.5　本章小结

本章主要讲解知识图谱相关理论，通过讲解知识图谱，为读者依次呈现了知识的表示方法、构建知识图谱的方法、知识融合的一般方法，最后讲解了关于知识推理的相关技术，在讲解的过程中，笔者围绕一张知识图谱的架构图进行方法梳理和总结。由于知识图谱涵盖的知识点较多，本章只是从全局上进行概览和整理，有些地方并没有深入到更加细致的知识点。关于知识图谱在搜索和推荐中的应用，笔者会在后续章节中进行讲解。

搜索系统的基本原理

搜索系统框架及原理

作为当今互联网环境中普遍使用的技术，搜索系统的意义在于使工作和生活提效。做搜索首先要有一个好的系统框架，否则研发人员大部分的时间可能是在做系统运维工作。搜索系统中有很多真实的 AI 应用场景，比如对 Query 的理解、对网页的理解、搜索的排序或相关推荐等，这些都是非常有难度的 NLP 应用场景。本章将在前面章节的基础上，继续深入地讲解搜索系统的框架及原理。

4.1 搜索系统的框架

搜索系统主要用于解决用户快速、准确地从互联网海量数据中提取需要信息的问题。要想全面地了解搜索系统，我们应该从了解搜索系统的基本框架入手，了解搜索系统内部结构以及各部分是如何配合运作的。

4.1.1 基本框架

搜索系统通常由信息收集、信息存储、信息扩展及搜索计算 4 部分组成。搜索系统的具体结构如图 4-1 所示。

（1）信息收集

该部分包括但不限于爬虫和线下导入。对于网络爬虫部分，该组件的主要功能是收集全网实时 / 延时数据（这取决于搜索引擎的应用场景），并对收集的数据进行简单处理，如去重、停用敏感信息、过滤垃圾信息以及生成信息存储部分可以接收的数据，以便存储。线下导入的信息有时是作为爬虫信息的补充，如作为对缺乏规范描述的定义、定理等进行补充的备检信息；有时是作为推理或关系信息的主要依据，如作为对网络爬虫收集的信息进行关系处理的依据。

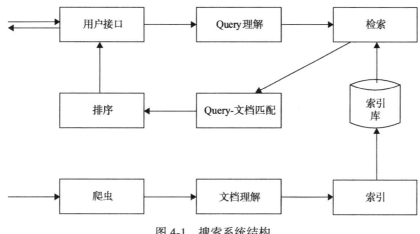

图 4-1　搜索系统结构

（2）信息存储

该部分包括但不限于文件信息保存及索引保存等。信息存储的主要功能是提供高效的、泛化的、文档间可联动的搜索内容。所以在文件信息保存上，有时会因为场景的原因，将所有文件内容放置在内存中，所以会建立庞大的倒排索引和并发集群以提高搜索的响应效率。对于推理性搜索，为了提高搜索的响应效率，存储组件需要对应用于推理的节点（关键词、字段或者短语描述等）进行特殊处理。

（3）信息扩展

除响应效率外，为了提高搜索的准确性，有时我们需要对搜索系统召回的内容进行相应扩展。扩展的目的是尽量避免无结果的搜索。在信息扩展部分，我们可以在爬虫程序中定义文档间关系，甚至定义推理逻辑实现，在信息存储部分可以屏蔽停用词、定义同义词，并在建立索引的时候就支持泛化能力。

（4）搜索计算

为了理解搜索输入（通常称为 Query）和召回排序，我们需要对 Query 进行生成和解析并提供召回的评分策略，以便对结果进行排序。

生成 Query：搜索系统的输入通常是人类自然语言的输入，其表达形式包括但不限于关键词、短语、句子、文章段落，甚至图片等。所以，在生成 Query 时，通常会加入意图理解模块，以尽可能理解用户当前检索内容的真实意图。同时，受制于人类语言表达的缺陷，在自然语境下所表述的内容被计算机理解时可能会产生歧义，这也是意图理解模块试图解决的问题。通过意图理解模块，我们通常会得到当前搜索内容的主题或者检索要素。对于检索要素，可能需要进行拓展，这部分拓展主要依赖当前用户的行为和近期全网热度等。最后将整理的全部检索要素生成计算组件可理解的 Query 并输入计算模块。

解析 Query：计算模块将搜索信息从信息存储组件中按照既定的评分标准排序召回。

首先，搜索系统需要将 Query 导入信息延展组件进行拓展。信息拓展的主要目的是加大召回的覆盖率和提高召回的准确度。这里常用的手段与 NLP 技术相关，除了可以对最基本的同义词、近义词进行打分，还可以对所有相关检索要素的重要程度进行打分，比如检索要素是 Java 工程师，显然 Java 的重要程度远远大于工程师，此时就需要对这两个不同的检索要素赋予不同的权重。由于我们现今对信息存储组件的可扩展性有较高的要求，很多时候同义词和近义词在信息存储时就已添加好，即拓展索引级别的检索要素，因此在流程上，为了利于搜索系统的整体管理和修改，这里会偏向于将信息拓展组件添加到信息存储组件前面，当然也可以添加到 Query 组件后面。

信息存储组件负责实时或延时地将搜集到的数据存储起来。对于数据的时效性，我们需要考虑搜索系统的性能及应用场景，而最终选择采取哪种方式进行数据存储，则是由读者实际工作决定。在存储信息时，为了保证信息的高效存储，通用的存储方式有内存存储与索引存储，具体的构建方式会在相关章节详细介绍。在接收到 Query 之后，信息存储组件会将结果返回到信息延展组件。返回的信息包括但不限于：单个召回结果中检索要素命中的位置信息、单个召回结果中检索要素命中的频次信息、整体召回结果的统计与分布等。这里之所以需要返回大量的信息，是因为我们在考虑搜索系统整体准确度的时候，还需要对结果进行排序。而排序阶段的特征数据或者评分数据主要由信息存储组件提供。所以，有时候信息存储组件返回的数据量可能过大。在结构上，一些搜索系统倾向于将部分信息延展组件与信息存储组件甚至计算组件整合到一起，从而在返回结果的同时结束部分计算结果的统计。部分情况下，信息存储组件也会将部分结果返回至信息延展组件，主要是考虑到更为精确、细粒度的搜索结果可能导致召回不足。这就需要在信息延展组件中，对可能发生的召回不足的情况制定补救措施，重复进行搜索、收集搜索结果的流程，直至召回满足或无法召回为止。最后将搜索结果返回至计算组件，进行最终的排序并将结果展示给用户。

4.1.2 搜索引擎是如何工作的

搜索引擎分为 4 部分，搜索器、索引器、检索器及用户接口，如图 4-2 所示。

搜索器的功能是日夜不停地在互联网中漫游，搜集信息。它要尽可能多、尽可能快地搜集各种类型的新信息，还要定期更新已经搜集的旧信息，以免出现死链。搜索器有两种搜集信息的策略：第一种策略是从一个起始 URL 集合开始，顺着这些 URL 中的超链接（Hyperlink），以宽度优先、深度优先或启发式循环地在互联网中搜集信息。它会沿着任何一个网页中的 URL 集合"爬"到其他网页，重复这个过程，并把搜集到的所有网页存储起来。第二种策略是按照域名、IP 地址划分 Web 空间，每个搜索器负责一个子空间的穷尽搜索。

索引器[⊖]的功能是理解搜索器所搜索的信息，通过分析索引程序对收集的网页进行分析，提取相关网页信息（包括网页所在 URL、编码类型、页面内容包含的关键词、关键词

○ 创建索引示例代码示例地址：https://github.com/michaelliu03/Search-Recommend-InAction/blob/master/chapter2/search/build_index.py。

位置、生成时间、大小、与其他网页的链接关系等），根据相关度算法进行大量复杂计算，得到每一个页面的页面内容及超链接中每一个关键词与页面内容的相关度（或重要性），然后用这些相关信息建立网页索引数据库。

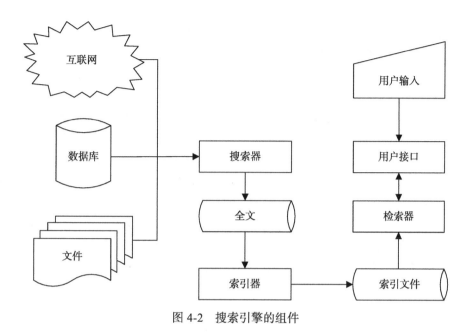

图 4-2　搜索引擎的组件

　　检索器的功能是根据用户查询在索引库中快速检出文档，对文档内容与查询的相关度进行评估，并对将要输出的结果进行排序，实现某种用户相关性反馈机制。检索主要过程如下：检索器对用户接口提出的查询要求进行递归分析，在用户接口中一般采用基本语法来设置检索条件。

　　用户接口的作用是输入用户查询、显示查询结果、提供用户相关性反馈机制。其主要目的是方便用户使用搜索引擎，高效率、多方式地从搜索引擎中得到有效、及时的信息。用户接口的设计和实现使用了人机交互的理论和方法，以充分适应人类的思维习惯。用户输入接口可以分为简单接口和复杂接口两种。

　　从流程上看，搜索引擎会先接收一个初步的对用户信息整理后的 Query，这个 Query 可以是基于用户输入的简单分割，也可以是参考最近高热度词、当前用户的行为习惯，甚至是近期大量同质用户的搜索行为的解析，或者是基于知识图谱对用户输入信息的推理。

　　这里简单举几个例子。如果用户搜索无人驾驶汽车，在无人驾驶汽车出现之前，查询组件可能只是简单地将其分割为无人、驾驶汽车或者无人驾驶、汽车，并将其作为检索要素。如果用户搜索"苹果"，基于用户行为等信息，Query 可以拓展为 name: 苹果、property:company/smart phone/fruit 等。如果用户搜索的是马和驴的下一代，那么可以依据知识图谱进行推理，查询骡子等。这里的所有行为都是为了在查询阶段尽可能地理解用户的真实搜索意图，保留搜索引擎可以理解的最清晰的信息并尽可能屏蔽噪声信息。

4.2 数据收集及预处理

搜索系统中处理的对象是互联网中的网页，那么数以万计的网页是如何被收集到本地，这类数据又是如何处理的呢？本节将会详细介绍。

4.2.1 爬虫

网络爬虫是搜索系统中很关键也很基础的组件，负责数据收集。通用的爬虫框架如图4-3所示。其工作原理是首先从互联网网页中选出一部分质量较高的网页的链接作为种子URL，把这些种子URL放到待抓取URL队列中，由爬虫从待抓取URL队列中依次读取，并通过DNS解析URL，把链接地址转化为网站服务器对应的IP地址。然后将IP地址和网页相对路径名称交给网页下载器，由网页下载器把网页内容下载到本地。这样做一方面可以将页面内容存储到网页库中，等待索引建立等后续处理；另一方面将下载页面的URL放到已经抓取的URL队列中，对已经爬取的页面进行记录，可以防止重复爬取。对于刚下载的网页，抽取其中的URL链接，并检查已抓取的URL队列，将没有抓取过的URL放入待抓取URL队列中，不断循环上述步骤直至待抓取的URL队列为空，即爬虫系统完成一轮完整的爬取流程。

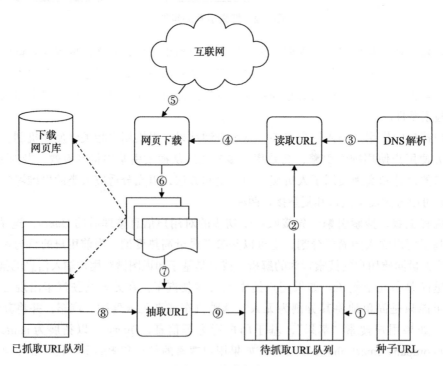

图 4-3　爬虫框架

　　该框架适用于绝大多数的爬虫系统，但不能代表全部。根据应用场景的不同，网络爬虫大概分为以下 4 种：1）通用型网络爬虫，负责爬取全网的资源，一般适用于大型搜索引擎；2）批量型网络爬虫，按照预先设置好的抓取目标和范围爬取资源，当爬虫完成目标后，就停止爬取；3）增量型网络爬虫，针对互联网中有变化的网页，比如新增、修改或者删除的网页，及时响应更新到本地网页库中；4）垂直型网络爬虫，关注特定主题或者特定行业的网页，难点是如何识别网页内容是否为特定主题或行业。

　　优秀的爬虫应该具备的特性主要有 3 点。1）高性能。此处的性能主要是指网页的下载速度，常用的评估爬虫性能的方式是以爬虫每秒能够下载的网页数量为指标，单位时间内下载的网页数量越多，爬虫的性能越高。2）健壮性。爬虫在遇到突发情况时，要能够做出正确的处理。当服务器宕机时，健壮的爬虫应该能够在服务器重启后，恢复之前抓取的内容和数据结构。3）友好性。友好性主要包括两个方面：一方面是保护网站私密性；另一方面是减少被抓取网站的网络负载。对于部分网站所有者不想被爬取的网页，网站所有者需要设置协议告诉爬虫哪些内容不能够抓取。常用的方法有：设置爬虫禁抓协议和网页禁抓标记。爬虫禁抓协议是指由网站所有者生成一个文件 robot.txt，将其放在网站服务器根目录下，这个文件指明了哪些目录下的文件不允许抓取。友好的爬虫在抓取该网站的内容之前，应该先读取 robot.txt 文件并遵守协议。如果是某个网站不想被抓取，可以使用网页禁抓标记，即在网页的 HTML 代码里加入 meta name＝"robots" 标记，其中 content 字段指出允许或者不允许爬虫做哪些行为，主要分为两种情形：一种是告诉爬虫不要索引该网页内容，以 noindex 标记；另一种是告诉爬虫不要抓取网页包含的链接，以 nofollow 标记。

　　评估爬虫的质量标准一般有三个：抓取网页的覆盖率、抓取网页的时效性和抓取网页的重要性。1）覆盖率，是指抓取网页的数量占互联网内网页总数量的比例，比例越高，覆盖率越高。2）时效性，是指爬虫对修改、删除的网页的反应速度，尤其是针对已经过期的网页，及时更新网页库。3）重要性直接影响搜索的准确率。

　　图 4-3 中待抓取的 URL 序列在爬虫系统中是关键部分。那么，URL 序列顺序是如何确定的呢？将新下载页面中包含的链接直接追加到队列末尾，即宽度优先遍历策略，这是一种常见方式，但并不是唯一方式，还有非完全 Pagerank 策略以及大站优先策略。1）宽度优先遍历策略虽然没有明显地考虑网页重要性，但实验表明该方法效果很好，对很多链入的网页较为友好，并且链入的网页质量也较高。2）非完全 Pagerank 策略。Pagerank 是一种著名的链接分析方法，最早应用于网页重要度排序，因此可以利用其对 URL 进行排序。由于其是一个全局算法，而爬虫下载的网页只是部分，所以由其计算的得分不一定可靠，但我们仍然可以借鉴它的思想：将已经下载的网页和待抓取的 URL 集中起来形成网页集合，在该集合内计算 Pagerank，计算完成后，按照结果对待抓取的 URL 排序，然后依次抓取。3）大站优先策略。以网站为单位衡量网页的重要性，我们认为大站往往是知名企业，其网站质量一般比较高，所以一般优先搜索大站。

上文讲了如何对待抓取的 URL 排序，我们还需要考虑如何对已抓取的内容快速更新。常见的策略有：历史参考策略、用户体验策略和聚类抽样策略。1）历史参考策略。假设过去更新频繁的网页以后更新也会频繁，所以可以通过其历史更新情况，预估网页何时更新。2）用户体验策略。由于用户一般只对排名靠前的网页感兴趣，所以即使网页过期，如果不影响用户体验，那么晚些更新也是可以的。所以，判断一个网页什么时候更新，取决于网页的内容变化给排序结果带来的影响。3）聚类抽样策略。前两种策略都比较依赖网页历史信息，但在现实中，保存历史信息会增加搜索引擎负担，同时首次抓取的网页并不存在历史信息，因此以上两种方法都有缺陷。聚类抽样策略认为：网页具有一些属性，如网页内容、链接深度以及 Pagerank 值等，根据这些属性可以预测更新周期，而且，具有相似属性的网页也具有相似的更新周期，因此可以根据这些属性进行网页归类。同一类别的网页具有相同的更新频率。

除了网页抓取策略、更新策略外，暗网抓取和分布式爬虫也是爬虫系统的内容，感兴趣的读者可以自行了解，这里不做详细介绍了。脚注⊖是一个完整爬虫示例的链接，读者可以自行查看。

4.2.2 数据清洗

爬虫在下载了网页之后，需要对这些数据进行清洗，其中最关键的部分就是对网页的去重处理（据统计，完全相同的页面大约占全部页面的 20%）。处理相似网页的好处：1）可以节省存储空间，留出充足的空间存储有效网页；2）通过对以往数据的分析可以预先发现重复网页，在之后的网页收集中避开这些网页，提高网页收集效率；3）如果用户点击了死链接，可以将用户引导到一个内容相同的页面，进而有效提高用户体验。

在实际工作中，网页相似检验一般是在爬虫阶段完成的，具体流程如图 4-4 所示。

通用的网页去重流程如图 4-5 所示。对于给定的文档，首先通过一定的特征抽取方法，从文档中抽取一系列表示文档主旨的特征集合，之后通过算法直接查找相似文档。对于搜索引擎中数以万计的文档，算法的执行速度是需要重点关注的，因此很多高效的算法会在特征集合的基础上，对信息进一步压缩，如采用信息指纹相关算法将特征集合压缩成新的数据集合。（新的数据集合包含的元素数量远小于特征集合的数量，但同时也造成了信息丢失，所以需要衡量压缩率和准确度之间的平衡。）把文档压缩成信息指纹后，就可以进行相似度计算了。

经实验证明，SimHash 算法是应用最广泛且表现最好的去重算法之一，是一种局部敏感哈希框架的实现特例。该算法流行的原因是：两个文档越相似，其对应的两个哈希值也就越接近，且哈希值的计算明显比文本计算快很多，同时也节省空间。

⊖ https://github.com/michaelliu03/Search-Recommend-InAction/blob/master/chapter2/search/news_spider.py.

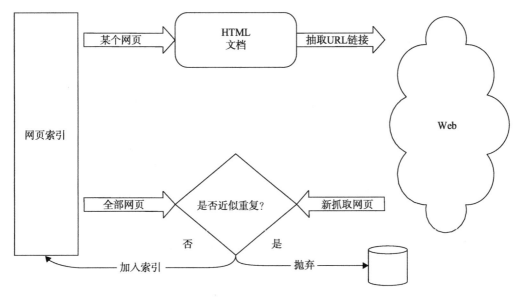

图 4-4　网页相似检验流程

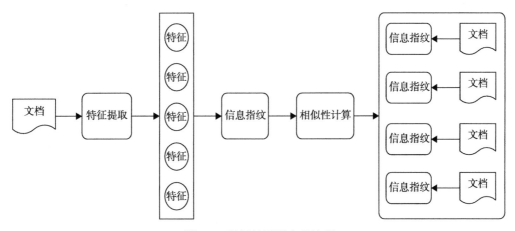

图 4-5　通用的网页去重流程

SimHash 算法步骤如下。

1）对需要判断的文本分词形成该文本的特征单词，然后生成去掉噪声词的单词序列，并为每个词加上权重。

2）通过哈希函数将每个特征单词映射成固定长度的二进制表示。

3）利用权重改写特征的二进制向量，将权重融入向量中，形成一个实数向量。假设某个特征单词的权重是 5，对二进制向量进行改写：若比特位数值是 1，则改写成 5；若是 0，则改写成 –5。改写完的特征累加后获得一个表示文档整体的实数向量。

4）再次将实数向量转换成二进制向量，规则如下：如果对应位置的数值大于 0，设成

1；如果小于等于 0，则设置成 0。

得到两个文档的二进制数值后，利用海明距离来计算文档的相似度。

4.2.3 存储空间及分布式设计

搜索系统中最重要的数据结构是索引结构，索引结构越合理意味着查询越快捷。设想如果我们直接对一篇篇文本进行扫描，费时费力。如果我们建一个前向索引，依然是依次扫描每一个文档，对于多次出现的字符串不一一扫描，对于同一文档内的字符串查找采用二分查找的方式，这样可加快匹配速度，但这远远不够，还需要一个倒排索引的数据结构，让查询面向词和文档集，使搜索任务更快捷和简单。对于单个查询词，搜索就是字典查找的过程，不需要扫描所有文档。倒排索引的过程如图 4-6 所示。

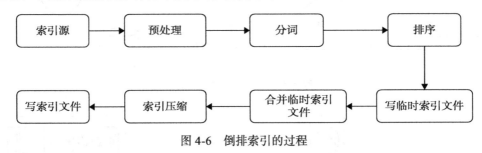

图 4-6 倒排索引的过程

这里说明一下排序过程。排序就是扫描每篇文档产生的文档号、单词号、出现位置这个三元组。按照单词号重新排序，单词号相同则按照文档号排序，单词号和文档号都相同则按照出现位置排序。

Trie 树，又称单词查找树或键树，是一种树形结构，也是哈希树的变种形式。其典型应用是统计和排序大量的字符串，但不限于字符串。Trie 树的核心思想是用空间换时间，利用字符串的公共前缀来降低查询时间的开销，以达到提高效率的目的。其包含三个特性：1）根节点不包含字符，除根节点以外，每一个节点都只包含一个字符；2）从根节点到某一个节点，路径上经过的字符连接起来为该节点对应的字符串；3）每个节点的所有子节点包含的字符都不相同。字符串 and，as，bee，bus，cn，com 构建的 Trie 树如图 4-7 所示。

在图 4-7 所示的 Trie 树中，root 表示根节点，不代表任何字符，从第二层开始，白色表示分支节点，灰色表示叶子节点。从根节点到叶子节点，把路径上经过的字符连接起来，会构成一个词。而叶子节点内的数字代表该词在字典中所处的链路（字典中有多少个词就有多少条链路），具有共同前缀的链路称为串。树中的词只可共用前缀，不能共用词的其他部分。树中的任何一个完整词，一定是从根节点开始到叶子节点结束。所以，检索是从根节点开始到叶子节点结束，这种检索方式由于公共前缀的词都在同一个串中，能够大幅度缩小查询词汇的范围，同时从一个字符到下一个字符比对，不需要遍历该节点下所有子节点。因此，Trie 树的时间复杂度仅和检索词的长度 m 有关：O(m)。综上可知，Trie 树主要利用词的公共前缀缩小查词范围，通过状态间的映射关系避免所有字符的遍历，从而达到高效检索的目的。这种优势同样是需要付出代价的：1）由于结构需要记录更多的信息，因此 Trie 树的实现稍显复杂；2）Trie 树词典不仅需要记录词，还需要记录字符之间、词之间的相关信息，因此在构建字典时必须对每个词和字逐一进行处理，而这无疑会减慢词典的构建速度；3）公共前缀虽然可以减少一定的存储空间，但 Trie 树相比普通字典还需表达词、字之间的各种关系，实现更加复杂，因此实际空间消耗相对更大。

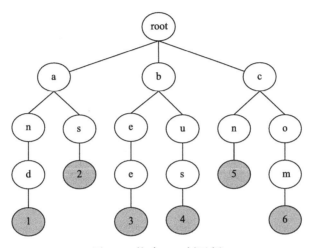

图 4-7　构建 Trie 树示例

Trie 树⊖的节点及增删改查实现代码如下：

```
1. class TrieNode:
2.     def __init__(self,value = NULL):
3.         self.value = value
4.         self.children = {}
5.
6. class Trie:
7.     def __init__(self):
8.         self.root = TrieNode()
9.
10.
11.    def insert(self,key,value=None,sep=' '):
12.        elements = key if isinstance(key,list) else key.split(sep)
13.        node = self.root
14.        for e in elements:
15.            if not e: continue
16.            if  e not in node.children:
17.                child = TrieNode()
18.                node.children[e] = child
19.                node = child
20.            else:
```

⊖ Trie 树实现代码示例地址：https://github.com/michaelliu03/Search-Recommend-InAction/tree/master/chapter4/trie_example.

```
21.                         node = node.children[e]
22.             node.value = value
23.
24.     def get(self,key,default= None,sep= ' '):
25.         elements = key if isinstance(key,list) else key.split(sep)
26.         node = self.root
27.         for e in elements:
28.             if  e not in node.children:
29.                 return default
30.             node = node.children[e]
31.         return default if node.value is NULL else node.value
32.
33.     def delete(self,key,sep =' '):
34.         elements = key if isinstance(key,list) else key.split(sep)
35.         return self.__delete(elements)
36.
37.     def __delete(self,elements,node = None,i =0):
38.         node = node if node else self.root
39.         e = elements[i]
40.         if e in node.children:
41.             child_node = node.children[e]
42.             if len(elements) ==(i+1):
43.                 if child_node.value is NULL: return False
44.                 if len(child_node.children) == 0:
45.                     node.children.pop(e)
46.                 else:
47.                     child_node.value = NULL
48.                 return True
49.             elif self.__delete(elements,child_node,i+1):
50.                 if len(child_node.children) ==0:
51.                     return node.children.pop(e)
52.                 return True
53.         return False
```

4.3　文本分析

在搜索过程中需要对文本进行处理，比如对查询的分析以及建立索引时对文档内容的分析，我们将这部分内容称作"Query理解"。其主要包括Query预处理、Query纠错、Query扩展、Query归一、联想词、Query分词、意图识别、term重要性分析、敏感Query识别、时效性识别等。如图4-8所示，用户输入一个Query，为了缓解后端压力，搜索系统会先去Cache中查询Query是否被命中，如果被命中，则直接返回该Query的结构化数据。如果没被命中，就需要后续对Query进行一系列处理。首先是简单的预处理，大小写、全半角、繁简体转化以及对过长的Query进行截断处理，接着可能需要先对Query进行分词，使用分词的Term结果进行错误检测，然后再对Query分词做重要性分析和紧密度分析，对无关紧要的词汇做丢词等处理。有了分词Term及其对应的权重、紧密度信息后，搜索系统可以进行意图识别。意图识别包括模糊意图识别和精准意图识别。除此之外，部分搜索场景还需要对Query进行敏感识别及时效分析等其他处理，以及对前面各部分处理后的结果进行人工干预，解决相应的负例。

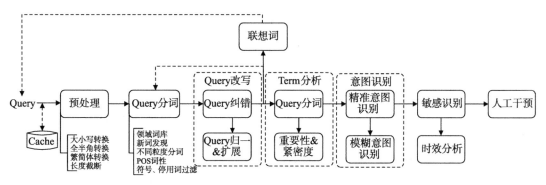

图 4-8　Query 文本分析基本流程

4.3.1　查询处理

首先需要讲清楚为什么要做查询处理和分析。用户会根据相应的查询方式得到查询结果。对于普通用户来说，最便捷的方式就是"需要查什么就输入什么"。目前，用一个词或者短语进行查询，依然是主流的搜索查询模式。所以，在查询处理与分析过程中，需要利用自然语言技术。关于自然语言处理技术，这里只提一些关键的知识点[⊖]。

从图 4-9 中我们可以看到，基本的搜索机制中，Query Term 是非常重要的。对于中文来讲，自然语言处理是搜索系统中不可或缺的部分。在索引中也是如此。自然语言处理是提取文档的关键信息，并将词或者短语和文档进行匹配的过程。

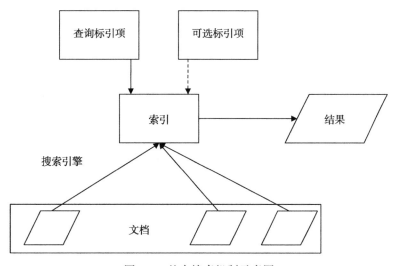

图 4-9　基本搜索机制示意图

⊖　感兴趣的读者可以参考《聊天机器人：入门、进阶与实战》中的第 3 ~ 5 章．

1. 搜索查询中的"术"

对文档处理主要是一个词法分析的过程。词法分析的过程是将字符串（文档中的文本内容）转换成词条的过程，这些词条可以作为索引词条。因此，词法分析的主要目的是识别文本中的词条。

在对英文进行分词的过程中，除了空格分隔符，还有几种特殊的情况：数字、连字符、标点符号和字母的大小写。数字一般不适合用作索引词条，因为对于数字来说，如果不参考上下文，它没有明确的含义。对于连字符来讲，目前常用的处理方法是首先采用一定的规则选出那些对词义有影响的连字符，然后将其他连字符过滤掉。对于文本来讲，标点符号将被全部去除，但对于那些成为单词一部分的标点符号来讲，一般不可以去除。对于字母大小写，其处理方法一般是将文本中的所有词条转换成大写或者小写，但在某些特殊情况下，需要对大小写进行区分。

对于中文的词法分析，最关键的就是中文分词。在中文分词的过程中，有两大难题：一是歧义识别，所谓歧义是指同样的一句话可能有两种或者多种切分方法；二是新词识别，"新词"的专业术语为"未登录词"，也就是那些在字典中没有收录过的词。

再谈谈中文分词。所谓"分词"，指的就是将一个完整的句子划分为一个个词条的过程。这种词条应当满足某种语言规则，以便为其建立索引。中文分词相关内容如下。

（1）中文分词的方法

单字切分就是按照中文一个字、一个字地进行分词。二分法是指每两个字进行一次切分。词库分词是用一个已经建立好的词的集合去匹配目标，当匹配到集合中已经存在的词时，就将其切分出来。

（2）中文分词算法

现有的分词算法可分为三大类：基于字符串匹配的分词方法、基于理解的分词方法和基于统计的分词方法。

1）**基于字符串匹配的分词方法**。它又叫作机械分词方法，是按照一定的策略将待分的字符串与一个充分大的机器词典中的词条进行匹配，若在词典中找到对应字符串，则匹配成功（识别出一个词）。按照扫描方向的不同，基于字符串匹配的分词方法可以分为正向匹配和逆向匹配；按照不同长度优先匹配的情况，可以分为最大（最长）匹配和最小（最短）匹配；按照是否与词性标注过程相结合，又可以分为单纯分词方法、分词与标注相结合的一体化方法。

下面介绍两种机械分词方法，即正向最大匹配法和逆向最大匹配法。正向最大匹配法（Forward Maximum Matching Method，FMM）的算法思想是，选取包含6~8个汉字的符号串作为最大符号串，将最大符号串与词典中的单词条目相匹配，如果不能匹配，就削掉一个汉字继续匹配，直到在词典中找到相应的单词为止。其匹配的方向是从左向右。逆向最大匹配法（Backward Maximum Matching Method，BMM）和正向最大匹配算法相似，只是匹配的方向是从右向左，比正向最大匹配的精确度高一些。表4-1为正向最大匹配和逆向最大匹配的算法示例。

表 4-1 正向最大匹配和逆向最大匹配示例

例子	正向最大匹配	逆向最大匹配
商品和服务	商品，和服，务	商品，和，服务
结婚的和尚未结婚的	结婚，的，和尚，未，结婚，的	结婚，的，和，尚未，结婚，的

2）**基于理解的分词方法**。通过计算机模拟人对句子的理解，达到识别词的效果。其基本思想是在分词的同时进行句法、语义分析，利用句法和语义信息来处理歧义现象。通常，基于理解的分词包括三个部分：分词子系统、句法语义子系统、总控部分。在总控部分的协调下，分词子系统可以获得有关词、句子等的句法和语义信息，以便对分词歧义进行判断，即模拟人理解句子的过程。

3）**基于统计的分词方法**。从形式上看，词是稳定的字的组合，因此在上下文中，相邻的字同时出现的次数越多，就越有可能构成一个词。换句话说，字与字相邻共现的频率或概率能够较好地反映词的可信度。我们可以对语料中相邻共现的各个字组合出现的频率进行统计，计算它们的共现信息。共现信息体现了汉字之间结合关系的紧密程度。当紧密程度高于某一个阈值时，便可认为此字组可能构成一个词。这种方法只需对语料中的字组出现频率进行统计，不需要词典，因而又叫作无词典分词法或统计取词方法。

2. 搜索系统的"道"

上述内容只是搜索查询中的"术"，要想真正理解搜索引擎，还需要深刻理解搜索系统的内核，即搜索系统的"道"。查询理解便是我们需要理解的"道"，它在搜索系统中是一个比较重要的模块。这个模块的主要目的是推断查询，通过提供建议来引导搜索引擎判断出用户的真实意图，并改进查询以获得更好的结果，如图 4-10 所示。

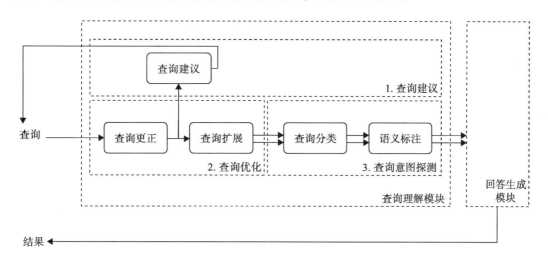

图 4-10 查询理解通用组件示意

（1）查询建议

查询建议，也被称为查询下拉建议、查询下拉推荐或者查询自动补全。它是指搜索引擎系统根据用户当前的输入，自动提供一个查询候选列表供用户选择。查询建议在搜索引擎和广告竞价平台中已经是标配的组件。它可以帮助用户明确搜索意图，减少用户的输入并节约搜索时间，提高用户体验。各个搜索系统的查询建议的处理流程基本相同，不同点主要体现在后台的查询候选产生机制上。查询建议示例如图 4-11 所示。

图 4-11　查询建议示意图

查询建议也有一些常用的算法，能够在查询第一步帮助用户获得满意的结果。常见的下拉推荐算法有：1）基于日志的下拉推荐；2）对页面浏览（Page View, PV）数据进行扩展，基于综合指标的下拉推荐；3）基于用户行为的下拉推荐；4）基于 Query Session 的下拉推荐。下拉推荐的目的和常用算法如图 4-12 所示。

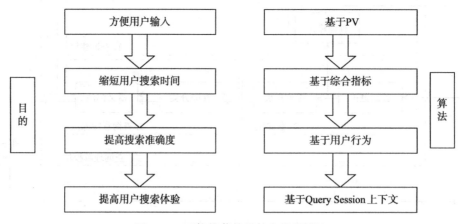

图 4-12　下拉推荐的目的和常用算法

全量日志的自动补全法（Most Popular Completion，MPC）是最常用的基于日志统计信息的方法。如图 4-13 所示，基于日志的下拉推荐流程主要分为三步：1）在海量的 Query 日志中，统计一段时间内每个 Query 的 PV 和点击数；2）经过相似度计算，得到与用户输入 Query 相似的候选 Query 集合；3）在相似 Query 候选集中，按照 Query 的 PV 和点击数进行排序。排序计算公式如下：

$$\text{MPC}(p) = \text{argmax} \frac{f(q)}{\sum_{q_i \in Q} f(q_i)}, q \in C(p) \tag{4-1}$$

为提升匹配效率，我们可以通过对历史搜索 Query 按 PV 统计量筛选并预处理，然后分别构建前后缀 Trie 树，以便对输入 Query 进行前缀及后缀匹配召回。最后对召回的结果进行排序，如果是仅简单按 PV 量降序排列，可以在 Trie 树节点中存放 PV 信息，并用最小堆等结构进行 Top N 召回。

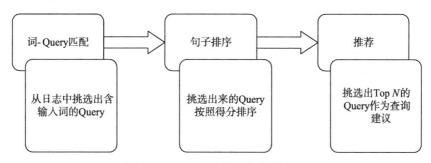

图 4-13　基于日志的下拉推荐流程

该方法也存在一些问题：1）对于 Top N Query，该推荐方法效果较好，但是对于长尾 Query，可能无法挖掘到相似 Query，而现实中长尾 Query 占了很大比例；2）候选 Query 语义相同，仅仅是词语顺序不同，可能导致推荐位置的浪费；3）推荐 Query 可能存在质量问题，如一些质量低的 Query 由于点击或者 PV 过高而被推荐，导致质量较高的 Query 不能被展示。

为了改善上述基于日志的下拉推荐存在的问题、增加高质量 Query 被推荐的机会、减少作弊行为、给出更加合理的 Query 排序结果，基于综合统计指标的下拉推荐方法被提出，以代替原始的基于日志的下拉推荐方法。基于综合统计指标的下拉推荐方法包括更多维度，如 PV、UV、CTR、转化率等，通过多维度对 Query 排序能够有效防止作弊行为的发生，挖掘到高质量 Query。该方法通过逻辑回归将上述指标拟合成一个实数，与基于日志的下拉推荐方法的不同之处在于：1）第一步计算每个 Query 的综合统计指标，不仅仅是 PV 值；2）Query 综合统计指标不仅考虑了 Query 的历史 PV/ 点击信息，而且考虑了用户行为信息，使得质量高的 Query 获得更多的展现机会。

基于综合统计指标的下拉推荐方法解决了高质量 Query 展现和排序的问题，但该方法还是和基于日志的方法一样，主要依赖 Query 自身的特征，比如搜索 Query 和候选 Query 之间的联系仅仅是两者的前缀相同。这种简单的动态特征没有将搜索 Query 和候选 Query 紧密地结合在一起，同时静态特征和动态特征的组合都是基于线性加权的。为了使两者之间建立动态关联，基于 CTR 的方法被提出。如果搜索 Query 和候选 Query 之间的关联越强，它的 CTR 就会越高，反之则会比较低。CTR 预估是通过逻辑回归模型预估 Query 的 CTR 来实现的，使用的特征主要有：1）搜索 Query 和推荐 Query 的相关特征；2）搜索 Query 和推荐 Query 类目的相关特征；3）候选 Query 综合统计指标的相关特征；4）搜索 Query 和推荐 Query 的词性特征；5）搜索 Query 和推荐 Query 对应的结果页面特征等。

只依靠短短的 Query 信息去准确识别用户的意图是不够的，还需要结合用户的一些信息对用户意图进行推测。根据用户的信息建模，比如用户性别、年龄、学历以及兴趣偏好等，结合初排结果再次进行排序。基于用户行为的下拉推荐方法的主要步骤有：1）计算用户和 Query 的相关个性化特征；2）建立合适的评价体系对这类特征进行权重学习，这里可以使用逻辑回归模型，比如 AUC 模型。但是一般情况下，用户的某一个场景下的行为信息较少，需要挖掘其他场景下的行为信息作为补充，同时还存在冷启动问题。

另外，点击的 URL 也可以作为信息源，即使用用户点击的 URL 对简短的 Query 信息进行补充和表示。定义一次完整的 Query Session 包含搜索 Query 和点击的 URL。基于 Query Session 的下拉推荐方式的主要步骤是：1）将搜索 Query 以及对应的点击的 URL 从日志库中提取出来，预处理后聚类；2）给定一个搜索 Query，确定所属聚类类别，计算其在这个类别中的排序；3）返回排序靠前的相关联的 Query。候选 Query 的排序由与搜索 Query 之间的相似度以及所属类别中的支持度决定，该指标通过点击日志计算得到。Query 的热度和用户需要的支持度不一定成正比，因此需要将相似度和支持度归一化，线性组合计算 Query 的排序结果；或者考虑向用户输出两种方法的推荐列表，并让他们调整每种方法的权重。为了计算两个 Query 之间的相似度，我们会对每个 Query 中的每个词语向量化。词典是由点击的 URL 分词后的结果去掉停用词后组成的集合，词语的权重由词语出现的次数和 URL 点击的次数决定。给定一个 Query(q) 和一个 URL(u)，令 Pop(q,u) 表示 u 在 q 下的热度；Tf(t,u) 是词语 t 在 u 内出现的次数；q 的表示向量为 q，$q[i]$ 表示 Query 中的词语在词袋中所处的位置 i，其计算公式是：

$$q[i] = \sum_u \frac{\text{Pop}(q,u) \times \text{Tf}(t_i,u)}{\max_t \text{Tf}(t,u)} \tag{4-2}$$

总和涵盖所有点击的 URL。该表示形式通过经典 Tf-idf 加权中的点击流行度来更改逆文档频率。使用余弦函数计算相似度，如果两个文档的单词出现比例相似（但长度或单词出现顺序可能不同），则认为它们相似。

即使使用同样点击的 URL 的日志，Query 聚类的方法也不尽相同。图 4-14 表示搜索 Query 和点击的 URL 之间的关联，左侧代表查询 q_i；右侧表示搜索 Query 对应的点击的

URL；Query 和 URL 之间的连接关系 e_{ij} 表示在 q_i 下点击 u_j；边的权重 w_{ij} 表示整个日志中，在 q_i 下点击 u_j 的总次数。该方法便于寻找相似的 Query，两个 Query 之间共同点击的 URL 越多，说明两个 Query 越相似。

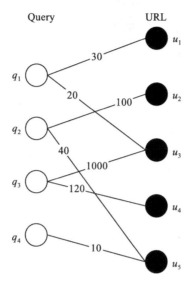

图 4-14　Query 和点击的 URL 之间的二分图

令 Q 和 U 分别表示 Query 节点和 URL 节点的集合；q_i 表示 $\boldsymbol{Q}$ 向量表中的第 i 个特征元素，可以表示为：

$$\vec{q}_i[j] = \begin{cases} \text{norm}(w_{ij}), & \text{若 } e_{ij} \text{ 存在} \\ 0, & \text{否则} \end{cases} \tag{4-3}$$

$$\text{norm}(w_{ij}) = \frac{w_{ij}}{\sqrt{\sum_{\forall e_{ik}} w_{ik}^2}} \tag{4-4}$$

q_i 和 q_j 之间的距离计算公式：

$$\text{distance}(q_i, q_j) = \sqrt{\sum_{u_k \in U} (\vec{q}_i[k] - \vec{q}_j[k])^2} \tag{4-5}$$

单个 Query 对用户意图识别的信息量是不够的。例如有用户搜索了"小米"，我们并不能判断用户搜索的是小米这个品牌还是食物，但当我们发现用户在搜索"小米"之前还搜索了"智能手机"，就能大致理解用户的意图。所以，除了需要分析用户当前的 Query外，对用户 Query 上下文的分析也会帮助我们理解用户查询意图。我们根据会话数据挖掘用户 Query 上下文序列，并结合 Query 的聚类结果构建概念序列后缀树（Concept Sequence Suffix Tree）。当用户提交 Query 后，推荐系统就可以根据该后缀树快速给出合适的下拉推荐。具体的下拉推荐方案如图 4-15 所示。

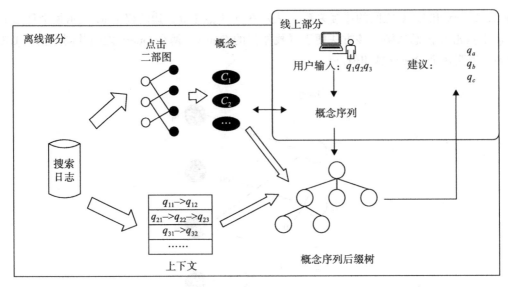

图 4-15 通过挖掘点击和会话数据的上下文感知查询建议的框架

（2）查询更正

查询更正主要是指 Query 纠错，也就是对用户在搜索输入时的错误 Query 进行检测和更正。用户在使用搜索引擎时，可能由于输入法、手误或者理解偏差等造成输入错误，使返回结果不能满足用户需求或者无返回结果。因此，搜索引擎需要对此进行处理，提高搜索的准确率和召回率，为用户提供更好的使用体验。图 4-16 为 Query 纠错示例。

图 4-16 搜索中 Query 纠错示例

根据 Query 中是否包含不在词典中的词语，可以将 Query 的错误类型分为两种：Non-word 和 Real-word。Non-word 错误一般出现在带英文单词或数字的 Query 中，不会存在中文错误的情况。所以，中文 Query 一般只存在 Real-word 错误，而带英文、数字的 Query 则可能存在上述两类错误。图 4-17 对常见错误类型进行了归类并给出了相应的例子。

Query 纠错可以通过噪声信道模型来理解，假设用户原本想输入 Q_{real}，但是经过噪声信道之后，可能输入到搜索引擎中的是 Q_{noise}，对 Q_{noise} 进行去噪处理，最大限度地还原为 $Q_{denoise}$，使得 $Q_{denoise} \approx Q_{real}$。图 4-18 为噪声信道模型。

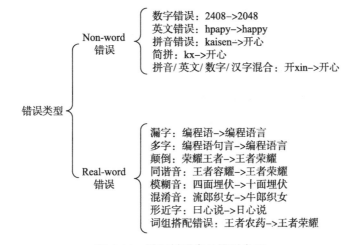

图 4-17　拼写纠错常见错误类型

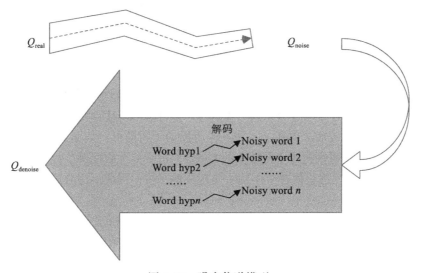

图 4-18　噪声信道模型

已知 Q_{noise}，求解最大可能的 Q_{real}，公式如下：

$$Q_{\text{real}} = \underset{Q_{\text{denoise}}}{\arg\max}\, P(Q_{\text{denoise}}|Q_{\text{noise}})$$

$$= \underset{Q_{\text{denoise}}}{\arg\max}\, \frac{P(Q_{\text{noise}}\mid Q_{\text{denoise}})\times P(Q_{\text{denoise}})}{P(Q_{\text{noise}})}$$

$$\propto \underset{Q_{\text{denoise}}}{\arg\max}\, P(Q_{\text{noise}}\mid Q_{\text{denoise}})\times P(Q_{\text{denoise}}) \tag{4-6}$$

其中，$P(Q_{\text{denoise}})$ 为先验概率，$P(Q_{\text{noise}}|Q_{\text{denoise}})$ 为转移概率，二者可以基于训练语料库建立语言模型和转移矩阵得到。

Query 纠错一般包括两个子任务：错误检测和错误纠正。其中，错误检测就是识别出错误的位置。对于 Non-word 类型的错误，我们可以根据词汇是否在维护的词典中进行判断。不过，该方法的效果取决于维护词典的规模和质量。对于 Real-word 类型的错误，每个词汇都可作为错误候选词。至于错误纠正，即在检测出 Query 存在错误的基础上对错误部分进行纠正，主要包括纠错候选召回、候选排序选择两个步骤。在进行候选召回时，没有一种策略能覆盖所有错误类型，一般采用多种策略进行多路候选召回，然后在多路候选召回的基础上通过排序模型进行最终的候选排序。在纠正 Non-word 类型的错误时，搜索系统可以查找词典中与错误词汇最相近的词语。常见的方法有计算最小编辑距离和最大噪声信道概率。在纠正 real-word 类型的错误时，搜索系统可以从发音和拼写多个角度，查找与错误词汇最相近的词语集合作为拼写建议。常见的方法有计算最大噪声信道概率和分类。

对于英文错误、多 / 漏字、颠倒错误，搜索系统可以通过编辑距离度量召回。编辑距离表示一个字符串通过插入、删除、替换操作转化为另一个字符串所需的操作次数，例如 hapy 转化成 happy 的编辑距离是 1。由于搜索 Query 数量庞大，如果计算 Query 两两之间的编辑距离，计算量会非常大，因此一般采用启发式策略，比如首字符相同的情况下将长度小于某一值的 Query 分到一个桶中，计算桶中的 Query 两两之间的编辑距离。对于上述方式不能够处理的情况，比如顺序颠倒、漏字多字的情况，还可以利用编辑距离满足两边之和大于第三边的特性对多叉树进行剪枝。首先随机选取一个 Query 作为根节点，然后自顶向下对所有 Query 构建多叉树，树的边为两个节点 Query 的编辑距离。给定一个 Query，需要找到与其编辑距离小于等于 n 的所有 Query，并自顶向下计算与相应节点 Query 的编辑距离 d，接着只需递归考虑边值在 $d–n$ 到 $d+n$ 范围的子树即可。如图 4-19 所示，需要查找所有与"十面埋弧"编辑距离小于等于 1 的 Query，由于"十面埋弧"与"十面埋伏"的编辑距离为 1，此时只需考虑边值在 1–1 到 1+1 范围的子树，因此不用考虑将"十面埋伏怎么样"作为根节点子树。

据统计，英文中 80% 的拼写错误的编辑距离是 1，大多拼写错误的编辑距离小于等于 2，基于此可以减少大量不必要的计算。通过最小编辑距离获取拼写建议候选集（Candidate w），再从候选集中选出概率最大的 w 作为最终的拼写建议，然后基于噪声信道模型，进一步计算候选词 w 的概率 $p(w)$ 和在候选词 w 出现的情况下 x 的条件概率 $p(x|w)$，通过对语料库统计，即可得到 $p(w)$、$p(x|w)$。除了采用一元词法模型 Unigram，还可以推广到二元词法模型 Bigram，甚至三元词法模型 Trigram 及更高阶，以更好地融入上下文信息。

对于等长的拼音字形错误，我们还可以使用 HMM 模型召回。例如：连一裙→连衣裙，可以将错误 Query "连一裙"作为观测序列，正确 Query "连衣裙"作为隐藏状态，映射关系可以通过人工整理的同谐音和形近字混淆词表、编辑距离度量召回的相近英文单词以及挖掘好的纠错片段对得到。通过对搜索行为日志统计得到模型参数，然后采用维特比算法对隐藏状态序列矩阵求解最大纠错概率，得到候选纠错序列。图 4-20 就是一个 HMM 模型处理等长拼音字形错误类型的示例。进一步地，我们还可以尝试利用深度学习模型充分挖掘搜索点击行为及搜索上下文来纠错候选召回，如采用 Seq2Seq、Transformer、Pointer-

Generator Networks 等模型进行端到端的生成改写，通过引入注意力、记忆存储等机制以及结合混淆词表进行优化。

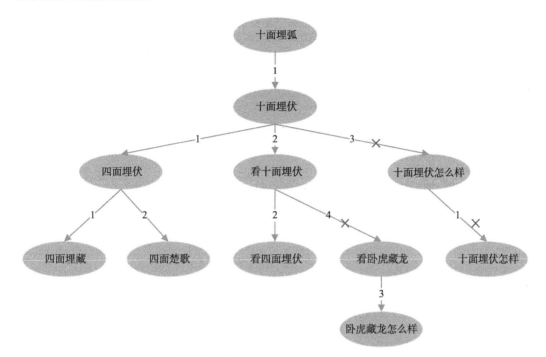

图 4-19　"十面埋弧"编辑距离为 1 的多叉树

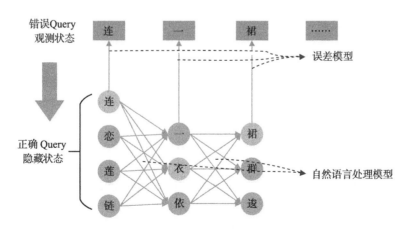

图 4-20　HMM 处理等长拼音字形错误类型示例

一个简单纠错代码示例如下：

```
1. from  pypinyin import *
2. import codecs
```

```
3.
4. class WordCorrect:
5.     def __init__(self):
6.         self.char_path = 'char.utf8'
7.         self.model_path = 'query_correct.model'
8.         self.charlist = [word.strip() for word in codecs.open(self.char_
               path,'r','utf-8') if word.strip()]
9.         self.pinyin_dict = self.load_model(self.model_path)
10.
11.    def load_model(self, model_path):
12.        f = open(model_path, 'r',encoding='utf-8')
13.        a = f.read()
14.        word_dict = eval(a)
15.        f.close()
16.        return word_dict
17.
18.    def edit1(self, word):
19.        n = len(word)
20.        return set([word[0:i] + word[i + 1:] for i in range(n)] +  # deletion
21.                   [word[0:i] + word[i + 1] + word[i] + word[i + 2:] for i
                       in range(n - 1)] +  # transposition
22.                   [word[0:i] + c + word[i + 1:] for i in range(n) for c
                       in self.charlist] +  # alteration
23.                   [word[0:i] + c + word[i:] for i in range(n + 1) for c
                       in self.charlist])  # insertion
24.
25.if __name__ == "__main__":
26.    corrector = WordCorrect()
27.    word = '我门'
28.    word_pinyin = ','.join(lazy_pinyin(word))
29.    candiwords = corrector.edit1(word)
30.    print(candiwords)
31.    print(word_pinyin)
32.    print(corrector.pinyin_dict.get(word_pinyin, 'na'))
```

4.3.2 意图理解

用户搜索意图的识别是搜索文本分析的重要部分，也是最具挑战的部分。其存在的难点主要有如下几点。1）用户输入 Query 不规范。由于不同用户对同一事物认知不同，用户在通过自然语言描述时会存在差异，甚至可能会出现 Query 表达错误和遗漏的情况。2）歧义性和多样性。搜索 Query 不能明确表达用户真实意图，可能带来歧义；或者用户搜索的内容本身可能有多种含义，比如："小米"可能是食物，也可能是品牌。

根据用户信息及搜索上下文可实现个性化意图识别，比如针对不同的用户（年龄、性别等），搜索同一个 Query 的意图可能不一样，用户当前 Query 的意图可能和上下文 Query 相关。按照用户意图明确程度，搜索意图识别可以分为精准意图识别和模糊意图识别。

1. 精准意图识别

精准意图识别是指用户所表达的意图已经相当明确，可以根据 Query 锁定一个资源目标。精准意图识别在垂直搜索领域较为常见，以应用商店搜索为例，用户搜索"下载微信"

的意图很明确，就是想下载微信 App，那么将微信 App 展示在第一位即可。一般在排序模型拟合较好的情况下对应的精准资源能够排在首位，但是以下情况可能会引起排序不稳定，进而导致对应的精准资源不能排在首位，具体包括：1）长尾 Query 数据稀疏，模型学习不充分；2）引入用户个性化特征，排序结果因人而异；3）以商业化为导向的排序影响相关性体验。因此，我们需要通过一定策略识别出精准意图并置顶。

对于垂直搜索领域，精准意图一般是在给定 Query 的情况下，找到与其精准对应的 item。我们可以通过文本匹配的方式，对 <Query, item> 对进行精准二分类。常用的分类模型有 TextCNN、LSTM 以及 DSSM 等。对于长尾 Query 且文本完全包含 item 的情况，由于用户行为量不够丰富，利用分类模型可能无法召回，直接进行文本匹配提取可能存在歧义，因此可以转化成 NER 任务，通过 BiLSTM-CRF 等序列标注模型进行 item 实体识别。

另外，针对问答型任务，比如"姚明的身高是多少？"，可以通过召回"姚明""身高"字样的页面为用户提供答案，但如果能够直接给出这个 Query 的答案，用户体验会更好。这类问答型任务一般需要结合知识图谱来实现，传统做法是先对 Query 进行词法、句法以及语义解析，识别出主要实体，再基于这些主题构造相应的查询逻辑表达式，进而去知识库中查询答案。近年来，业内陆续提出将问题和知识库中的候选答案映射成分布式向量进行匹配，以及利用 CNN、LSTM、记忆网络等对问题及候选答案建模来解决。

2. 意图分类

在进行 Query 意图分类前，需要先制定一套意图标签用于全面覆盖用户意图需求。这里需要对 Query 侧和 item 侧的标签体系进行统一，以便在预测出某个 Query 的意图标签分布后直接用标签去倒排索引中召回属于这些标签的 item。在电商场景下，根据 Query 识别该商品的类别，按照类别召回该类别下的商品，可以解决 Query 无结果情况，扩大召回量。由于搜索 Query 长度较短且意图存在多种可能，因此意图分类可以归为多文本多标签分类任务。在样本选取上，可以通过关联用户搜索行为分布及理解 item 获得的标签或站点所属行业分类信息等自动构造样本。对于可能存在的样本类别不平衡的问题，我们需要对样本进行上下采样等处理，或采用主动学习等方法进行高效的样本标注。

至于模型方面，传统的文本分类主要采用向量空间模型或特征工程表征文本，然后用贝叶斯、SVM、最大熵等机器学习模型进行训练预测。随着 Word2vec、GloVe、Fasttext 等分布式词向量技术的兴起，传统自然语言处理任务需要做大量特征工程的局面被打破。通过分布式向量对文本进行表示，然后接入其他网络进行端到端分类训练的做法成为主流，如简单又实用的浅层网络模型 Fasttext。Fasttext 是从 Word2vec 衍生出来的，其架构和 Word2vec 架构类似，核心思想是将整篇文档的词及 n-gram 向量叠加平均后得到文档向量，然后使用文档向量做 softmax 多分类。相对于 Word2vec，Fasttext 是在输入层考虑字符级 n-gram 特征，这在一定程度上解决了未登录词识别问题，并且在输出层支持有监督的任务学习。Fasttext 训练简单，且线上接口性能很高，但因为采用相对简单的浅层网络结构，准确率相对较低。为此，我们进一步尝试了一些深度神经网络模型，如：TextRNN、TextCNN、Char-CNN、BiLSTM+Self-Attention、RCNN、C-LSTM、HAN、EntNet、DMN 等。

这些模型通过 CNN/RNN 网络结构提炼更高阶的上下文语义特征以及引入注意力机制、记忆存储机制等，有效提高了模型的分类准确率。其实，对于 Query 短文本分类来说，采用相对简单的 TextRNN/TextCNN 网络结构就已经能达到较高的准确率。其中，TextRNN 通过使用 GRU/LSTM 编码单元能更好地捕获词序和较长长度的上下文依赖信息，但训练耗时相对较长。TextCNN 主要通过不同尺寸的卷积核捕获不同局部窗口内的 n-gram 组合特征，然后通过 max-pooling 或 kmax-pooling 保留变长文本中一个或多个位置的最强特征，并转换为固定长度的向量再做 sigmoid/softmax 分类。为进一步提高网络性能、加速模型收敛，我们还可以考虑在网络中加入 dropout 及 batch normalize 等防过拟合机制，以及在输入层融入 Word2vec、GloVe、Fasttext 等模型预训练得到的向量。TextCNN 在捕获长程依赖信息方面不如 TextRNN，但对于长度相对较短的 Query 的推荐效果相对较好，而且其训练速度及在线接口性能也都比较符合要求。

利用 Fasttext 进行意图分类的示例代码如下：

```
1.  import os
2.  import numpy as np
3.
4.  from random import shuffle
5.  import fasttext.FastText as fasttext
6.
7.  train_file_path = u"../../data/chapter4/intent/query_intent_train_used.csv"
8.  test_file_path = u"../../data/chapter4/intent/query_intent_test_used.csv"
9.
10. def train_model(ipt=None, opt=None, model='', dim=100, epoch=5, lr=0.1,
        loss='softmax'):
11.     np.set_printoptions(suppress=True)
12.     if os.path.isfile(model):
13.         classifier = fasttext.load_model(model)
14.     else:
15.         classifier = fasttext.train_supervised(ipt, label='__label__',
                dim=dim, epoch=epoch,
16.                                         lr=lr, wordNgrams=2, loss=loss)
17.
18.         classifier.save_model(opt)
19.     return classifier
20.
21. dim = 100
22. lr = 5
23. epoch = 20
24. model = f'data_dim{str(dim)}_lr0{str(lr)}_iter{str(epoch)}.model'
25.
26. classifier = train_model(ipt=train_file_path,
27.                          opt=model,
28.                          model=model,
29.                          dim=dim, epoch=epoch, lr=0.5
30.                          )
```

```
31.
32. result = classifier.test(test_file_path)
```

4.3.3　其他文本分析方法

除了上文所述的几大类文本分析方法外，本节将描述几种常用的文本聚类方法，主要包括：层次聚类、K 均值以及 LDA 主题模型。这几种模型都是无监督模型，将数据划分成不同的类别，每个类别中的数据具有相似性。聚类不同于按照一定规则和数据类型的分类，它会在分类的基础上不断提取和寻找所要遵循的分类特征。所以在自然语言处理领域，聚类分析能够作为预处理的一种手段，是很多实验研究必须完成的前期准备工作。

1. 层次聚类

目前，在文本挖掘领域使用最广泛的聚类算法是层次聚类。层次聚类包括凝聚式层次聚类和分裂式层次聚类。

凝聚式层次聚类又称为自底向上的层次聚类，是将集合中的每个对象作为一个单独的类别，然后逐渐合并这些类别形成更大的类别，直到满足聚类终止条件为止。分裂式层次聚类又称为自顶向下的层次聚类，它的聚类过程与凝聚式层次聚类相反：首先将集合中的所有对象置于同一个类别，然后对这个类别不断细分，直至达到聚类终止条件。相比凝聚式层次聚类，分裂式层次聚类在分裂过程中所要依据的规则更难确定，并且细节方面的处理过程也更加复杂，因此其适应用范围比较窄。本节采用的是凝聚式层次聚类。

凝聚式层次聚类的基本流程如下。

1）将数据集中的每个点都作为一个独立的类别，类间的距离近似等于相应数据点的距离。

2）找到聚类最近的两个类别，然后合并这两个类别。

3）计算新合并的类别和原来每个类别之间的距离。

4）重复第 2 步和第 3 步，直到所有的数据都聚到一个类别中，或者满足聚类终止条件（预先设定的类别个数或者距离的阈值）为止。

类别合并的方法有三种，分别是单连接法、全连接法和平均连接法。

单连接法：也叫最短距离法，类间距离用两个类中最近的两个数据点的距离表示。距离作为度量条件，一旦最近的两个类别之间的距离小于预先设定的距离阈值，算法流程结束。

全连接法：也叫最长距离法。与单连接法选两个类中最近的两个数据点的距离作为类间距离相反，它选择将两个类中距离最远的两个数据点的距离作为类间距离。

平均连接法：无论是单连接法还是全连接法都容易受到极端值的影响，造成聚类的不稳定。与上述两种方法不同，平均连接法选取两个类别中所有对象的平均距离作为类间距离。该方法更加合理，但计算较复杂。

聚类的核心内容是相似度或者距离。这里有几种求距离或相似度的方式。

（1）闵可夫斯基距离

给定样本集合 X，X 是 m 维实数向量空间 $\boldsymbol{R}^m$ 中点的集合，其中 $\boldsymbol{x}_i, \boldsymbol{x}_j \in X$，$\boldsymbol{x}_i = (x_{1i}, x_{2i}, \cdots, x_{mi})^{\mathrm{T}}$，$\boldsymbol{x}_j = (x_{1j}, x_{2j}, \cdots, x_{mj})^{\mathrm{T}}$，样本 $\boldsymbol{x}_i$ 与样本 $\boldsymbol{x}_j$ 的闵可夫斯基距离定义为：

$$d_{ij} = \left(\sum_{k=1}^{m} |x_{ki} - x_{kj}|^p \right)^{\frac{1}{p}} \tag{4-7}$$

这里 $p \geqslant 1$。当 $p=2$ 时，称为欧氏距离，即

$$d_{ij} = \left(\sum_{k=1}^{m} |x_{ki} - x_{kj}|^2 \right)^{\frac{1}{2}} \tag{4-8}$$

当 $p=1$ 时，称为曼哈顿距离，即

$$d_{ij} = |x_{ki} - x_{kj}| \tag{4-9}$$

当 $p=\infty$ 时，称为切比雪夫距离，取各个坐标数值差的绝对值的最大值，即

$$d_{ij} = \max_k |x_{ki} - x_{kj}| \tag{4-10}$$

（2）马哈拉诺比斯距离

马哈拉诺比斯距离，简称马氏距离，给定一个样本集合 X，$X = [x_{ij}]_{m \times n}$，其协方差矩阵记作 $\boldsymbol{S}$，样本 $\boldsymbol{x}_i$ 与样本 $\boldsymbol{x}_j$ 之间的马哈拉诺比斯距离定义为：

$$d_{ij} = [(\boldsymbol{x}_i - \boldsymbol{x}_j)^{\mathrm{T}} \boldsymbol{S}^{-1} (\boldsymbol{x}_i - \boldsymbol{x}_j)]^{\frac{1}{2}} \tag{4-11}$$

其中，

$$\boldsymbol{x}_i = (x_{1i}, x_{2i}, \cdots, x_{mi})^{\mathrm{T}}, \boldsymbol{x}_j = (x_{1j}, x_{2j}, \cdots, x_{mj})^{\mathrm{T}}$$

当 $\boldsymbol{S}$ 为单位矩阵时，即样本数据的各个分量相互独立且各个分量的方差为 1 时，由式 4-11 可以看出马氏距离就是欧氏距离，所以马氏距离是欧氏距离的扩展。

（3）相关系数

样本之间的相似度还可以通过相关系数（Correlation Coefficient）来衡量。相关系数的绝对值越接近 1，表示样本越相似；越接近 0，表示样本越不相似。样本 $\boldsymbol{x}_i$ 与样本 $\boldsymbol{x}_j$ 之间的相关系数定义为：

$$r_{ij} = \frac{\sum_{k=1}^{m} (x_{ki} - \bar{x}_i)(x_{kj} - \bar{x}_j)}{\left[\sum_{k=1}^{m} (x_{ki} - \bar{x}_i)^2 \sum_{k=1}^{m} (x_{kj} - \bar{x}_j)^2 \right]^{\frac{1}{2}}} \tag{4-12}$$

其中，

$$\bar{x}_i = \frac{1}{m} \sum_{k=1}^{m} x_{ki}, \bar{x}_j = \frac{1}{m} \sum_{k=1}^{m} x_{kj}$$

（4）夹角余弦

夹角余弦是使用较为广泛的相似度度量方式。夹角余弦越接近 1，表示样本越相似；越

接近 0，表示样本越不相似。样本 x_i 与样本 x_j 之间的夹角余弦定义为：

$$s_{ij} = \frac{\sum_{k=1}^{m} x_{ki} x_{kj}}{\left[\sum_{k=1}^{m} x_{ki}^2 \sum_{k=1}^{m} x_{kj}^2\right]^{\frac{1}{2}}}$$

（4-13）

由上述定义可以看出，用距离度量时，距离越小样本越相似；用相关系数时，相关系数越大样本越相似。不同的相似度度量方式得到的结果可能不一致。如图 4-21 所示，如果从距离的角度看，A 和 B 比 A 和 C 更相似；但是从相关系数的角度看，A 和 C 比 A 和 B 更相似，所以进行聚类时，选择合适的距离或者相似度的度量方式很重要。

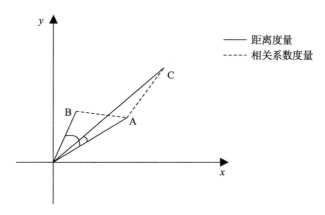

图 4-21　距离与相关系数度量方式

2. K 均值聚类

K 均值聚类是基于样本集合划分的聚类方法，其事先确定样本集合划分的类别数 k，将所有样本分到这 k 个类中，目标是每个样本到所属类别的中心的距离最小。由于每个样本只能属于一个类别，所以 K 均值聚类是硬聚类。其采用的距离计算方式是欧氏距离平方，即

$$d(x_i, x_j) = \sum_{k=1}^{m} (x_{ki} - x_{kj})^2 = \left\| x_i - x_j \right\|^2$$

（4-14）

K 均值聚类的基本流程如下。

1）从样本集中随机选取 k 个样本点作为初始聚类中心。

2）计算聚类对象到聚类中心的距离，将每个样本指派到与其最近的聚类中心的类中。

3）计算当前各个类中的样本的均值，作为新的聚类中心。

4）重复第 2 步和第 3 步，直到迭代收敛或者满足聚类终止的条件为止。

K 均值聚类属于启发式方法，不能保证收敛到全局最优，且初始聚类中心的选择会直接影响聚类的结果，因此在选择初始聚类中心时可以考虑用层次聚类对样本进行聚类，得到 k 个类时停止，然后从每个类中选取一个与中心聚类最近的样本点。这里类别数 k 需要事先指定，但实际中往往最合适的 k 值是未知的，所以需要不断尝试 k 值聚类，检验聚类

的结果，推断出最优的 k 值。聚类结果的质量可以使用类的平均直径来衡量。一般情况下，类别数变小时，平均直径会增加；类别数超过某个值，且平均直径不变时，这时的 k 值就是最优值。

3. LDA 主题模型

主题模型广泛应用于自然语言处理领域，用于挖掘文本中潜在的主题信息。它是描述主题信息的一系列数学模型，本质是形式化地刻画出主题信息。下面介绍概率主题模型的发展历程——从潜在语义分析模型 LSA 到概率潜在语义分析模型 PLSA，最后讲述目前应用最广泛的 LDA 主题模型。

（1）LSA 模型

在向量空间模型（Vector Space Model，VSM）中，各个单词之间是完全相互独立的，所以很难解决一义多词和一词多义问题。因此，Deerwester 等人提出了潜在语义分析（Latent Semantic Analysis, LSA）模型。LSA 和 VSM 模型的相同之处是，使用向量表示词语和文本之间的关系；不同之处是，LSA 将词语和文档映射到潜在语义空间，提出单词和文本之间存在主题层这一语义关系，这比以往将单词视为文本的唯一表示元素有了巨大的进步。LSA 模型结构如图 4-22 所示。

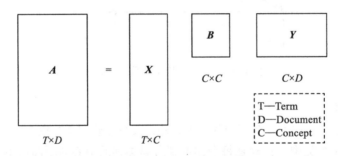

图 4-22　LSA 模型结构

在图 4-22 中，A 矩阵是一个稀疏矩阵，行表示词汇，列表示文档，矩阵中的元素是词汇在文档中出现的次数；等式右边的三个矩阵也有清晰的物理含义。X 矩阵是对词进行分类的结果，行表示词汇，列表示语义类别，矩阵中的元素表示词汇在对应类别下的相关性；Y 矩阵是对文档的分类结果，行表示主题，列表示文档，矩阵中的元素表示每篇文档在不同主题中的相关性；B 矩阵则表示词的类和文档的类之间的相关性。

LSA 模型利用奇异值分解的方式，截取了最大的前 K 个特征值，从而完成了文本从高维单词空间到低维主题空间的降维映射，这种方式对语料集中噪声过滤起到了重要作用。此外，在低维的主题空间中，语义关系相似的单词的主题相同或者相似，所以该模型改善了原模型中一义多词的缺陷。然而，改善后的 LSA 模型还是无法完全解决原模型中一词多义的问题，还具有计算量过大的缺点，所以后来有研究者提出了用概率潜在语义分析模型来弥补 LSA 模型的不足。

（2）PLSA 模型

Hofmann 基于 LSA 模型构建了概率潜在语义分析（Probability Latent Semantic Cnalysis,
PLSA）模型。该模型利用文档、主题和单词三层联合发
生的概率获得与文本最贴切的语义关系，并采用迭代算法
（一般是 EM 算法）推断文本与主题之间的语义关系，然后
采用主题的语义信息表示文本信息。PLSA 模型结构如图
4-23 所示。

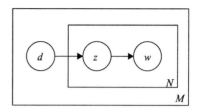

图 4-23　PLSA 模型结构

其中，方框代表重复次数，d 表示文档，z 代表主题，
w 代表单词，M 代表该语料库中文档的总数，N 是当前操
作的文档所包含的单词数目。

PLSA 模型不仅达到了降维的目的，而且刻画出了主题层和单词层的关系。但该模型仍
不是一个完备的概率生成模型，因为它没有使用概率来描述文本。并且 PLSA 模型中的模
型参数和语料集中的文本数量呈正相关，这就造成了模型的过拟合。

（3）LDA 模型

在 2003 年，Blei 等人基于 PLSA 模型构建了一种三层贝叶斯结构的模型——隐狄利克
雷分布（Latent Dirichlet Allocation, LDA）模型。LDA 模型是一个真正意义上完备的概率生
成模型，是在 PLSA 模型的基础上扩展了狄利克雷先验超参数 α 和 β，构建出文档层、主题
层、单词层的三层贝叶斯结构模型，解决了 PLSA 模型中过拟合的问题。LDA 模型在文本—
主题维度中利用狄利克雷分布来完成抽样，并且一致的先验超参数使模型参数不会因语料
集中文本数量的改变而受到影响，具有良好的泛化能力。此外，LDA 模型建立在严格的贝
叶斯理论基础之上，因此具有良好的扩展性。目前 LDA 模型已广泛地运用于科学研究和实
际生产中。

LDA 模型假设总体语料库中的所有文本都服从主题空间的多项分布，同时每个主题都
服从词项空间的多项分布。LDA 模型结构如图 4-24 所示。

图 4-24 中，θ 和 ϕ 分别表示文本—主题分布
与主题—单词分布，其先验分布都是狄利克雷分布，
而 α 和 β 则分别为其狄利克雷分布的参数，也称为
超参数。一个语料库 D 中共有 M 篇文档，每篇文档
d 由 N 个数量不定的单词 w 组成。此外，每篇文档
由 K 个主题的多项分布表示，而每个主题 z 又由 V
个单词的多项分布表示。

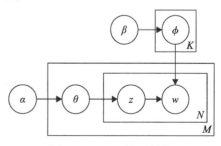

图 4-24　LDA 模型结构

LDA 模型中的文档生成过程如下。

1）对于语料库中的每个文档 d，根据 θ_d 服从参数为 α 的狄利克雷分布，从而生成文档
d 上主题的多项分布 θ_d。

2）对于主题集合中的每个主题 z，根据 ϕ_z 服从参数为 β 的狄利克雷分布，从而生成主

题 z 上单词的多项分布 ϕ_z。

3）循环生成文档 d 中的第 i 个单词 $\theta_{d,i}$，直至完成整个语料库：

①根据 $Z_{d,i}$ 为服从参数为 θ_d 的多项分布，从而生成主题 $Z_{d,i}$；

②根据 $W_{d,i}$ 为服从参数为 ϕ_z 的多项分布，从而生成单词 $W_{d,i}$。

LDA 模型中核心公式如下：

$$p(w\,|\,d) = p(w\,|\,z) \cdot p(z\,|\,d) = \phi_z \cdot \theta_d \tag{4-15}$$

从式（4-15）中可以看出，LDA 模型以隐藏的主题为中间变量，主要思想是利用当前文档的主题分布 θ_d 和主题的单词分布 ϕ_z，得到在文档 d 中生成单词 w 的概率。但在实际模型中，只有 $p(w|d)$ 是可直接获取的，因此 LDA 模型会根据 θ_d 和 ϕ_z 获得 $p(z|d)$ 与 $p(w|z)$ 的值，并将计算结果作用于更新单词的主题分布。当单词所归属的主题发生变动时，会反作用于 θ_d 和 ϕ_z。根据这种思想，采用吉布斯采样方法进行反复迭代计算使模型趋近收敛，最终求得 θ_d 和 ϕ_z。

LDA 主题建模评估方法中使用了困惑度（Perplexity）。困惑度是一种衡量语言模型的重要指标，在测试集中能体现出单调下降的特性。通常，困惑度的值越低，主题建模的效果越显著。困惑度的计算公式如下：

$$\text{Perplexity} = \exp\left\{ -\frac{\sum\limits_{m-1}^{M} \log p(w_m)}{\sum\limits_{m-1}^{M} N_m} \right\} \tag{4-16}$$

其中，N_m 表示第 m 篇文档的总单词数，w_m 表示第 m 篇文档中可观测到的单词，M 为语料库中的文档总数。

4.4 基于知识图谱的搜索系统

知识图谱最大的作用是可以提供一些高附加值的、让人惊喜的结果，所以无论是通用搜索引擎还是垂直类搜索引擎都不惜在知识图谱方面投入较多的资源。目前，微软和 Google 拥有全世界最大的通用知识图谱，Facebook 拥有全世界最大的社交知识图谱，而阿里巴巴和亚马逊都构建了商品知识图谱。

知识图谱为什么会助力搜索和推荐呢？简单分析一下，原因可能如下：首先，知识图谱可以提供复杂实体识别的能力，可以将扁平的识别任务转化为层次化识别；其次，知识图谱具有一定的推理能力，可以对查询进行真正的语义扩展，从而提高搜索命中率；最后，我们可以围绕知识图谱建立基于图谱的结构化索引，使得召回更具合理性。

如何用知识图谱来改善搜索系统呢？举一个线上的例子，当我们在大众点评中搜索一个菜品时，比如"北京烤鸭"，机器可以帮助我们阅读所有的评价，然后分析出做这道菜品的商家。因为机器可以利用菜品、用户搜索行为建立用户画像、美食图谱、商户图谱，如图 4-25 所示。

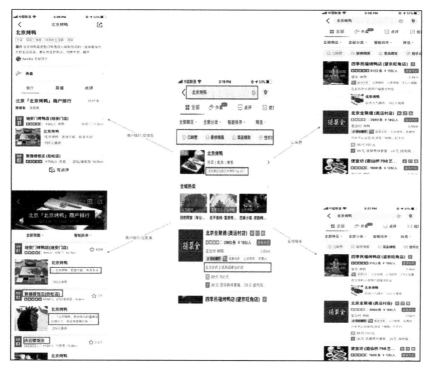

图 4-25 知识图谱在搜索中的使用

需要说明的是，当用户查询"北京烤鸭"时，在结果中出现了"聚德楼饭庄""庆云楼饭庄"。其背后的逻辑是这两家饭庄有这道美食或者大众对这两家的烤鸭有一定的认同，然后把菜谱和认同剥离做成了和"北京烤鸭"相关的事物。这个隐藏逻辑就是知识图谱。可以想到，当用户将查询条件改为"哪里的烤鸭最好吃"时，同样可以得到图 4-26 所示的搜索推荐结果。

图 4-26 知识图谱在搜索中的使用示例

4.5 本章小结

本章主要讲述搜索系统的框架和原理，首先在框架部分讲述搜索系统的整体框架、各部分组件的功能以及各组件之间是如何配合工作的；其次介绍搜索系统中如何收集、去重以及存储数据；然后描述搜索系统中如何进行文本分析和处理：分词、纠错、查询建议以及意图识别等；最后介绍知识图谱在搜索系统中的应用场景。

第 5 章 Chapter 5

搜索系统中的主要算法

搜索系统的主要算法集中在对查询理解和搜索结果排序两个阶段。本章主要介绍基本的排序算法与搜索系统的关系以及一些深度学习模型在搜索系统中的具体应用，在介绍过程中不是面面俱到地梳理知识点，而是将工业界一些主流算法融入理论的讲解中，使读者有一种直观的感受。

5.1 信息检索基本模型

信息检索模型是搜索的核心，本质上是对信息相关度建模。所谓的相关度，取决于用户的判断，是一个比较主观的概念。不同的用户做出的判断很难保证一致，即使是同一个用户在不同时期、不同环境下做出的判断也不尽相同。关于搜索和推荐的评价，后续章节会进行探讨，这里先介绍一下相关度（相关性）。相关度指搜索系统检索出的文档的核心内容与用户信息需求相匹配的程度。

5.1.1 布尔模型

在讲布尔模型之前，我们需要先介绍一下布尔代数。布尔代数表示布尔变量之间的关系，这种关系也称为布尔操作。

布尔变量：只有"真""假"两种状态的变量。如：一篇文档中是否存在"机器学习"这个词的结果就是一个布尔变量。（存在即为"真"，不存在即为"假"。）

布尔操作（关系）：0 表示 false，1 表示 true。如表 5-1 所示，该表是布尔"与"操作，操作结果为 1 的前提是 $A=1$ 且 $B=1$。表 5-2 表示布尔"或"操作，其操作条件为：$A=1$ 或者 $B=1$ 时，结果为 1。表 5-3 表示布尔"非"操作，当 $A=1$ 时，结果为 0；当 $A=0$ 时，结果为 1。

表 5-1 布尔"与"操作		
A	*B*	Rec
0	0	0
0	1	0
1	0	0
1	1	1
Rec= true,若 *A*=true 且 *B*=true		

表 5-2 布尔"或"操作		
A	*B*	Rec
0	0	0
0	1	1
1	0	1
1	1	1
Rec= true,若 *A*=true 或 *B*=true		

表 5-3 布尔"非"操作	
A	Rec
0	1
1	0
Rec= true,若 *A*=false	

布尔表达式:多个布尔变量通过布尔操作组成的表达式,如 *A* and (*B* or *C*) and not *D*。

蕴含关系为两个布尔表达式 *P* 和 *Q*,如果 *P* 为 true,且 *Q* 为 true,则称 *P* 蕴含 *Q*,记作:$P \rightarrow Q$。

布尔模型:查询和文档均可表示为标引项的布尔表达式,其中文档可表示成所有标引项的"与"关系的布尔表达式。例如:

Gap and 2019 款 and 纯棉卫裤;

文档一:2019 款 Gap 卫衣;

文档二:2018 款 Gap 纯棉卫裤。

我们可以通过查询和所有文档的布尔表达式的匹配程度来计算相似度。布尔模型表示形式如下。

1)任一布尔查询都可以写成析取范式(DNF),如 $q=a \wedge (b \vee \neg c)=abc \vee ab\neg c \vee a\neg b\neg c$。

2)任一文本可以写成所有标引项的交,如 $doc=a \wedge b \wedge c \wedge d \wedge e$。

5.1.2 向量空间模型

信息检索模型除了简单的布尔模型,还有向量空间模型(Vector Space Model,VSM),它是康奈尔大学 Salton 等人提出来的。VSM 模型构建中需要解决三个关键问题:标引项(Term)的选择、权重计算(即计算每篇文档中每个标引项的权重)、查询和文档的相似度计算。

1. 标引项的选择

一篇文档可以表示成一些基本标引项单元。标引项是能代表文档内容的特征,可以是字、词、短语、N-gram 或者某种语义单元。最简单的标引采用全文标引的方式,即将文档中出现的所有字或者词作为标引词。在实际搜索引擎应用中,不是所有的标引都采用索引,而是采用一些降维策略,如去停用词、对英文进行词干还原、只选择名词作为标引项、选择出现次数较多的词作为标引项,等等。

标引项之间的独立性假设指标引项在文档中是独立的。

2. 权重计算

权重计算有很多方法。上述介绍的布尔操作就可以用来计算标引项的权重,这种方法被称为布尔权重法。如标引项 i 在文档 j 中出现的权重 $a_{ij} = 0$ 或 $a_{ij} = 1$，这里 0 表示不出现，1 表示出现。

最常用的权重计算方法是 TF-IDF。TF (Term Frequency) 是标引项在文档中出现的次数。标引项的文档频率（Document Frequency，DF）指标引项出现在整个文档集合中的篇数，反映了标引项的区分度。DF 值越高，表示标引项越普遍，因此权重也越低。

逆文档频率（Inverse DF，IDF）是 DF 的倒数，通常采用公式（5-1）进行计算（N 是文档集合中所有文档的数目）。

$$IDF = \frac{N}{DF} \tag{5-1}$$

向量空间模型中通常采用 TF × IDF 的方式计算权重，如公式（5-2）所示：

$$w_{ij} = tf_{ij} \times idf_j = tf_{ij} \times \log(N / N_j) \tag{5-2}$$

为方便在不同长度文档下进行统计，对词语的频率计算进行了归一化处理，如公式（5-3）所示：

$$tf_{ij} = \frac{n_{ij}}{\sum_k n_{ij}} \tag{5-3}$$

其中，n_{ij} 表示词 i 在文档 j 中的出现频次，在长度越长的文档中高频次的词出现的概率也相应越大；分母是文档中每个词出现次数的总和。

TF 归一化的方法总结如表 5-4 所示。

表 5-4　TF 归一化的方法总结

方法	计算公式	方法举例
最大规范化（Maximum Normalization）	$\dfrac{TF_i}{\max\limits_i TF_i}$	$[1,2,1,0,4]$ $\rightarrow [0.25,0.5,0.25,0,1]$
增广最大规范化（Augmented Maximum Normalization）	$0.5 + 0.5 \times \dfrac{TF_i}{\max\limits_i TF_i}$	$[1,2,1,0,4]$ $\rightarrow [0.625,0.75,0.625,0.5,1]$
余弦规范化（Cosine Normalization）	$\dfrac{TF_i}{\sqrt{\sum TF_i^2}}$	$[1,2,1,0,4]$ $\rightarrow [0.213,0.426,0.213,0,0.852]$

IDF 是一个词语在所有的文档中重要性的体现，如式（5-4）所示：

$$idf_j = \log(N / N_j) = \log\frac{|D|}{|D_j| + 1} \tag{5-4}$$

其中，$|D|$ 为文档集合的总数，$|D_j|$ 为文档集中出现词 i 的文档数量。分母加 1 是采用了拉普拉斯平滑，这样做是避免新词未在语料库中而使分母为 0 的情况出现。

3. 查询和文档的相似度计算

查询和文档都可以转化成标引项及其权重组成的向量，都可以看成空间的点。向量之间通过距离计算可得到查询和每个文档的相似度。

例如, n 篇文档、m 个索引项构成的矩阵 $A_{m \times n}$, 每一列可以看作是每篇文档的向量表示,每行可以看作是标引项的向量表示。

$$A_{m \times n} = \begin{array}{c} \\ t_1 \\ t_2 \\ \vdots \\ t_m \end{array} \begin{bmatrix} d_1 & d_2 & \cdots & d_n \\ a_{11} & a_{12} & \cdots & a_{1n} \\ a_{21} & a_{22} & \cdots & a_{2n} \\ \vdots & \vdots & \vdots & \vdots \\ a_{m1} & a_{m2} & \cdots & a_{mn} \end{bmatrix}$$

例如, 查询 q:(<2012, 1>, <奥运会, 2>), 文档 d_1: (<2012, 1>, <奥运会, 3>, <伦敦, 1>, <举行, 1>), 文档 d_2: (<2008, 1>, <奥运会, 2>, <北京, 1>, <举行, 1>), 向量空间模型的计算过程如下。

$$\begin{array}{c} \\ 2008 \\ 2012 \\ 奥运会 \\ 伦敦 \\ 北京 \\ 举行 \end{array} \begin{bmatrix} d_1 & d_2 \\ 0 & 1 \\ 1 & 0 \\ 3 & 2 \\ 1 & 0 \\ 0 & 1 \\ 1 & 1 \end{bmatrix} \begin{bmatrix} q \\ 0 \\ 1 \\ 2 \\ 0 \\ 0 \\ 0 \end{bmatrix}$$

根据内积公式计算可知,

$$a \cdot b = a_1 b_1 + a_2 b_2 + \cdots + a_n b_n$$

$<q, d_1> = 1 \times 1 + 2 \times 3 = 7 \quad <q, d_2> = 2 \times 2 = 4$

根据夹角余弦计算公式可知: $\cos \alpha = \dfrac{x \cdot y}{|x| \times |y|}$

$$\cos <q, d_1> = \frac{7}{\sqrt{12 \times 5}} \approx 0.9$$

$$\cos <q, d_2> = \frac{4}{\sqrt{7 \times 5}} \approx 0.63$$

总之, 向量空间模型简单直观, 可以应用到很多其他领域; 支持部分匹配和近似匹配, 结果可排序; 检索效果也不错。它的缺点也很明显, 理论上不够完善, 基于直觉的经验性公式情况较多。标引项之间的独立假设与实际情况不符, 因为共现标引项是存在一定关系的。比如, 苹果和乔布斯在技术文献中一起出现的概率更大。

5.1.3 概率检索模型

概率检索模型是通过概率的方法将查询和文档联系起来的。定义三个随机变量 R、Q、

D，相关度 $R=\{0, 1\}$、查询条件 $Q=\{q_1, q_2\}$、文档 $D=\{d_1, d_2\}$，可以通过计算条件概率 $P(R=1|Q=q, D=d)$ 来度量文档和查询的相关度。概率模型包括一系列模型，如逻辑回归模型等。这里介绍一个常用的 IR 模型——二元独立概率模型。

二元独立概率模型（Binary Independence Model，BIM）由伦敦城市大学 Robertson 及剑桥大学 Sparck Jones 于 20 世纪 70 年代提出，代表系统是 OKAPI。BIM 模型是通过朴素贝叶斯公式对所求条件概率 $P(R=1|Q=q, D=d)$ 展开计算的。对于同一个查询条件 Q，条件概率 $P(R=1|Q=q, D=d)$ 可以简化为 $P(R=1|D=d)$ 或者 $P(R=1|D)$，所以针对每一个查询条件 Q，排序函数如公式（5-5）所示：

$$\log\frac{P(R=1|D)}{P(R=0|D)} = \log\frac{P(D|R=1)P(R=1)/P(D)}{P(D|R=0)P(R=0)/P(D)} \propto \log\frac{P(D|R=1)}{P(D|R=0)} \tag{5-5}$$

在公式（5-5）中，对于同一查询条件 Q，Q 是一个常量，$P(R=1)$ 和 $P(R=0)$ 对排序不起作用，其中 $P(D|R=1)$、$P(D|R=0)$ 分别表示在相关和不相关情况下生成文档 D 的概率。

去掉公式（5-5）中只依赖查询 Q 的常数项，可得到所有出现在文档 $D(e_i=1)$ 中的标引项的某个属性值之和。再假定对于不出现在查询条件 Q 中的标引项，有 $p_i=q_i$，则得到所有出现在 $Q \cap D$ 中的标引项属性值之和，如公式（5-6）所示：

$$\begin{aligned}\log\frac{P(D|R=1)}{P(D|R=0)} &= \log\frac{\prod_{t_i \in D \cup \bar{D}} p_i^{e_i}(1-p_i)^{1-e_i}}{\prod_{t_i \in D \cup \bar{D}} q_i^{e_i}(1-q_i)^{1-e_i}} = \sum_{t_i \in D \cup \bar{D}}\log\left(\frac{p_i}{q_i}\right)^{e_i}\left(\frac{1-p_i}{1-q_i}\right)^{1-e_i} \\ &= \sum_{t_i \in D \cup \bar{D}}\left(e_i\log\left(\frac{p_i}{q_i}\right)+(1-e_i)\log\left(\frac{1-p_i}{1-q_i}\right)\right) \\ &= \sum_{t_i \in D \cup \bar{D}}\left(e_i\log\left(\frac{p_i}{q_i}\right)-e_i\log\left(\frac{1-p_i}{1-q_i}\right)+\log\left(\frac{1-p_i}{1-q_i}\right)\right)\end{aligned} \tag{5-6}$$

因为 $\log\left(\dfrac{1-p_i}{1-q_i}\right)$ 为一常数，所以公式（5-6）可以近似为公式（5-7）：

$$\begin{aligned}\log\frac{P(D|R=1)}{P(D|R=0)} &= \sum_{t_i \in D \cup \bar{D}}\left(e_i\log\left(\frac{p_i}{q_i}\right)-e_i\log\left(\frac{1-p_i}{1-q_i}\right)+\log\left(\frac{1-p_i}{1-q_i}\right)\right) \\ &\propto \sum_{t_i \in D \cup \bar{D}}\left(e_i\log\left(\frac{p_i}{q_i}\right)-e_i\log\left(\frac{1-p_i}{1-q_i}\right)\right) = \sum_{t_i \in D \cup \bar{D}}\left(e_i\log\left(\frac{p_i/1-p_i}{q_i/1-q_i}\right)\right)\end{aligned} \tag{5-7}$$

其中，e_i 表示 t_i 在 D 中权重，取值为 0 或者 1；$\log\left(\dfrac{p_i/1-p_i}{q_i/1-q_i}\right)$ 表示 t_i 在 Q 中的权重，只与 Q 相关。

所以，公式（5-7）可以进一步进行简化为公式（5-8）：

$$\log \frac{P(D \mid R=1)}{P(D \mid R=0)} \propto \sum_{t_i \in D \cup \bar{D}} \left(e_i \log \left(\frac{p_i / 1 - p_i}{q_i / 1 - q_i} \right) \right)$$

$$= \sum_{t_i \in D} \log \left(\frac{p_i / 1 - p_i}{q_i / 1 - q_i} \right)$$

$$= \sum_{t_i \in Q \cap D} \log \left(\frac{p_i / 1 - p_i}{q_i / 1 - q_i} \right) + \sum_{t_i \in \bar{Q} \cap t_i \in D} \log \left(\frac{p_i / 1 - p_i}{q_i / 1 - q_i} \right)$$

$$\approx \sum_{t_i \in Q \cap D} \log \left(\frac{p_i / 1 - p_i}{q_i / 1 - q_i} \right) \tag{5-8}$$

由公式（5-8）可以得出最后的结论：因为标引项只和查询和文档中相交的部分相关，且前面假设对于不出现在 Q 中的标引项有 $p_i=q_i$，所以 $\sum_{t_i \in \bar{Q} \cap t_i \in D} \log \left(\frac{p_i / 1 - p_i}{q_i / 1 - q_i} \right) = 0$，这里需要计算 p_i 和 q_i。

关于 p_i 和 q_i，我们可以采用一种列联表的方式进行计算。列联表计算示例如表 5-5 所示，其根据整个文档集合是否和查询相关、是否包含 t_i，分成如下 4 个子集合，每个子集合的大小已知。

表 5-5　列联表计算示例

	相关 R_i（100）	不相关 $N-R_i$（400）
包含 t_i 的文档数目 n_i（200）	r_i（35）	n_i-r_i（165）
不包含 t_i 的文档数目 $N-n_i$（300）	R_i-r_i（65）	$N-R_i-n_i+r_i$（235）

其中，N、n_i 分别是总文档及包含 t_i 的文档数目，R_i、r_i 分别是相关文档及相关文档中包含 t_i 的文档数目，总文档数为 500，则

$$p_i = \frac{r_i}{R_i} = \frac{35}{100}$$

$$q_i = \frac{n_i - r_i}{N - R_i} = \frac{165}{400}$$

我们通过一个具体的例子讲清楚了 p_i 和 q_i 的计算方法。其实在实际计算过程中，我们需要考虑引入平滑因子来应对分母可能为 0 的情况。比如：

$$p_i = \frac{r_i + 0.5}{R_i + 0.5}, \quad q_i = \frac{n_i - r_i + 0.5}{N - R_i + 0.5}$$

在实际情况中，对于每一个查询，我们无法事先得到其相关文档集合和不相关文档集合，所以无法使用理想情况下的公式（5-8）进行计算。检索初始并没有相关和不相关文档集合，假定相关文档很少，即 $R_i=r_i \approx 0$，此时可以假设：p_i 是常数，q_i 近似等于标引项在所有文档集合中的分布，那么公式（5-8）变为公式（5-9）：

$$\log\frac{P(D\,|\,R=1)}{P(D\,|\,R=0)} \approx \sum_{t_i \in Q \cap D} \log\left(\frac{p_i\,/\,1-p_i}{q_i\,/\,1-q_i}\right) = \sum_{t_i \in Q \cap D} \log\frac{N-n_i}{n_i} \qquad (5\text{-}9)$$

在公式（5-9）中，$\log\dfrac{N-n_i}{n_i}$ 相当于所有同时出现在查询和文档中标引项的 IDF。

我们可以按照这个思路做一些经验性的推广，因为 BIM 模型中并没有考虑词频和文档长度等因素，如果考虑这些因素并完善 BIM 模型，则演变出 BM 模型。在 BM 模型家族中，BM25 模型广为人知。其计算步骤如下。

1）计算项频因子 α。这里我们需要引入一个项频因子 α，如公式（5-10）所示：

$$\alpha = S_1 \times \frac{tf_{td}}{k_1 + tf_{td}} \qquad (5\text{-}10)$$

在公式（5-10）中，tf_{td} 表示标引项在文档中的频率，k_1 是通过在具体的文档上实验获得的经验常数，即一个经验值。S_1 是和 k_1 相关的常数，通常 $S_1 = k_1 + 1$，如公式（5-11）所示。如果 $k_1 = 0$，$\alpha = 1$，项频因子对排序就失去了影响。

$$\alpha = (k_1 + 1) \times \frac{tf_{td}}{k_1 + tf_{td}} \qquad (5\text{-}11)$$

2）归一化项频因子。我们将文档归一化，并引入公式（5-11），则有

$$\alpha' = (k_1 + 1) \times \frac{tf_{td}}{\dfrac{k_1 \times L_d}{L_{ave}} + tf_{td}} \qquad (5\text{-}12)$$

在公式（5-12）中，L_d 是文档 d 的长度（可用于统计文档内标引项的数量），L_{ave} 是文档集的平均文档长度。

3）增加修正因子 β。我们需要增加一个依赖于文档和查询的修正因子，如公式（5-13）所示：

$$\beta = k_2 \times L_q \times \frac{L_{ave} - L_d}{L_{ave} + L_d} \qquad (5\text{-}13)$$

其中，L_q 是查询的长度（查询内标引项的个数），k_2 是常数。修正因子不依赖于和文档匹配的具体查询项，仅依赖于文档和查询的长度，是一个全局因子。

4）计算查询项上的项频因子 γ，如公式（5-14）所示：

$$\gamma = (k_3 + 1) \times \frac{tf_{tq}}{k_3 + tf_{tq}} \qquad (5\text{-}14)$$

综合上述内容，我们可以总结这一类算法计算过程，得到 BM 算法家族公式，如表 5-6 所示。经验表明，k_2 最好为 0。

表 5-6 BM 算法家族公式

名称	公式	近似公式
BM1	$\displaystyle\sum_{t_i \in Q \cap D} \log\left(\frac{N - n_i + 0.5}{n_i + 0.5}\right)$	$\displaystyle\sum_{t_i \in Q \cap D} \log\left(\frac{N - n_i + 0.5}{n_i + 0.5}\right)$
BM15	$\displaystyle\beta + \sum_{t_i \in Q \cap D} \alpha \times \gamma \times \log\left(\frac{N - n_i + 0.5}{n_i + 0.5}\right)$	$\displaystyle\sum_{t_i \in Q \cap D} \frac{(k_1 + 1)tf_{td}}{k_1 + tf_{td}} \times \log\left(\frac{N - n_i + 0.5}{n_i + 0.5}\right)$
BM11	$\displaystyle\beta + \sum_{t_i \in Q \cap D} \alpha' \times \gamma \times \log\left(\frac{N - n_i + 0.5}{n_i + 0.5}\right)$	$\displaystyle\sum_{t_i \in Q \cap D} \frac{(k_1 + 1)tf_{td}}{\frac{k_1 \times L_d}{L_{ave}} + tf_{td}} \times \log\left(\frac{N - n_i + 0.5}{n_i + 0.5}\right)$

BM25 模型默认词频和文档相关性之间的关系是非线性的。具体来说，每一个词和文档相关性不会超过一个特定的阈值。当词出现的次数达到一个阈值后，其影响不再线性增加，而这个阈值与文档本身有关。所以，结合 BM11 和 BM15 模型引入一个新的常数因子 B，如公式（5-15）所示：

$$B = \frac{(k_1 + 1)tf_{td}}{k_1\left[(1 - b) + \frac{b \times L_d}{L_{ave}}\right] + tf_{td}} \tag{5-15}$$

所以，

$$\text{RSV} = \sum_{t_i \in Q \cap D} \log\left(\frac{N - n_i + 0.5}{n_i + 0.5}\right) \cdot \frac{(k_1 + 1)tf_{td}}{k_1\left[(1 - b) + \frac{b \times L_d}{L_{ave}}\right] + tf_{td}} \cdot \frac{(k_3 + 1)tf_{tq}}{k_3 + tf_{tq}} \tag{5-16}$$

经验表明，公式（5-16）中，$b=0.75$、$k_1=1.5$ 时，查询会取得不错的效果。

查询：乔布斯 苹果 iPhone

相关文档集合 R 中，所有标引项出现的概率如下：

标引项	乔布斯	苹果	iPhone	iPad	折叠屏
$R=1$	0.8	0.9	0.3	0.32	0.15
$R=0$	0.3	0.1	0.35	0.33	0.10

文档 D1：苹果 折叠屏

则：$P(D|R=1) = (1-0.8) \times 0.9 \times (1-0.3) \times (1-0.32) \times 0.15 \approx 0.013$

$\qquad P(D|R=0) = (1-0.3) \times 0.1 \times (1-0.35) \times (1-0.33) \times 0.1 \approx 0.003$

$\qquad P(D|R=1) / P(D|R=0) \approx 4.216$

5.1.4 其他模型

上面介绍的是一些基本信息检索模型，实际应用中还存在一些其他检索模型。基于数学方法，我们可以把其他检索模型分为以下三大类。

表 5-7　其他检索模型分类

数学基础	基于集合论的模型	基于代数论的模型	基于概率统计的模型
IR 模型	布尔模型 基于模糊集的模型 扩展布尔模型	向量空间模型 潜性语义索引模型 神经网络模型	回归模型 二元独立概率模型 语言模型建模

由于篇幅限制，这里暂不逐一论述表中所列的其他检索模型，只挑出一些在实际工程中重要的模型进行补充讲解。

1. 基于集合论的模型

模糊集理论是基于集合论的模型。设 U 是一个数域，A、B 是 U 的两个模糊子集，并且 $\bar{A}$ 是 A 相对于 U 的补集。假设 u 是 U 的一个元素，那么，

$$\mu_{\bar{A}}(u) = 1 - \mu_A(u) \tag{5-17}$$

$$\mu_{A \cup B}(u) = \max(\mu_A(u),\ \mu_B(u)) \tag{5-18}$$

$$\mu_{A \cap B}(u) = \min(\mu_A(u),\ \mu_B(u)) \tag{5-19}$$

这套理论对应的实际场景就是检索建模过程中使用同义词典，它定义了标引项之间的关系。词典的相关项可用于扩展查询的标引项，以便检索到额外的文档。比如一个查询中的标引项包含"先生"，那么可以利用同义词典"老师→先生"来扩展查询，在相关的文档中召回更多的数据集合。

2. 基于代数论的模型

潜在语义模型是基于代数论的模型。潜在语义索引模型的核心思想是把每篇文档和查询向量映射为隐式空间，如图 5-1 所示。

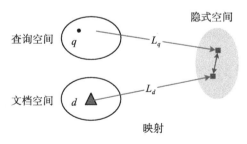

图 5-1　潜在语义索引模型示意图

从图 5-1 可知，在维度为 s 的隐式空间，任意两篇文档的关系可以由公式（5-20）得到：

$$\boldsymbol{M}_s^{\mathrm{T}} \boldsymbol{M}_s = (K_s S_s \boldsymbol{D}_s^{\mathrm{T}})^{\mathrm{T}} (K_s S_s \boldsymbol{D}_s^{\mathrm{T}}) = (\boldsymbol{D}_s S_s)(\boldsymbol{D}_s S_s)^{\mathrm{T}} \tag{5-20}$$

在上述矩阵中，(i, j) 元素量化了文档 d_i 和 q_j 之间的关系。

3. 基于概率统计的模型

基于概率统计的模型多应用于自然语言处理领域。比如，N-gram 模型认为一个词的出现依赖于其前面出现的若干个词，是一种基于概率统计进行判别的语言模型。其输入是词序列，输出是词序列作为一个句子出现的概率，即词的联合概率。

对于一个词序列 $S = (w_1, w_2, \cdots, w_n)$，假设序列中每一个词出现的概率都依赖于之前出现的所有词。那么，词的联合概率 $P(S)$ 的计算公式为：

$$P(S) = P(w_1 w_2 \cdots w_n) = P(w_1)P(w_2 \mid w_1) \cdots P(w_n \mid w_{n-1} \cdots w_2 w_1)$$

这种计算方式考虑了之前出现的所有词对当前词的影响。

查询似然模型： 把相关度看成是每篇文档在对应语言下生成该查询的可能性。比如作者 A 和作者 B 写的文章用词风格很不相同，则可以通过统计各自文章中所含词汇的概率，然后判断一篇新的文章是 A 写的还是 B 写的。

现在具体讲一下查询似然模型的计算过程：

对于一篇文档 d，其由多个词组成，可表示成 $d=w_1 w_2 \cdots w_n$，统计语言模型是概率 $P(w_1 w_2 \cdots w_n)$，根据贝叶斯公式，有：

$$P(w_1 w_2 \cdots w_n) = P(w_1)P(w_2 \cdots w_n \mid w_1) = P(w_1)\prod_{i=2}^{n} P(w_i \mid w_{i-1} \cdots w_1) \tag{5-21}$$

查询似然模型可以表示为：

$$P(Q \mid D) = P(q_1 q_2 \cdots q_m \mid D) = P(q_1 \mid D)P(q_2 \mid D) \cdots P(q_m \mid D)$$
$$= \prod_{i=1}^{|Q|} p(q_i \mid D) = \prod_{w \in Q} p(w \mid D)^{c(w, Q)} \tag{5-22}$$

其中，$|Q|=m$ 是 Q 的长度，可以表示标引项的个数；$c(w, Q)$ 表示 w 在 Q 中出现的次数。

可见，基于查询似然的文档排名思想，检索问题可转化为文档语言模型的估计问题。

5.2 搜索和机器学习

搜索引擎包含两个阶段：召回和排序。搜索系统中所涉及的机器学习的算法会分布在两个部分。第一部分是对 Query 及文档的理解过程，因为理解过程中使用了自然语言处理等相关算法。关于这部分内容，读者可自行阅读第 4 章文本分析内容，这里不再赘述。第二部分就是排序学习过程，即将机器学习技术应用到排序阶段，训练排序模型。

5.2.1 排序学习

排序学习是搜索、推荐、广告的核心方法。排序结果的好坏很大程度上影响到用户体验，甚至会影响到广告收益。常规的排序模型存在一些问题，如调整参数困难，通过给定的一个测试集合来比较模型是否过拟合很困难等。而机器学习解决了这些问题，因为其可以自动调整参数。更重要的是，它可以通过规范化来避免数据过拟合。所以，本节开始介绍几个工业界常用的机器学习算法，加深我们对排序以及机器学习的认知。

传统的检索模型靠人工来拟合排序公式，并通过不断地实验确定最佳的参数组合，以此构成相关性打分函数。机器学习排序与传统的检索模型不同，可通过机器学习获得最合理的排序公式，而人只需要给机器学习提供训练数据，如图 5-2 所示。

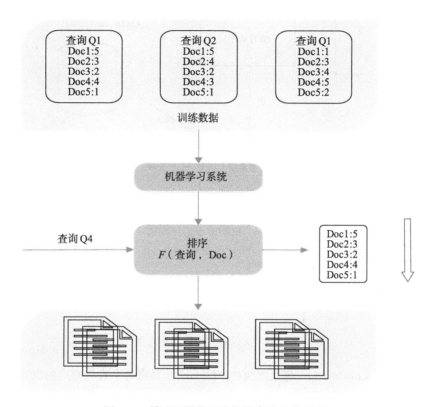

图 5-2　利用机器学习进行排序的基本原理

机器学习排序由 4 个步骤组成：人工标注训练数据、文档特征抽取、学习分类函数、在实际搜索系统中采用机器学习模型。机器学习排序框架如图 5-3 所示。

从目前的研究方法来说，我们可以将机器学习排序方法分为以下三种。

单文档方法（Pointwise）：处理对象是单一文档，将文档转化为特征向量后，将排序问题转化为机器学习中常规的分类或回归问题。CTR 方法是单文档方法的典型应用，相对比较成熟，广泛应用于广告、搜索、推荐中。CTR 方法的数学表达式：$y=f(x)$，其中 y 的范围为 $[0,1]$，y 的值越大表示用户点击率越高。

文档对方法（Pairwise）：相比于单文档方法算法，文档对方法将重点转向文档顺序关系，是目前相对比较流行的方法。其输入是文档对，输出是局部的优先顺序，主要是将排序问题归结为二元分类问题。这时，机器学习方法就比较多，比如 Boost、SVM、神经网络等。对于同一 Query 的相关文档集中，任何两个不同标记的文档都可以得到一个训练实例（d_i, d_j），如果 $d_i > d_j$，则赋值 +1，反之为 –1。于是，我们就得到了二元分类器所需的训练样本。预测时可以得到所有文档的一个偏序关系，从而实现排序。文档对方法排序示意图如图 5-4 所示。

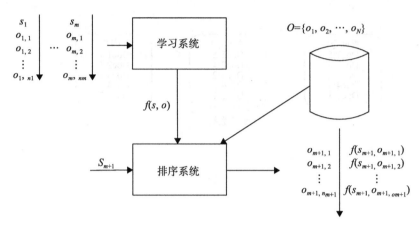

图 5-3　机器学习排序框架

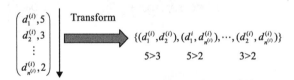

图 5-4　文档对方法排序示意图

文档列表方法（Listwise）：与上述两种方法不同，其将每个查询对应的所有搜索结果列表作为一个训练样例。根据训练样例训练得到最优评分函数 F，评分函数 F 对每个文档打分，然后根据得分由高到低排序，得到最终的排序结果。这种方法的输入是文档集合，输出是排好顺序的列表。文档列表方法排序示意图如图 5-5 所示。

三者之间的区别就在于训练数据之间的关系对预测目标的影响不同。简单地说，单文档排序算法是点点之间排序，训练数据之间的关系与最终排序无关。换句话说，样本经过模型训练形成的是一种评分方式，而所有样本按照评分结果由大到小排序即可。模型生成后，每个样本的输出结果是固定的、静态的，不会发生变化。这里典型的单文档排序算法有逻辑回归、树模型等。事实上，所有利用二分类问题归纳的排序算法都可以当作单文档排序。其根本逻辑就在于设定两个分类 1、0，在训练样本时考虑每个独立样本与当前分类的关系，生成模型参数。在排序过程中，先计算每个样本当前参数耦合后的结果再总体排序即可。而对于文档对方法，输入的是文档对。比如现在有三个文档 D1、D2、D3，

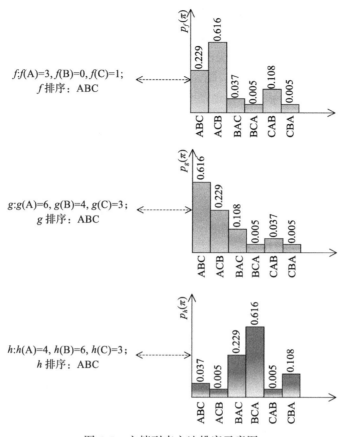

图 5-5　文档列表方法排序示意图

排序为 D1>D2>D3，那么输入应该是 <D1, D2>、<D2, D3>、<D3，D1>，对应的训练目标是"文档 1 是否应该排在文档 2 的前面"。这种方法在模型构造上与大部分单文档方法可以共用原始模型，好处在于模型训练出来的是对应文档组的排序关系，在复杂、高维度、不易解析的情况下，有时会比单文档方法的排序结果更接近真实值。但是其缺点也很明显，其中一个缺点是由于模型输出的两个文档之间有排序先后关系，如果靠前的位置出现错误，那么对于整体排序的影响是远远大于单文档方法。另一个缺点是模型较难对输出结果进行评价且训练困难，由于不同情况下文档之间的关系多种多样，而且不同情况下，不同的输入对训练产生的影响不同，因此很难对模型整体输出结果做出评价。同时，文档对方法一方面增加了标注的难度，另一方面增加了训练的时间。而文档列表方法与前两者都不同，其考虑的是模型整体的排序结果，输入是一个文档列表，且每一个文档的对应位置都已经锁定。例如，输入是 [D1, D2, D3]，那么该方法认为单次样本的输入中，排序为 D1 > D2 > D3。该方法的代表模型有 Lamda Rank、Ada Rank 等。得益于 NDCG 等新的评价方式，文档列表排序在模型训练的过程中可以有效地迭代数据。而且由于输入的单个样本是一组标注好的序列，模型在迭代的过程中也更容易贴近用户需求。文档列表排序方法的缺点也有很多。首先，在理想情况下，其确实更容易保证模型的排序结果贴近用户需求，但是这需要前期大量的标注工作或者说对于使用场景有着明显的限制。其次，由于独立样本复杂，模型的训练成本大于其他两种方法。最后，在现实生活中，我们往往很难能确定地输入单个样本的排序。我们还是要根据具体场景选择合适的排序方法。

注意 你通常会看到数据集中的文件夹下有 train.txt、vail.txt、test.txt 三个文件，它们分别的作用是什么呢？

train.txt：训练集，用于学习参数，比如可以训练 10 个不同阶数的线性模型，得到每个特征值的权值。

vail.txt：验证集，用于选择模型，主要考虑的准则是在新的数据上的泛化能力，比如根据各个模型在验证集上的权值，选择 3 阶模型。

test.txt：测试集，用于测试模型，测试被选中的 3 阶模型的表现。

排序学习作为机器学习研究的一个方向，在信息检索、协同滤波、专家发现等领域被广泛应用。排序学习是指通过机器学习技术和有标签的数据产生一个排序模型，是一种新的学习，一种介于分类和回归之间的学习。

微软数据集⊖

1）数据源来自微软 bing，对关联度的描述为 0 ~ 4 级，其中 0 级是完全不关联，4 级是完全关联。

2）数据一共有 136 维特征，特征由微软官方提取。当前特征是较为普遍通用的特征。

3）数据格式如下：

qid:1 1:3 2:0 3:2 4:2 … 135:0 136:0
qid:1 1:3 2:3 3:0 4:0 … 135:0 136:0
……………

其中，第一位是 Query 整体关联度的表现，第二位是 136 维特征表现出的与查询的关联度。

Folds	训练集	验证集	测试集
Fold1	{S1,S2,S3}	S4	S5
Fold2	{S2,S3,S4}	S5	S1
Fold3	{S3,S4,S5}	S1	S2
Fold4	{S4,S5,S1}	S2	S3
Fold5	{S5,S1,S2}	S3	S4

⊖ 排序学习的实验数据采用了微软 bing 的 MSLR 数据集，参考地址：https://www.microsoft.com/en-us/research/project/mslr/?from=http%3A%2F%2Fresearch.microsoft.com%2Fen-us%2Fprojects%2Fmslr%2F.

具体 1 ～ 136 维特征含义解释这里不再一一描述，有兴趣的读者可以去官网查看一下相关的描述。

在 136 维特征中，有几个特征的提取方法在前面章节也有涉及。比如 106 维 BM25、130 维 PageRank。后续章节中会用微软数据集描述各个算法在排序学习上的应用。

5.2.2　排序学习示例

本节主要介绍一个基本的线性模型以及在排序学习过程中一些模型组合的问题，在树模型和模型集成的思想也会举出相应的例子进行讲解。

1. 逻辑回归

逻辑回归（Logistic Regression，LR）是互联网领域应用最广泛的自动分类算法。从简单的分类到广告投放系统，算法的核心都是逻辑回归算法。LR 可以处理大规模的离散化特征、易于并行化、可解释性强。同时，LR 有很多变种，可以支持在线模型实时训练（这部分内容会在第 8 章进行讲解）。

逻辑回归是最常用的一个机器学习分类算法。

注意　分类和回归的区别是什么？

回归模型表示从输入变量到输出变量之间映射的函数。回归问题的学习等价于函数拟合。分类模型可将回归模型输出离散化，回归模型可以将分类模型输出连续化。

设给定 N 个训练样本 (x_1, y_1), (x_2, y_2), $\cdots$, (x_N, y_N)，其中 $x_i \in R^n$，是一个 n 维向量，表示第 i 个样本在 n 维特征上的取值；而 $y_i \in \{-1, +1\}$，表示此样本是正样本（+1）还是负样本（–1）。逻辑回归模型是通过一个逻辑函数 $\sigma(x) = \dfrac{1}{1+\exp(-x)}$ 将第 i 个样本的特征向量 x_i 与该样本为正样本的概率联系起来。正样本的概率计算如式（5-23）所示：

$$p(y_i = +1 \mid x_i, w) = \sigma(y_i w^{\mathrm{T}} x_i) = \frac{1}{1+\exp(-w^{\mathrm{T}} x_i)} \qquad (5\text{-}23)$$

知识点　逻辑函数 $\sigma(z) = \dfrac{1}{1+e^{-z}}$

利用逻辑函数将自变量加权值压缩到 0 ～ 1 范围内，用于表示因变量取各离散值的概率。本质上，逻辑回归可以视为一个通过逻辑函数做归一化的线性回归。其示意图如图 5-6 所示。

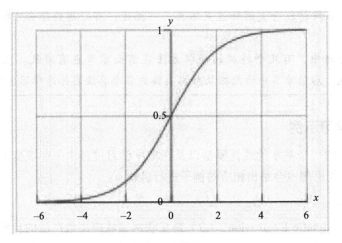

图 5-6　逻辑函数曲线

同时，由于

$$p(y_i=-1|\boldsymbol{x}_i, \boldsymbol{w})=1-p(y_i=+1|\boldsymbol{x}_i, \boldsymbol{w})=\sigma(y_i\boldsymbol{w}^{\mathrm{T}}\boldsymbol{x}_i)$$ （5-24）

因此，可以得到，

$$p(y_i=\pm1|\boldsymbol{x}_i, \boldsymbol{w})=\sigma(y_i\boldsymbol{w}^{\mathrm{T}}\boldsymbol{x}_i)=\frac{1}{1+\exp(-y\boldsymbol{w}^{\mathrm{T}}\boldsymbol{x}_i)}$$ （5-25）

根据公式（5-25）可知，逻辑回归的目标就是找到最好的 $\boldsymbol{w}$，使得正样本的分数都比较大，负样本的分数都比较小。算法基本的思想如下：假设存在一个 $\boldsymbol{w}$，使得所有的样本根据公式（5-26）可得到的结果最大：

$$\max_{\boldsymbol{w}} \sum_{i=1}^{N} \log(p(y_i=\pm1|\boldsymbol{x}_i, \boldsymbol{w}))=-\sum_{i=1}^{N} \log(1+\exp(-y_i\boldsymbol{w}^{\mathrm{T}}\boldsymbol{x}_i))$$ （5-26）

由于最优化问题倾向于解决最小值问题，所以公式（5-26）可以等价于：

$$\min_{\boldsymbol{w}} l(\boldsymbol{w})=\sum_{i=1}^{N} \log(1+\exp(-y_i\boldsymbol{w}^{\mathrm{T}}\boldsymbol{x}_i))$$ （5-27）

知识点　求目标函数最优解的通用方法

随机给定一个初始 w_0，在每次迭代中计算目标函数的下降方向并更新 w，直到目标函数稳定在值最小的点。目标函数通用方法如图 5-7 所示。

公式（5-27）表明 $l(w)$ 是一个向下凸的函数，最小化是比较容易的事情，如图 5-8 所示。

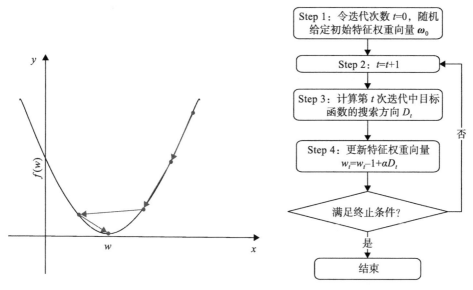

图 5-7　目标函数最优解的通用方法

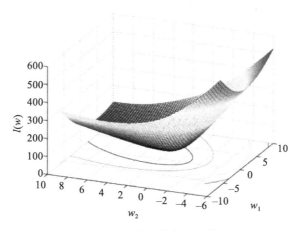

图 5-8　逻辑回归损失函数

从图 5-8 中可以看到，沿着曲面滑下去，最后会达到稳定的最小点。我们选择优化方法的重点在于沿哪个方向滑下去。这个方向的选择依据是当前点梯度增加最快的方向，由该点的二阶导数（海森矩阵）所决定。

知识点　海森矩阵

多元函数的二阶偏导数构成的方阵

$$B(f) = \begin{bmatrix} \dfrac{\partial^2 f}{\partial X_1^2} & \dfrac{\partial^2 f}{\partial X_1 \partial X_2} & \cdots & \dfrac{\partial^2 f}{\partial X_1 \partial X_N} \\[3mm] \dfrac{\partial^2 f}{\partial X_2 \partial X_1} & \dfrac{\partial^2 f}{\partial X_2^2} & \cdots & \dfrac{\partial^2 f}{\partial X_2 \partial X_N} \\[2mm] \cdots & \cdots & \cdots & \cdots \\[2mm] \dfrac{\partial^2 f}{\partial X_N \partial X_1} & \dfrac{\partial^2 f}{\partial X_N \partial X_2} & \cdots & \dfrac{\partial^2 f}{\partial X_N^2} \end{bmatrix}$$

逻辑函数有一个重要的性质是 $\sigma'(x) = \sigma(x)(1-\sigma(x))$，所以公式（5-27）求梯度为：

$$g = \nabla_w l(w) = \sum_{i=1}^{N} (\sigma(y_i w^{\mathrm{T}} x_i) - 1) y_i x_i \qquad （5\text{-}28）$$

再求

$$\begin{aligned} B(k,s) = \nabla_w^2 l(w)(k,s) &= \frac{\partial g(k)}{\partial w(s)} \\ &= \frac{\partial}{\partial w(s)} \sum_{i=1}^{N} y_i x_i(k)(\sigma(y_i w^{\mathrm{T}} x_i) - 1) \\ &= \sum_{i=1}^{N} y_i x_i(k)(\sigma(y_i w^{\mathrm{T}} x_i)(1-\sigma(y_i w^{\mathrm{T}} x_i)) \times y_i x_i(s)) \\ &= \sum_{i=1}^{N} \sigma(w^{\mathrm{T}} x_i)(1-\sigma(w^{\mathrm{T}} x_i)) x_i(k) x_i(s) \qquad （5\text{-}29） \end{aligned}$$

在公式（5-29）中，y_i^2 恒为 1，$\sigma(x)(1-\sigma(x))$ 是偶函数，所以 $y_i=1$ 或者 $y_i=-1$ 无所谓。所以，$B(s,k)$ 的简化形式为：

$$B = \nabla_w^2 l(w) = \sum_{i=1}^{N} \sigma(w^{\mathrm{T}} x_i)(1-\sigma(w^{\mathrm{T}} x_i)) x_i x_i^{\mathrm{T}} = XAX^{\mathrm{T}} > 0 \qquad （5\text{-}30）$$

其中，$X=[x_1, x_2, \cdots, x_n]$，$A$ 为对角矩阵，第 i 个元素 $A(i,i)=\sigma(w^{\mathrm{T}} x_i)(1-\sigma(w^{\mathrm{T}} x_i))>0$。公式（5-30）表明 $l(w)$ 的海森矩阵为正定矩阵，表明 $l(w)$ 是关于 w 的严格凸函数。

这里首先给出 L2 规则化的逻辑目标函数，如下：

$$\min_w f(w) = \sum_{i=1}^{N} \log(1 + \exp(-y_i w^{\mathrm{T}} x_i)) + \frac{\lambda}{2} w^{\mathrm{T}} w \qquad （5\text{-}31）$$

公式（5-31）中加入了 L2 正则项 $\frac{1}{2} w^{\mathrm{T}} w$，这是为什么呢？

规则化是为了避免模型过度拟合所采用的一种方法。这里如果我们的目标仅仅是最小化 $l(w)$，而对 w 没有任何限制，那么得到 w 的各个维度的绝对值通常很大，导致在利用新样本进行预测时，使预测值偏离真实值。如图 5-9 所示，图中实线上的点是已知的数据点，虚线是产生这些数据点的真正趋势，而黑色的线表示过度拟合。

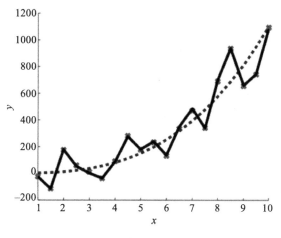

图 5-9　模型过度拟合

规则化有两种：L1 规则化，有 $\|w\|_1 = \sum_{i=1}^{n}|w(i)|$；L2 规则化，有 $\|w\|_2 = \sum_{i=1}^{n}w^2(i) = w^{\mathrm{T}}w$。L1 规则化和 L2 规则化的区别在于 L1 通常导致模型稀疏，w 中会有更多的维度为 0，维度为 0 的特征代表维度不相关。本质上，L1 规则化起到了特征选择的作用。

2. AdaBoost

1984 年，Kearns 和 Valiant 两人提出了强可学习和弱可学习的概念。在概率近似正确（Probably Approximate Correct，PAC）学习的框架中，如果存在一个多项式的学习算法能够用于学习，并且正确率很高，称该算法是强可学习的；如果存在一个多项式的学习算法能够用于学习，但学习的正确率仅比猜测略好，称该算法是弱可学习的。在 PAC 学习框架下，强可学习算法的充分必要条件是它是弱可学习的。按照这个思路，只要找到一个比随机猜测略好的弱可学习算法就可以直接将其提升为强可学习，而不必直接找强可学习。

这样就有一个现实的问题存在，弱可学习算法如何转变为强可学习？这里隐含着两个问题需要解决。第一，如何获得不同的弱分类器？第二，怎样组合弱分类器？我们先看第一个问题的解决方法，可以使用不同基本学习器获得不同的弱可学习算法，比如参数估计方法、非参数估计的方法等，即使使用相同的弱可学习算法，也可以使用不同的参数，还可以对输入对象进行不同的表示，以显示事物不同的特征，也可以使用不同的训练集。这里有两种重要的方法获得不同的弱分类器：装袋（Bagging）和提升（Boosting），如图 5-10 所示。再来看第二个问题的解决方法。这里有两种方案，第一种是多专家组合。多专家组合是一种并行结构，对所有的弱分类器都给出各自的结果，通过投票或类似的方法将这些结果转化为最终的结果。第二种是多级组合。它是一种串行结构，其中下一个分类器只在前一个分类器预测不够准确的实例上进行训练或检测，比如级联算法（Cascading）。

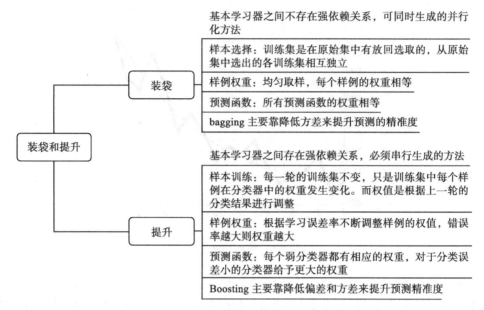

图 5-10　装袋和提升

铺垫完装袋和提升这两个基础概念，我们回归到 AdaBoost 算法的讲解。1990 年，Schapire 最先构造出一种多项式学习算法，即最初的 Boost 算法；1993 年，Drunker 和 Schapire 第一次将神经网络作为弱学习器，应用 Boosting 算法解决 OCR 问题；1995 年，Freund 和 Schapire 提出了 AdaBoost(Adaptive Boosting) 算法，其效率和原来 Boosting 算法一样，但是不需要任何关于弱学习器性能的先验知识，可以非常容易地应用到实际中。AdaBoost 就是一种 Boosting 的组合方式。图 5-11 为 Boosting 算法流程示意图。

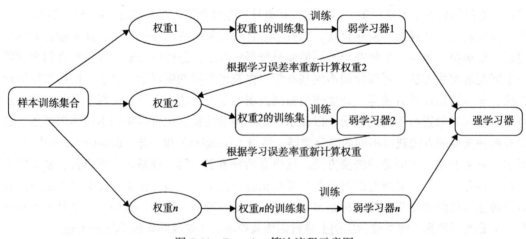

图 5-11　Boosting 算法流程示意图

Boosting 算法的主要思想如下。

1）对每一个训练样本赋予初始相同的权重，在训练样本中用初始权重训练出弱学习器1，然后根据弱学习器的学习误差率来更新训练样本的权重，使得弱学习器 1 中学习误差率高的训练样本所占权重变大，得到权重更高的弱学习器 2。

2）基于调整后的弱学习器 2，如此反复，直到弱学习器的数目达到指定的数目 T。

3）将 T 个弱学习器通过集合策略得到最终的强学习器。

AdaBoost 算法的主要思想如下：

输入：二分类的训练数据集

$$T=\{(x_1, y_1), (x_2, y_2), \cdots, (x_n, y_n)\}, x_i \in X \subseteq R^n, y_i \in Y=\{-1, +1\}$$

输出：分类函数 $F(x)$

1）以相同的初始值来初始化样本的权重 w，并且样本权重之和为 1：

$$\sum_{i=1}^{n} w_i = 1$$

2）对 m 个弱分类器（$m=1, 2, \cdots, M$），进行如下操作：

使用具有权值分布 D_m 的训练数据集学习，得到弱分类器：

$$G_m(x) \rightarrow \{-1, +1\}$$

计算 $G_m(x)$ 在训练集上的误差率：

$$e_m = \sum_{i=1}^{N} w_{m,i} I(G_m(x_i) \neq y_i)$$

计算相关系数：

$$\alpha_m = \frac{1}{2} \log \frac{1-e_m}{e_m}$$

更新训练数据集的权重分布（z_m 归一化因子）

$$w_{m+1,i} = \frac{w_{m,i}}{z_m} \exp(-\alpha_m y_i G_m(x_i))$$

$$z_m = \sum_{i=1}^{N} w_{mi}, \exp(-\alpha_m y_i G_m(x_i))$$

3）得到最终的分类函数

$$F(x) = \text{sign}\left(\sum_{i=1}^{M} \alpha_m G_m(x) \right)$$

注意　决策树是随机森林以及集成学习模型的基础。人类认知的过程有两种：一种是归纳法，另一种是演绎法。所谓的归纳法，就是从特殊到一般的过程；而演绎法正好相反。在介绍排序学习时，先介绍几个常用的方法，包括线性模型、树模型、集成学习模型。后续在讲解推荐排序的过程中会推广到某一类方法。

为了讲清楚 AdaBoost 算法，我们可以通过一则计算示例来学习，如表 5-8 所示。

表 5-8　AdaBoost 算法计算示例

样本编号	x	y（实际值）	权重值	$\tilde{y}$ 预测值	预测是否正确	更新后的权重
1	1.0	1	0.1	1	是	0.072
2	2.0	1	0.1	1	是	0.072
3	3.0	1	0.1	1	是	0.072
4	4.0	−1	0.1	−1	是	0.072
5	5.0	−1	0.1	−1	是	0.072
6	6.0	−1	0.1	−1	是	0.072
7	7.0	1	0.1	−1	否	0.166
8	8.0	1	0.1	−1	否	0.166
9	9.0	1	0.1	−1	否	0.166
10	10.0	−1	0.1	−1	是	0.072

因为

$$e_m = \sum_{i=1}^{N} w_{m,i} I(G_m(x_i) \neq y_i) = 0.1 \times 3 = 0.3$$

$$\alpha_m = \frac{1}{2} \log \frac{1-e_m}{e_m} = 0.5 \times \log \frac{1-0.3}{0.3} = 0.424$$

$$w_{m+1,i} = \frac{w_{m,i}}{z_m} \exp(-\alpha_m y_i G_m(x_i))$$

对于单个样本，预测错误更新后的权重为：

$$\omega = 0.1 \times e^{(-0.424 \times (-1) \times 1)} \approx 0.153$$

对于单个样本，预测正确更新后的权重为：

$$\omega = 0.1 \times e^{(-0.424 \times 1 \times 1)} \approx 0.066$$

所以，$\sum_{i=1}^{10} \omega_i = 7 \times 0.066 + 3 \times 0.153 = 0.921$

故，预测正确的权重为：

$$\frac{0.066}{0.921} \approx 0.072$$

预测错误的权重为：

$$\frac{0.153}{0.921} \approx 0.166$$

通过单层的决策树和 AdaBoost 算法在训练集和测试集上的表现可以发现，与单层的决策树相比，AdaBoost 算法在测试集上的准确率要稍微高点。但是，AdaBoost 算法也存在明显的过拟合问题。所以说，AdaBoost 算法在降低模型偏差的同时，也会提升模型的方差。

3. 随机森林

Bagging 算法示意图如图 5-12 所示。这里介绍一种蕴含 Bagging 思想的算法——随机森林（Random Forest，RF）。顾名思义，RF 由许多树构成。随机森林中的"随机"是因为树组成的方式是通过一组随机特征和一组随机样本训练得到。通过存在一些差异的数据点集合来训练每一棵决策树，从中学习输入和输出之间的关系，最终对使用其他数据集合训练的决策树的预测进行合并，形成随机森林。

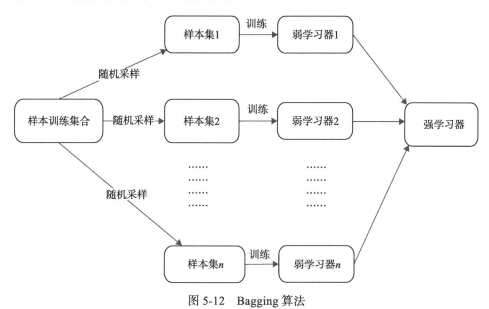

图 5-12　Bagging 算法

Bootstrap 方法主要思想如下。

1）采用重采样的方法抽取一定数量的样本。

2）根据抽取出的样本得到统计量 T。

3）重复上面的步骤，得到 N 个统计量 T。

4）根据上述 N 个统计量计算统计量的置信区间。

Bagging 思想是利用 Bootstrap 有放回的重采样的思想，在每一个学习集上学习出一个弱算法模型，利用 N 个模型的输出得到最后的预测结果。N 个模型可以采用投票的方式（分类）或者平均的方式（回归）。

所以，随机森林算法思想如下。

1）用 Bootstrap 抽样方法生成 M 个数据集。

2）用上述 M 个数据集训练出 M 棵不进行剪枝的决策树，且在每棵决策树的生成过程中对节点进行划分时，都从可选特征中随机挑选出 k 个特征，然后从这 k 个特征中选出信息增益最大的特征作为划分标准。

3）最终模型即为 M 个弱分类器的简单组合。

5.3 搜索和深度学习

随着深度学习的发展，搜索系统中慢慢会用到更多深度学习算法来解决一些具体的线上问题。搜索系统中可以利用深度学习的相关算法提升召回、排序阶段的效果。下面讲解的几个模型比较典型，而且是最近在深度学习中比较火爆的模型，如 DNN 模型、DSSM 模型以及 Transformer 模型。

5.3.1 DNN 模型

深度神经网络（Deep Neural Network，DNN）是经典的深度神经网络模型，也叫作多层感知机（Multilayer Perceptron，MLP）。最早的 DNN 模型来自最原始的神经网络模型隐藏层的多层叠加。深度神经网络的发展得益于生物学家对人类大脑的研究以及感知机模型的出现。神经网络模型是通过模拟人类大脑神经网络的形态，在每个神经元上利用感知机模型的机制所形成的模型。

感知机模型示意图如图 5-13 所示。

图 5-13　感知机模型示意图

对于激活函数，前文中也有所涉及，比如 sigmoid 函数（逻辑函数），这里需要再补充一个激活函数——修正线性单元（Rectified Linear Unit，ReLU）函数。

ReLU 函数如图 5-14 所示，可以表示为：

$$f(x)=\begin{cases}0, & x\leq0\\x, & x>0\end{cases}$$

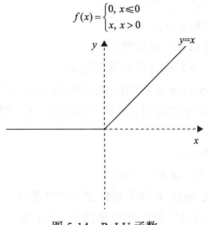

图 5-14　ReLU 函数

ReLU 函数的导数在 x 小于 0 时为 0，大于 0 时为 1。由于梯度的特性，ReLU 函数具有以下优点。

1）在梯度方面，ReLU 函数与 sigmoid 函数相比，具有更快的收敛速度。

2）ReLU 函数不会出现梯度消失问题。

3）ReLU 函数可以有效地缓解过拟合问题。

4）ReLU 函数实现简单，计算开销小。

如果我们将 $x(i)$ 侧作为输入层，那么神经网络就是在输入层与最终输出层之间加入了隐藏层。而深度神经网络模型是在多层隐藏层间使用了不同的策略和方法。图 5-15 是 DNN 模型示意图。

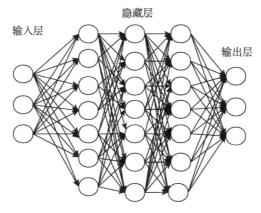

图 5-15　DNN 模型示意图

从图 5-15 中可以看到，层与层是全连接的，即每一层的神经元都与后一层的所有神经元相连接。这里需要介绍一下整个神经网络前向传播时具体的运算逻辑。每个连接线上都设有一个权重 w，也叫关系系数，用于保证每一次信息传递的时候当前信息源对于当前神经元的影响不同。而每一个隐藏层神经元本身又带有一个偏移量 b，这个偏移量表达的是一种信息增添。神经元除了把继承来的信息流传递给下一层神经元，还要增加自身所产生的信息。所以，第 i 层的第一个神经元当前的输出结果应该为 $a_i^1 = a_{i-1}^1 w_{i-1}^i + \cdots + b_i^1$，其中省略的部分是每一个与当前神经元相连接的前一个神经元的输入信息。

到此为止，我们已经了解到 DNN 模型及其运作机制。下面将介绍其训练过程中的迭代机制。首先是损失函数，这里介绍一种常用的二分类的损失函数：

$$L(\hat{y}, y) = -(y \log \hat{y} + (1 - y) \log(1 - \hat{y})) \tag{5-32}$$

其中，$\hat{y}$ 为预测值，而 y 为真实值。

当 $y=1$，$\hat{y}$ 越趋近于 1 时，则 L 值越趋近于 0，预测结果越好。

同理，当 $y=0$，$\hat{y}$ 趋近于 0 时，则 L 值趋近于 0，预测结果越好。

损失函数的价值不仅在于清楚地描述了当前样本经过训练后，模型的预测值与真实值的差距，还在于利用损失函数，不停地迭代模型中的 w、b 值，使模型最终与预测目标耦合。

梯度下降是在得到损失函数后，利用损失函数在神经网络中迭代 w、b 的常用方法。这里介绍一种常用的梯度下降方法，即随机梯度下降：

$$w_k = w_k - \frac{\alpha}{m} \sum_j \frac{\partial L(x_j)}{\partial w_k} \tag{5-33}$$

随机梯度下降中，主要是选取 m 个随机样本，计算平均梯度值，并在学习率 α 的控制下，不断地修改每个 w、b。关于 b 的梯度下降公式，基本与 w 一致，所以不做过多说明。

这里想简单谈谈 DNN 模型的优缺点。作为深度神经网络模型，其对于非线性问题的处理优势不言而喻，而在搜索乃至推荐系统中，由于很多时候特征与训练目标间的关系并不清晰，所以 DNN 模型对高维度特征的提取更是一大优势。这也是有些场景下，DNN 的表现要比树模型、FM 家族模型要好的原因。但是 DNN 本身也有不足，如对类别特征的支持不好，随着类别特征的增多，甚至可能产生维度爆炸的情况；对系统算力的要求较高，因为为了能更好地提取高维度特征，模型的深度可能会使算力不足的问题进一步加剧；可解释性较差，随着隐藏层的增多，评估不同特征对模型的影响变得尤为困难。

5.3.2 DSSM 模型

5.1 节曾经介绍隐语义模型，比如 LSI 等，这些模型的设计思想是想从语义层面勾勒出查询（Query）和相关文档（Relevant Document）之间的匹配关系。深度结构语义模型（Deep Structured Semantic Models，DSSM）在计算语义相关度方面提供了一种思路。它的思想很简单，就是将 Query 和 Title 的海量点击曝光日志用 DNN(Deep Nature Networks) 表达为低维语义向量，并通过余弦相似度来计算两个语义向量的距离，最终训练出语义相似度模型。DSSM 模型既可以用来计算两个句子的语义相似度，又可以获得低维语义向量表达。

DSSM 模型从下往上可以分为三层：输入层、表示层、匹配层，如图 5-16 所示。

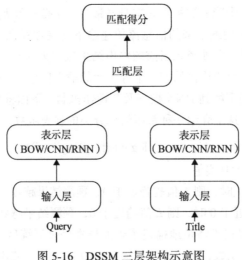

图 5-16　DSSM 三层架构示意图

（1）输入层

输入层的作用是把一个句子映射到一个向量空间（中文可以处理为单字的形式），并输入到 DNN 中，然后计算 Bi-gram 或者 Tri-gram。

（2）表示层

表示层采用 BOW（Bag of Words）的方式，将整个句子的词不分先后顺序地放到一个袋子里，如图 5-17 所示。

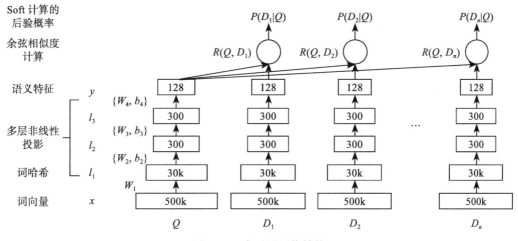

图 5-17　表示层网络结构

用 W_i 表示第 i 层的权值矩阵，b_i 表示第 i 层的偏差项，则第一个隐藏层向量 l_1（300 维）、第 i 个隐藏层向量 l_i（300 维）、输出向量 y（128 维）可以分别表示为：

$$l_1=W_1x \tag{5-34}$$

$$l_i=f(W_i l_{i-1}+b_i),\ i=2,\cdots,N-1 \tag{5-35}$$

$$y=f(W_N l_{N-1}+b_N) \tag{5-36}$$

模型以 tanh 函数作为输出层和隐层的激活函数。

$$F(x)=\frac{1-\mathrm{e}^{-2x}}{1+\mathrm{e}^{-2x}} \tag{5-37}$$

最终输出一个 128 维低维语义向量。

（3）匹配层

最后，在匹配层用三角余弦计算 Query 和 Doc 的相似度。

$$R(Q,D)=\mathrm{cosine}(\boldsymbol{y}_Q,\boldsymbol{y}_D)=\frac{\boldsymbol{y}_Q^{\mathrm{T}}\boldsymbol{y}_D}{\parallel \boldsymbol{y}_Q \parallel \parallel \boldsymbol{y}_D \parallel} \tag{5-38}$$

通过 softmax 函数可以把 Query 与正样本 Doc 的语义相似度转化为一个后验概率：

$$P(D^+|Q) = \frac{\exp(\gamma R(Q, D^+))}{\sum_{D'} \exp(\gamma R(Q, D'))} \qquad (5\text{-}39)$$

其中，r 为 softmax 的平滑因子，D^+ 为 Query 下的正样本，D 为 Query 下的整个样本空间。在训练阶段，通过极大似然估计最小化损失函数：

$$L(\Lambda) = -\log \prod_{(Q, D^+)} P(D^+|Q) \qquad (5\text{-}40)$$

残差会在表示层中反向传播，最终通过随机梯度下降使模型收敛，得到各网络层的参数 $\{W_i, b_i\}$。

DSSM 用字向量作为输入既可以减少对切词的依赖，又可以提高模型的范化能力，因为每个汉字所能表达的语义是可以复用的。另一方面，传统的输入层是用单词向量化的方式（如 Word2Vecor 的词向量）或者主题模型的方式（如 LDA 的主题向量）来直接做词映射，再把各个词向量累加或者拼接起来。但由于 Word2Vecor 和 LDA 都是无监督训练，会给整个模型引入误差，而 DSSM 采用统一的有监督训练，不需要在中间过程做无监督模型的映射，因此精准度会比较高。

DSSM 的缺点是采用词袋模型（BOW），导致丧失了语序信息和上下文信息，而且采用弱监督、端到端的模型，使预测结果不可控。

5.3.3　Transformer

在正式介绍 Transformer 之前需要介绍残差网络模型（Residual Network，ResNet）。从图 5-18 可以看到，ResNet 用捷径连接的方式，让输入 x 直接传送到输出端作为初始值。输出值为：

$$H(x) = F(x) + x \qquad (5\text{-}41)$$

残差模型可以表示为：

$$F(x) = H(x) - x \qquad (5\text{-}42)$$

当输出和输入值都是 x 时，残差网络的训练目标是让结果无限逼近于 0。对于多层网络，随着网络深度增加，整个训练的错误率可能会随着梯度的消失无法持续下降。ResNet 利用跳跃的结构方式，避免了这种情况的发生。

残差网络的思想会用到很多算法当中，比如我们要讲的 Transformer 模型。Transformer 模型结构示意图如图 5-19 所示。Transformer 模型由编码器和解码器组成，在编码阶段，把字符串表示的序列 $(x_1, \cdots, x_n)$ 转换成连续函数的序列 $(z_1, \cdots, z_n)$；在解码阶段，每个时间点产生一个单独的字

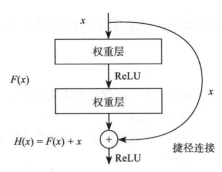

图 5-18　ResNet 残差网络示意图

符，连续输出序列 $(y_1, \cdots, y_n)$，这中间的每一步转换都是自回归的方式。

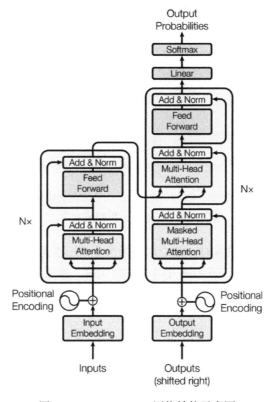

图 5-19　Transformer 网络结构示意图

编码部分是由 6 个相同的层构成的，而每层都由两个 sublayer 组成：一个是多头的自注意力机制层，另一个是全连接的前馈神经网络层。每个 sublayer 上都有一个残差连接和标准化层。输出可以表示为：

$$sublayer\_output = LayerNorm(x + SubLayere(x)) \qquad (5\text{-}43)$$

解码部分也是由 6 个相同的层构成的，每层包含自注意力机制层和前馈神经网络层，除此之外，在两层之间还包含了一个多头自注意力层。

每一个编码器由两个部分组成，分别是 Self-attention、Feed Forward Neural Network。

每一个解码器由三个部分组成，分别是 Self-attention、Encoder-decoder Attention 及 Feed Forward。

1. 编码部分

从编码器输入的句子首先会经过一个自注意力层，以便帮助编码器对某个单词编码时关注输入句子的其他单词。比如下面的一句话：

The animal didn't cross the street because it was too tired

当算法注意到 it 这个单词的时候，自注意力层会在 animal 这个词上分配一部分注意力，这样 animal 也会变成 it 单词编码的一部分，如图 5-20 所示。

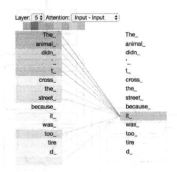

图 5-20　自注意力机制示意图

当一句话以词向量作为输入时，每个词向量会生成三个向量：查询向量、键向量和值向量。它们是通过词向量和与三个权重矩阵相乘得到的，如图 5-21 所示。

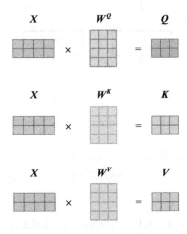

图 5-21　查询向量、键向量和值向量生成示意图

如图 5-21 所示，如果输入两个单词 thinking、machines，在计算第一个单词 thinking 的注意力向量时，句子中的每个词都对 thinking 打分，这样在给 thinking 编码时才知道哪些词对它更加重要。输入序列在经过 Encoder 部分后，顶端输出编码向量转换成一组包含键向量 K 和值向量 V 的集合 (K, V)。(K, V) 被每个解码器用于自身的编码 – 解码注意力层，以便帮助解码器关注输入序列更加合适的位置信息。

第一个分数是自相关分数，用 q_1 和 k_1 的点乘结果表示。第二个分数是 thinking 对于 machines 的分数，用 q_1 和 k_2 的点乘结果表示。然后将打分除以键向量维度开 8 次方。接着利用 softmax 使得所有的分数实现归一化，然后每个值向量乘以 softmax 分数，最后对加权值向量求和，如图 5-22 所示。

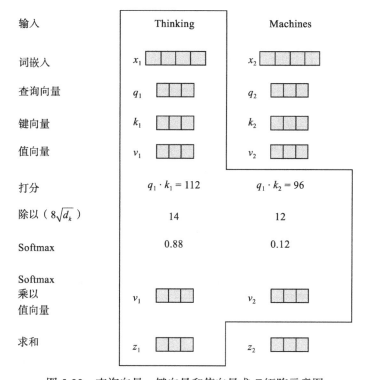

图 5-22　查询向量、键向量和值向量求 $\boldsymbol{Z}$ 矩阵示意图

权重是该词的键向量与被编码词查询向量的点积并通过 softmax 得到的。自注意力层的输出矩阵可以按照下述公式计算：

$$\text{Attention}(\boldsymbol{Q}, \boldsymbol{K}, \boldsymbol{V}) = \text{softmax}\left(\frac{\boldsymbol{Q}\boldsymbol{K}^{\text{T}}}{\sqrt{d_k}}\right)\boldsymbol{V} \tag{5-44}$$

图 5-23 为多头自注意力机制示意图。因为应用多头注意力机制，每个头都会有自己的查询向量、键向量、值向量。通过计算得到 8 个不同的 $\boldsymbol{Z}$ 矩阵，然后把所有 $\boldsymbol{Z}$ 矩阵拼接成一个矩阵，乘以同一个附加的权重矩阵得到新的 $\boldsymbol{Z}$ 矩阵。

$$\text{MultiHead}(\boldsymbol{Q}, \boldsymbol{K}, \boldsymbol{V}) = \text{Concat}(\text{head}_1, \cdots, \text{head}_h)$$

$$\text{where:head}_i = \text{Attention}(\boldsymbol{Q}W_i^Q, \boldsymbol{K}W_i^K, \boldsymbol{V}W_i^V)$$

输入的句子可以看作是有序的词向量组合，所以词在输入句子中的位置信息也很重要。最简单的方法是，只要我们加入位置的向量编码，并和每个词向量相结合，则输入的词向量就会带有序列信息。位置编码方法有很多，笔者给出的是利用正选曲线编码的版本。

图 5-24 为缩放点积注意力机制示意图，图 5-25 为包含注意力层的多头注意力机制示意图。

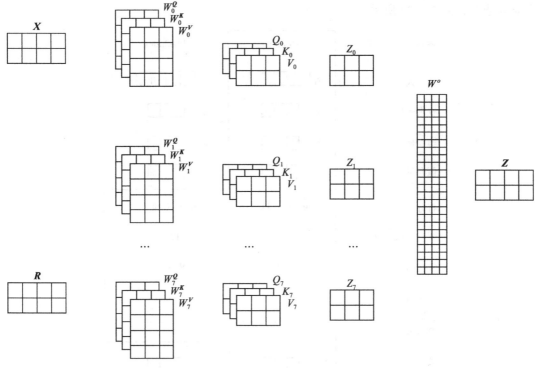

图 5-23　多头自注意力机制示意图

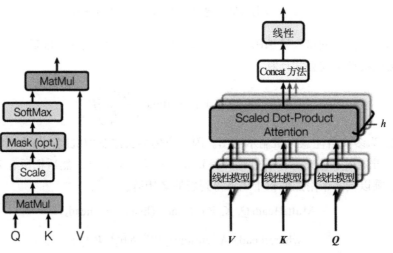

图 5-24　缩放点积注意力机制示意图　　图 5-25　包含注意力层的多头注意力机制示意图

假设 pos 代表位置信息，i 表示维度，d_{model} 表示输入 / 输出模型的维度，则

$$PE_{(\text{pos}, 2i)} = \sin(\text{pos}/10000^{2i/d_{\text{model}}})$$

$$PE_{(\text{pos}, 2i+1)} = \cos(\text{pos}/10000^{2i/d_{\text{model}}})$$

这样，每个维度的位置编码都可以对应一条正弦曲线。编码方程可以让模型更容易学习到不同位置的关系信息。

2. 解码部分

编码阶段完成后，开始 Decoder 阶段。解码的每个步骤都会输出对应输出序列的一个词语，然后重复这个过程，直到句子的终止符为止。编码的输出序列都会被输送到解码部分最底端，然后和编码部分一样向上层传送。和编码输入一样，我们也给位置信息加入编码向量，这样解码器的输入会更加确定对应的每个位置上的词语。

在解码过程中，自注意力层的操作和编码部分的操作有些许不同。在解码阶段，自注意力层只准许处理输出序列更加靠前的那些位置信息。在执行 softmax 步骤前，自注意力层会把后面的位置信息隐藏（设为 -inf）。这样，编码 – 解码注意力层的工作方式就像多头自注意力层一样。

3. Softmax 与线性变换

解码器的输出到 softmax 的输出如图 5-26 所示。解码部分最后会输出一个实数向量，它需要连接一个简单的全连接神经网络，把向量映射到对数向量中。对数向量中的每个单元格对应一个词语的分数。然后，softmax 层会把这些分数变成概率。其中，概率最高的单元被选中，其对应的单词作为此时的输出。

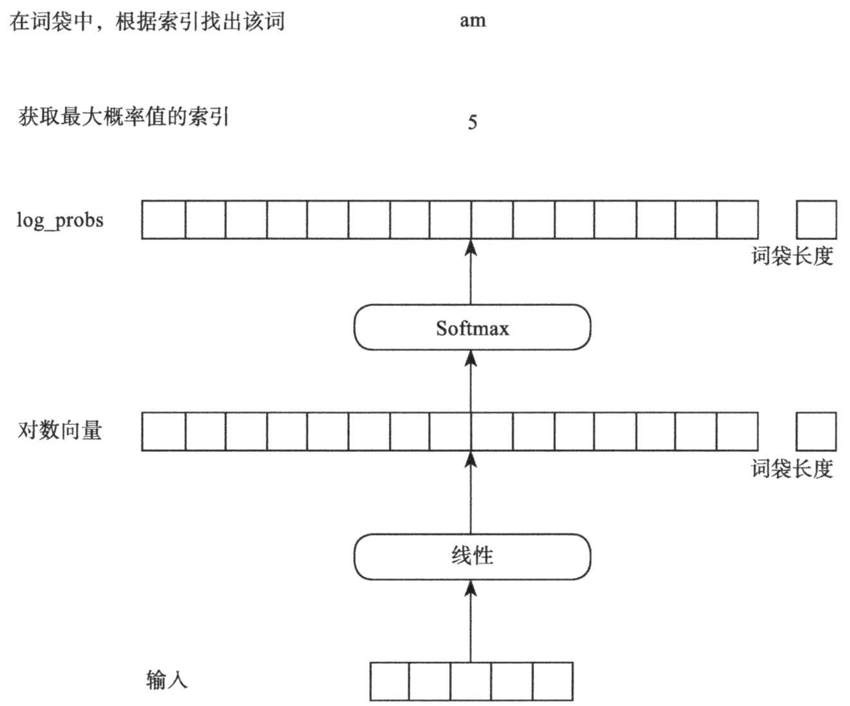

图 5-26　解码器的输出到 softmax 的输出

在搜索排序过程中，由于输入特征维度高、稀疏性强，因此使用一些模型提取交叉特征至关重要。而 Transformer 在特征提取方面发挥着重要作用。

5.4 本章小结

本章从最简单的检索模型逐步深入，讲解了排序学习中涉及的一些重要的机器学习算法和深度学习算法。这些算法模型在我们的工作中被反复使用到。

第 6 章 *Chapter 6*

搜索系统评价

如果无法衡量系统的好坏，没有评测指标，就很难真正地去改进系统，提升系统性能。因此，本章将针对搜索系统的评价进行介绍，首先描述搜索系统评价的意义，其次从效率和效果两个维度重点进行讲解。

6.1 搜索系统评价的意义

对于任何一个学科或者领域来说，评价研究及评价技术都是不可或缺的。搜索系统评价作为一项重要研究内容被大量学者进行多角度探索和分析。具体来说，搜索系统评价的主要价值如下。

1）了解系统功能，找出现有搜索系统存在的缺陷并加以改进，提高搜索系统的效率和效益。

2）对比多种搜索系统的优缺点，有助于新搜索系统的设计和开发。

3）丰富信息检索理论。

6.2 搜索系统的评价体系

搜索系统的评价指标体系应该符合以下原则。

1）**科学性**。评价指标体系能够客观、真实、全面地反映搜索系统的主要性能。

2）**合理性**。评价指标体系需要采纳传统评价指标中有用的部分，同时还要随着现代互联网技术的发展不断迭代更新，迎合现代搜索系统的发展方向。

3）**有效性**。评价指标体系既需要准确地区分各个搜索系统的性能，又简单易用、便于操作。

　　搜索系统的评价工作已经开展了数十年，在这期间产生了各种较有说服力，并得到公众认可的一些评价方法。如图6-1所示，搜索系统的评价维度一般包括性能评价和效益评价。性能评价一般包括时间性能和空间性能。系统响应的时间越短，占用的存储空间越小，系统的性能就越好。但时间优越性和空间优越性一般不能兼得，需要取舍。对于搜索系统而言，我们除了考虑响应时间和存储空间之外，还需要考虑其他重要指标，如排序相关性等，即需要考虑检索结果列表的全面性、准确性等效果指标。效益评价主要用来测量搜索系统的服务或者系统本身投入使用时所获得的收益，包括经济效益和社会效益。但效益评价一般很难量化，因为其具有滞后性和不确定性。所以，本节重点讨论性能评价指标，主要从效率评价和效果评价两个方面阐述。

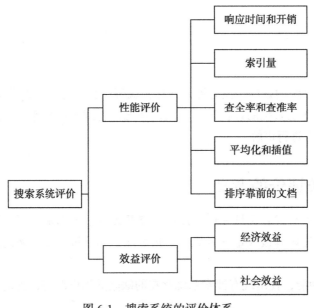

图6-1　搜索系统的评价体系

6.2.1　效率评价

　　效率评价是对性能评价中时间性能和空间性能的概括。响应时间、开销和索引量属于时间性能和空间性能的范畴，是需要重点评测的方面。

1. 响应时间和开销

　　对于任何一个应用系统，响应时间是评价系统的重要指标。搜索系统的响应时间分为两种情形：委托检索和非委托检索。委托检索表示用户送交查询给专业检索人员，由专业人员操作搜索系统进行检索，然后将检索结果返回给用户。非委托检索表示用户自行操作检索系统得到结果。随着网络的快速发展，多数用户采用的是非委托检索。另外，计算响应时间一般是针对某一个查询而言,但查询的长短、复杂度是不同的,所以对应的响应时间也是不同的。平均响应时间的计算公式是:$T = \frac{1}{k}\sum_{i=1}^{k} t_i$,其中,$T$ 表示平均响应时间,t_i 表示第 i 个问题的响应时间,k 是查询的次数。

除去网络拥挤、通信等外部因素的影响,影响响应时间的因素如下。

1)文档库规模。文档库规模越大,检索时间越长,响应时间也就越长。

2)硬件因素。机器配置越高,运行速度越快,响应时间也就越短。

3)检索软件。检索软件性能越好,检索时间越短,响应时间也就越短。

4)存储设备类型和数据的存储结构。存储设备的访问速度越快,数据的存储结构越合理,检索越容易,响应时间也就越短。在实际应用中,响应时间的估算不可避免地受到网络和工具性能的影响,造成同一检索在不同时间、不同地点、不同检索系统中,响应时间不同,因此有必要在不同时间段、地点等不同环境下多次计算。

存储空间的开销主要是指系统所占用的内存空间和外存空间。当检索系统内存空间有限时需要合理分配,一般情况采用中型计算机,不存在内存不足的问题。不同的文档结构所需的外存空间区别较大,比如正排索引和倒排索引所需的外存空间不同;同样是倒排索引,系统选择布尔检索还是全文检索,所需的外存空间也不同。

2. 索引量

所谓"索引量",就是搜索引擎抓取到页面后,经过分析筛选可以被用户搜索到的页面的数量。所以索引量越大,搜索引擎的数据覆盖范围越广。索引量经常和收录量混淆,收录量是搜索引擎抓取过、分析过的页面。所以从定义看,收录在索引之前,即页面没有被收录就不可能被索引。以百度搜索引擎为例,提高网站索引量的方法如下。

1)提高网站内容的质量,爬虫喜欢原创的文字性内容。

2)设置合理的内链,确保爬虫可以顺利爬行。爬虫通过内链爬向网站的各个部分,所以内链越强大,爬虫爬行越顺利,可以给网址排名和收录加分。

3)建设高质量的外部链接,因为网页的权重和外部链接的内容质量相关。

4)网站首页保持更新,以便搜索引擎认为该网站是活跃的。

5)网站不要轻易更换域名。域名更换会导致搜索引擎对网站的信用度和友好度下降,也会影响搜索引擎对网站的收录量。

在知道了索引量的定义之后,我们再来看看如何设定合适的索引量。由于索引量是一个与工程息息相关的概念,这里我们先要厘清索引的使用和存储。

以常见的 Lucene 系统举例,Lucene 系统中索引其实是对固定分析字段拆解的倒排索引结果。索引的内容主要与拆解后的词、词在文本中的位置、文本的标号相关。而实战中,通常注重当前使用的搜索引擎的耗时和稳定性。所以,我们会考虑给一个庞大的搜索集群配备主集群、备份集群以及备用集群等。在不考虑索引量对磁盘空间占用的情况下,索引量其实与搜索集群的性能息息相关。来自搜索集群外部的搜索请求的大致流程如下。

1）请求到达主节点，主节点对请求进行分析重构，分发给子节点。

2）子节点遍历底层的索引，将所有与结果相关的数据返回给主节点。

3）主节点综合处理所有子节点的返回数据，并返给搜索集群外部。

那么在衡量一个搜索引擎的耗时时，我们可从以下 4 方面考虑：搜索集群外部与搜索引擎通信消耗的时间、主节点处理消耗的时间、主节点与子节点通信消耗的时间、子节点搜索索引消耗的时间。同等情况下，索引量越大，搜索耗时就越长。同时，更大的索引量对于服务器 I/O 性能的要求也更高，所以如何选择索引量的大小，需具体情况具体分析。

6.2.2 效果评价

上述搜索引擎在响应速度、开销以及索引量的评价都属于效率评价。对检索结果的质量评价又有哪些指标呢？这便属于效果评价[⊖]的内容。本节的效果评价主要包含：准确率和召回率、平均化和插值以及排序靠前文档的质量。

1. 准确率和召回率

准确率和召回率是搜索引擎在效果评价中最常用，也是公众最认可的指标。准确率又叫查准率（Precision Ratio，P），用来衡量检索结果中有多少文献与查询相关；召回率又叫查全率（Recall Ratio，R），用来衡量一次检索中与查询相关的文献有多少被检索出。准确率和召回率的计算如式（6-1）和（6-2）所示。

$$P = \frac{检出的相关文献量}{检出文献总量} \tag{6-1}$$

$$R = \frac{检出的相关文献量}{数据库中的相关文献总量} \tag{6-2}$$

利用数学语言分析准确率和召回率：假设某搜索系统的数据库中所有文献的总量是 L，对于某个查询，a 表示被检索出的与查询相关的文献数量；b 表示被检索出的与查询无关的文献数量；c 表示与查询相关，但是没有被检索出的文献数量，则：

$$准确率：P = \frac{a}{a+b} \tag{6-3}$$

$$召回率：R = \frac{a}{a+c} \tag{6-4}$$

$$误检率：E = \frac{b}{a+b} \tag{6-5}$$

$$漏检率：Q = \frac{c}{a+c} \tag{6-6}$$

⊖ 效果评价指标代码示例地址：https://github.com/michaelliu03/Search-Recommend-InAction/blob/master/chapter6/metrics.py.

举一个例子，假设搜索系统的数据库中一共有相关文献 50 篇，针对某次查询，检索出文献总数为 60 篇，其中相关文献 45 篇，计算准确率 P 和召回率 R。

计算过程如下：$a=45$，$b=60-45=15$，$c=50-45=5$，准确率 $P=\dfrac{45}{60}=75\%$，召回率 $R=\dfrac{45}{50}=90\%$，误检率 $E=\dfrac{15}{60}=25\%$，漏检率 $Q=\dfrac{5}{50}=10\%$。

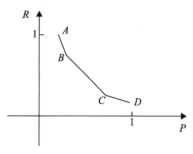

准确率和召回率之间存在什么关系呢？一个理想的搜索系统，应该是 $P=1$、$R=1$，但实际上不存在这样的搜索系统。一般来说，准确率和召回率之间存在着反变关系，即如果提高准确率，召回率往往就会下降；如果提高召回率，准确率就会下降。两者相互制约。准确率和召回率的关系如图 6-2 所示，A 点召回率很高，但是准确率很低；D 点和 A 点相反，准确率很高，召回率很低；B、C 两点是上述两种情况的折中。

图 6-2 准确率和召回率的关系

影响搜索系统准确率和召回率的主要因素如下。

1）**文档库的质量**。文档库的文档是否齐全、索引体系是否完善、检索途径的多少都会影响准确率和召回率。

2）**对检索需求的理解**。要想达到较高的召回率和准确率，就应该较好地理解需求，制定相应的检索策略。

3）**检索语言的一致性**。检索的实质是比较查询和数据库文档的一致性，所以需要不同检索人员表达检索主题的语言和数据库文档一致，更需要标识查询和标识文档的语言一致，这样才能够确保检索的准确率和召回率。

4）**标引的网罗性**。对数据库文档主题分析得越透彻，抽出的关键词就越多，检索时能够检出的相关文献就越多，召回率就越高，但准确率就会降低；反之，如果标引是只标注中心主题，检出的文档的准确率就会比较高，但是漏检会增多，召回率会降低。

5）**检索词的专指性**。检索词的词意越狭窄、越具体、越专深，检出的文档就会越对口，准确率就会越高，但命中的文档数量就越少，召回率会降低；反之，如果检索词越笼统、越宽泛，检出的文档数量就会增多，召回率就会升高，但检出的文档不相关的可能性也会增加，准确率会下降。

一个优质的搜索系统应该具备高的准确率和召回率，但并不是每个用户在任何时候都需要高准确率和召回率。用户需求可以分为以下 4 种情况。

1）**要求召回率 $R=1$**。例如申请专利、发明等，需要对全世界范围的有关文档全面了解，才能做出客观的评价，这时就需要 $R=1$ 的搜索系统。

2）**要求较高的召回率**。例如编写教材、某技术的发展综述，往往需要较全面地获得有关文档，这时对召回率要求较高，但不一定要求 $R=1$。

3）**要求较高的准确率**。例如要了解某种产品的有关信息，解决某一具体问题，往往只需要了解某一个方面或者相关信息，这时对准确率要求较高。

4）**对准确率、召回率没有具体的要求**。对于某些检索，用户本身不能够做出明确的表达，因此，对准确率和召回率也无法提出确切的要求。

如何综合评价准确率和召回率呢？一般使用 F 值度量（F-measure）综合衡量准确率和召回率。它的好处在于能够使用单一的数字综合反映系统性能，被定义为准确率和召回率的调和平均数，如公式（6-7）所示。使用调和平均数而不是数字平均数的原因是，调和平均数强调较小的值的重要性，数字平均数受极值影响较大。假设一个查询的召回率为 1，准确率为 0，数字平均数是 0.5，但调和平均数为 0，更好地评价了搜索结果。

$$F = \frac{1}{\frac{1}{2}\left(\frac{1}{P} \times \frac{1}{R}\right)} = \frac{2RP}{R+P} \tag{6-7}$$

一个查询会返回很多结果，但一般用户关注的数量是有限的，所以在计算准确率和召回率的时候不能按照所有的返回结果去统计，而是可以简单地在一些预定义的位置上计算准确率、召回率来评估此次搜索结果，这种评估方式被称作位置 p 的准确率（Precision at Rank p）。由于用户比较关心排序靠前文档的数量，最常使用的是 p@10 或者 p@20。第二种评价方法是，当召回率每增加 0.1 时，计算准确率的变化。这种方式能够评价排序结果中所有相关的文档，不只是排序靠前的文档。第三种评价方法是，计算一个额外的相关文档被检出时，平均准确率的变化情况。这种方法能够衡量所有相关文档的排序结果，同时严格依赖于排序位置靠前的相关文档。

2. 平均化和插值

以上描述的评价方法都是针对一次查询结果进行评估的，要想更加客观准确地评价检索算法的优劣，必须使用多个查询结果进行测试。本节将讨论对查询集合进行评估的方法——平均化和插值法。

平均准确率（Mean Average Precision，MAP）是综合多个查询结果进行评价的最简单的方法，就是对多次查询结果求平均，这也意味着它假设每个用户都期望找到更多相关的文档。MAP 计算方法示例如图 6-3 所示，黑色表示查询的相关文档，白色表示查询的不相关文档，查询 1 的平均准确率 =(1.0+1.0+0.67+0.75+0.6)/5=0.804，查询 2 的平均准确率 =(0+0.5+0.33+0.5+0.4)/5 ≈ 0.35。MAP=(0.804+0.35)/2=0.577。

MAP 评价方法简单，便于计算且有效，能够给出详细的搜索算法的性能，但会丢失很多文档信息。图 6-4 为两次查询的准确率 – 召回率图，其中系列 1 对应查询 1，系列 2 对应查询 2。每个查询对应的准确率 – 召回率曲线差异较大，不便于比较。为了生成一个能够综合反映查询结果的准确率 – 召回率图，我们对准确率 – 召回率的值进行平均化。该平均化的过程是将每次查询的准确率 – 召回率值转化为标准召回率等级对应的准确率。

查询1排序结果

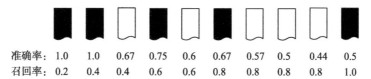

| 准确率： | 1.0 | 1.0 | 0.67 | 0.75 | 0.6 | 0.67 | 0.57 | 0.5 | 0.44 | 0.5 |
| 召回率： | 0.2 | 0.4 | 0.4 | 0.6 | 0.6 | 0.8 | 0.8 | 0.8 | 0.8 | 1.0 |

查询2排序结果

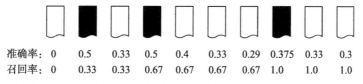

| 准确率： | 0 | 0.5 | 0.33 | 0.5 | 0.4 | 0.33 | 0.29 | 0.375 | 0.33 | 0.3 |
| 召回率： | 0 | 0.33 | 0.33 | 0.67 | 0.67 | 0.67 | 0.67 | 1.0 | 1.0 | 1.0 |

图 6-3　两次不同的查询在同一个搜索算法上的准确率和召回率

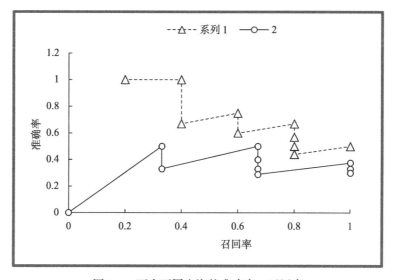

图 6-4　两次不同查询的准确率 – 召回率

标准召回率的等级在 0 到 1 之间，增量是 0.1。为了获取每个增量上的准确率，我们对图 6-4 的准确率 – 召回率数据进行插值，使每个召回率的增量等级上都有数值。在搜索评价体系中，插值法定义在任何标准召回率等级 R 处的准确率 P 为：

$$P(R)=\max\{P'; R' \geqslant R \land (R', P') \in S\} \tag{6-8}$$

其中，S 是观测点 (R, P) 的集合。

插值法和观测的准确率 – 召回率的趋势一致——单调下降，这代表着准确率的值总是随着召回率的升高而下降。插值法下的准确率 – 召回率值由最相关的文档集决定。

3. 排序靠前文档的质量

在很多搜索系统中，用户更关注排序靠前的相关文档。我们日常浏览页面时，可能不会往后翻很多页，注意力主要集中在第一页或者前两页。对于一些问答类查询，用户更倾向于直接获得一个明确的结果，这种情况下使用召回率并不合适。因此，关注搜索引擎排序结果中靠前文档的质量，在评价搜索结果的时候至关重要。

前文已经讲过计算位置 p 的准确率，其中 p 的取值一般是 10 或者 20。这种方法通过多次评价查询结果的质量，然后给出结论，计算简单。但是，其也存在一些问题，即没有对相关文档的顺序做详细区分，因此需要关注文档排列的顺序。

MRR（Mean Reciprocal Rank）是指多个查询的排名的均值，是国际上通用的对搜索结果进行评价的指标。假设有两次查询，第一次查询的第一个相关文档的排序是 2，第二次查询的第一个相关文档的排序是 5，那个根据这两次查询对搜索结果进行评价，计算方法是：1/2（1/2+1/5）=0.35。MRR 方法主要应用于寻址类检索或者问答类检索。MRR 的计算如式（6-9）所示。

$$\mathrm{MRR} = \frac{1}{|Q|} \sum_{i=1}^{|Q|} \frac{1}{\mathrm{rank}_i} \tag{6-9}$$

其中，rank_i 表示第 i 个查询的第一个正确答案的排名，Q 表示查询的次数。

对于网络搜索评价来说，DCG（Normalized Discounted Cumulative Gain）是较为常用的方法。这种方法基于两个假设：1）高相关性的文档比边缘相关的文档更重要；2）一个相关文档的排序越靠后，对用户的价值就越低，因为它们很少被用户查看。这两个假设产生了一种新的评价方法——相关性设定等级，其作为衡量文档增益的标准。这种增益是从排序靠前的结果开始计算，但靠后的排序位置上的增益会有折扣。DCG 方法就是在一个特定的位置 p 的前提下，计算文档总的增益。在介绍 DCG 之前，先描述一下 CG（Cumulative Gain），其表示前 p 个位置累计得到的增益，公式如（6-10）所示。

$$\mathrm{CG}_p = \sum_{i=1}^{p} \mathrm{rel}_i \tag{6-10}$$

其中，rel_i 表示第 i 个文档的相关度等级，比如 2 表示非常相关，1 表示相关，0 表示无关。

从 CG_p 的计算过程可以看出，它对位置信息不敏感。假设检索的三个文档相关度依次是 2、0、1 和 0、1、2，明显前者的排序更优，但是它们的 CG_p 值相同，所以要引入位置信息进行度量，既要考虑文档的相关度等级，也要考虑文档所在的位置。假设文档的位置按照从小到大排序，它们的价值依次递减，第 i 个位置的价值是 $\dfrac{1}{\log_2(i+1)}$（其中，$\log_2(i+1)$ 也是一种损失因子，通过对数可以使损失加剧或平缓），那么排在第 i 个位置的文档产生的增益为 $\mathrm{rel}_i \times \dfrac{1}{\log_2(i+1)} = \dfrac{\mathrm{rel}_i}{\log_2(i+1)}$，所以 DCG_p 的计算如公式（6-11）所示。

$$\mathrm{DCG}_p = \sum_{i=1}^{p} \frac{\mathrm{rel}_i}{\log_2(i+1)} = \mathrm{rel}_1 + \sum_{i=2}^{p} \frac{\mathrm{rel}_i}{\log_2(i+1)} \tag{6-11}$$

还有一种比较常用的计算方式——增加相关度影响比重，如公式（6-12）所示。

$$\mathrm{DCG}_p = \sum_{i=1}^{p} \frac{2^{\mathrm{rel}_i}-1}{\log_2(i+1)} \tag{6-12}$$

由于每个查询语句所能检索到的结果文档集合长度不一，p 值会对 DCG 的计算有较大的影响，因此不能对不同查询语句的 DCG 求平均，需要进行归一化处理。而 nDCG 是一个相对比值，这里使用 DCG 除以 IDCG 进行归一化处理。IDCG 的计算如式（6-13）所示。

$$\mathrm{IDCG}_p = \sum_{i=1}^{|\mathrm{rel}|} \frac{2^{\mathrm{rel}_i}-1}{\log_2(i+1)} \tag{6-13}$$

其中，|rel| 表示结果按照相关度从大到小排序，取前 p 个结果，即按照最优的方式对结果进行排序。

所以，nDCG 的计算如式（6-14）所示。

$$\mathrm{nDCG}_p = \frac{\mathrm{DCG}_p}{\mathrm{IDCG}_p} \tag{6-14}$$

下面对上述演变过程举例说明。

假设一次查询返回 6 个结果，其相关度分别是 3、3、2、1、0、2，那么 CG = 3 + 3 + 2 + 1 + 0 + 2 = 11。CG 只是对文档的相关度进行打分计算，没有关注文档所处的位置，继续计算 DCG，如表 6-1 所示。

表 6-1　DCG 计算举例

位置	相关性	位置降权	DCG
i	rel_i	$\log_2(i+1)$	$\dfrac{\mathrm{rel}_i}{\log_2(i+1)}$
1	3	1	3
2	3	1.58	1.9
3	2	2	1
4	1	2.32	0.43
5	0	2.58	0
6	2	2.8	0.71

所以，DCG=3+1.9+1+0.43+0+0.71=7.04。接下来，进行归一化计算，先计算 IDCG。假设我们实际召回了 8 个文档，除了上面的 6 个文档之外，假设第 7 个文档的相关度为 2，第 8 个文档的相关度是 0，那么理想情况下相关度的排序应该是：3、3、2、2、2、1、0、0，计算得到的 IDCG@6 如表 6-2 所示。

表 6-2 IDCG@6 计算

i	rel_i	$\log_2(i+1)$	$\dfrac{rel_i}{\log_2(i+1)}$
1	3	1	3
2	3	1.58	1.9
3	2	2	1
4	2	2.32	0.86
5	2	2.58	0.78
6	1	2.8	0.36

所以，IDCG=3+1.9+1+0.86+0.78+0.36=7.9，nDCG@6=DCG/IDCG=7.04/7.9 ≈ 89.11%。

6.3 本章小结

搜索评价是对搜索系统进行管理和改进的重要手段。本章从效率和效果两个角度对搜索系统进行综合评价。效率评价主要讲解响应时间和开销、索引量；效果评价主要讲解准确率和召回率、平均化和插值以及排序靠前文档的质量。

第三部分 *Part 3*

推荐系统的基本原理

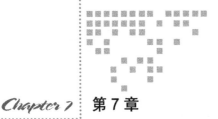

Chapter 7 第7章

推荐系统框架及原理

推荐系统作为互联网用户增长的一种手段已经广泛地应用在各大公司。其价值在于个性化和千人千面。通过比较推荐系统与搜索系统，我们可以发现在推荐系统中，用户搜索一般没有明确的目的，或者说获取信息的目的并不强烈。那么，个性化推荐就非常重要了。推荐系统的主要作用包括：一方面可以满足用户需求，提高用户活跃度以及平台与用户的黏合度；另一方面对于平台而言，不仅提升了用户体验，甚至在一定程度上解决了长尾问题。

国内最早大规模使用推荐技术的网站是豆瓣网。在 Web2.0 时代，豆瓣网依靠用户对电影的评价以及电影标签在推荐系统方面做了很多尝试，给用户带来了新鲜体验。随后外国电影租赁网站 Netflix、电商平台、微博以及现在的短视频平台等都对推荐系统青睐有加。

第 2 章已经介绍了一些推荐系统相关的内容。在此基础上，本章将介绍推荐系统的框架和运行原理，除此之外还会讲述推荐系统的冷启动问题、召回策略、特征选择以及排序过程，并讲述知识图谱在推荐系统的应用。

7.1 推荐系统的框架及运行

推荐系统关注的三大核心问题，分别是预测、排序和可解释性。预测主要是推断用户对物品的喜好程度。排序是对已经推断出的结果进行排序。可解释性是指对推荐的结果给出合理的解释，甚至可以通过关系图谱的方式展示。我们可以围绕这三大核心问题设计推荐系统的框架，也可以按照第 2 章所述内容，根据推荐系统的分类进行框架的设计。

总之，推荐系统的框架可以有所不同，系统的复杂程度也可以有所不同。但是，剥离所有业务逻辑，推荐系统的框架也是有一些共同点的。下面举例说明。

7.1.1 基本框架

一个推荐系统大致可以分为 4 层，分别为离线层、存储层、近线层和在线层。离线层：不使用实时数据，不提供实时服务。存储层：顾名思义，就是负责存储数据和索引。近线层：使用实时数据，但是不保证实时服务。在线层：使用实时数据，保证实时服务。当然，我们可以把 4 层的推荐系统简化，去掉近线层从而演变成三层的推荐系统。图 7-1 所示是一个典型的 Web 推荐架构。

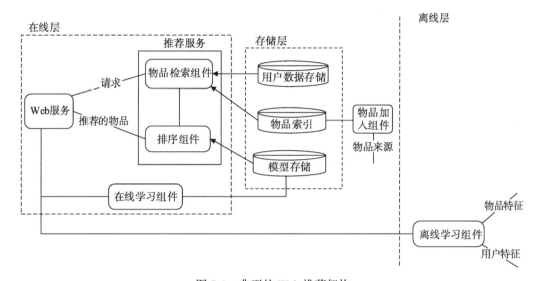

图 7-1　典型的 Web 推荐架构

最近，比较火热的推荐系统是一种基于信息流的推荐系统。这里的信息流也叫 Feed 流或者兴趣 Feed。顾名思义，Feed 流就是将内容按照个人的兴趣组织在一起。基于信息流的推荐系统又可以分为两大类：一类是基于聚合信息流的架构，另一类是基于社交动态信息流的架构。两类基于信息流的推荐系统如图 7-2、图 7-3 所示。

基于聚合信息流架构借鉴了搜索引擎的架构，在技术上需要一定改造。图 7-2 所示架构可以划分成几个模块：日志收集、内容发布、机器学习、信息流服务、监控报警。日志收集是所有排序训练的数据来源，要收集的最核心数据是用户在信息流上的行为数据，用于机器学习更新排序模型；内容发布就是用推或者拉的模式把信息流内容从源头发布到受众端；机器学习是利用收集的用户行为数据训练模型，然后为每一个用户即将收到的信息流内容打分；信息流服务是为信息流的展示前端提供服务接口；监控报警是系统的运维标配，保证系统的安全和稳定等。

比较图 7-2 和图 7-3 的架构发现，基于社交动态信息流和基于聚合信息流的推荐系统的不同之处在于产生内容的方式不同，数据分发时所依据的数据来源不同。

虽然基于聚合信息流的推荐系统会逐渐演化成基于社交动态信息流的推荐系统，从图中可以看出两种信息流的架构并不完全一样。我们也可以抽象出一些共有的架构部分。

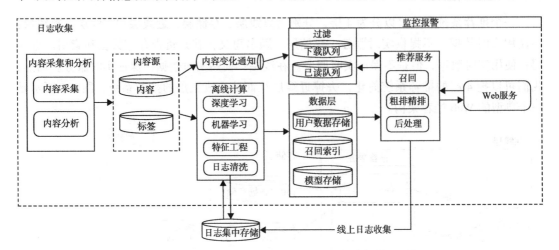

图 7-2　基于聚合信息流的架构

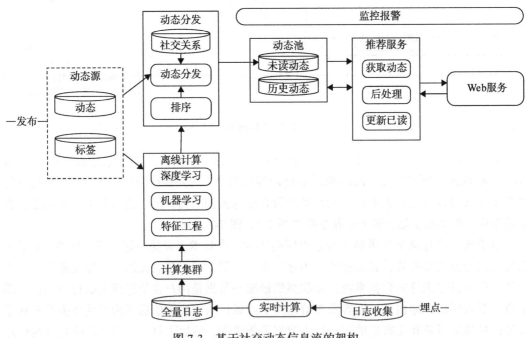

图 7-3　基于社交动态信息流的架构

7.1.2　组件及功能

　　图 7-1 中的典型的 Web 推荐架构主要由 4 部分组件组成，分别是推荐服务、存储系统、离线学习和在线学习。

推荐服务：用户从 Web 服务器上获取推荐请求，然后获取系统推荐的物品信息。

存储系统：主要作用是存储必要的数据和索引。比如存储用户特征，包括用户画像数据和用户行为数据；存储物品特征，主要包含物品的属性等；存储推荐算法模型的参数以及物品的索引。

离线学习：利用用户数据进行大量学习，由于通常需要学习的数据量大而且耗时长，因此这部分组件一般在离线环境中运行。

在线学习：利用用户的即时数据，不断实时更新一些模型参数，并逐步对模型进行调整。

7.1.3　推荐引擎是如何工作的

前文已经讲解了推荐系统的三大核心问题，同时我们知道推荐算法在整个推荐系统的地位和作用是相当重要的。下面学习推荐引擎是如何工作的。如图 7-4 所示，推荐引擎从一个大的结果集中通过协同过滤模型或者一些相关性模型或算法进行结果召回，然后把召回的结果集进行排序。排序阶段又可以细分为粗排、精排以及再排序更为细致的阶段。推荐引擎根据不同的推荐机制并利用数据源中的一部分用户数据，分析出一定的规律或者直接预测用户对其他物品或内容的喜好。这样，推荐引擎就可以给用户推荐他可能感兴趣的物品或者内容了。

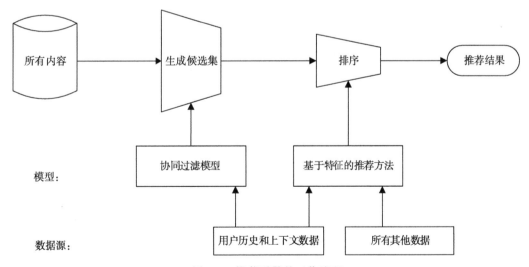

图 7-4　推荐引擎的工作流程

第 4 章中已经谈到搜索系统是如何工作的。对比搜索系统和推荐系统可知，搜索系统最重要的目标是降低延迟和提高相关性分析。推荐系统的目标不是帮助用户找到相关内容，而是希望用户消费内容。当然，搜索系统和推荐系统也有很多相似的地方。比如，推荐系统和搜索系统底层技术实现基本上是相同的。基于内容的推荐系统本质上就是一个小的搜索系统。

广告系统是一个特殊的存在。搜索系统和推荐系统都是为人找信息，而广告系统是为信息找人。广告系统在形式上更像推荐系统，在技术实现上又兼有推荐系统和搜索系统两者的特点。其实在技术实现上，我们可以将搜索系统和推荐系统进行完美的统一。图 7-5 为搜索和推荐架构统一图。对于广告系统，后续章节会展开描述。

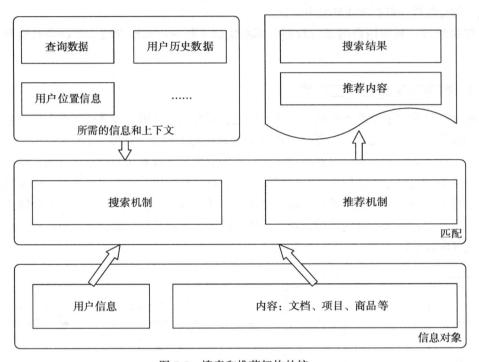

图 7-5　搜索和推荐架构的统一

7.1.4　推荐系统的经典问题

推荐系统一直存在两个比较经典的问题：探索和利用（Exploration & Exploitation，EE）、冷启动问题。关于冷启动问题，我们会在 7.2 节具体介绍。本节主要介绍探索和利用问题。探索指探索未知的领域；利用指根据当前信息，由训练的模型做出最佳的决策。实际上，探索是指做你以前从来没有做过的事情，以期望获得更高的回报；利用是指做你当前知道的、能产生最大回报的事情。

在推荐系统中为了可以准确估计每件物品的响应率，我们可以将每件候选物品展示给一部分用户，并及时收集物品的响应数据，以此对候选物品进行探索。然后，利用响应率估值较高的物品来优化目标。但是探索过程中存在机会成本，如果仅根据当前收集的数据估算物品响应率，那么，实际上候选物品可能并没有机会展示给用户，这是一个权衡和博弈的过程。

如果利用太多，那么模型比较容易陷入局部最优，但是探索太多，模型收敛速度太慢，这就是 EE 的困境。EE 问题的核心是平衡推荐系统的准确性和多样性。所以，解决 EE 问题的关键是找到一种长期收益最高，但可能对短期奖励（Short-term Reward）有损失的策略。现实中，我们可以用求解多臂赌博机（Multi-Armed Bandit，MAB）的方法来解决 EE 问题。

Bandit 算法来源于历史悠久的赌博学。事情是这样的：一个赌徒要去摇老虎机，走进赌场一看，一排老虎机外表一模一样，但是每个老虎机吐钱的概率不一样。他不知道每个老虎机吐钱的概率分布，那么每次该选择哪个老虎机来最大化收益呢？这就是 MAB 问题。Bandit 算法不是指一个算法而是指一类算法。

表 7-1 介绍了几个最常用的 Bandit 算法。

表 7-1　Bandit 算法示例

汤普森采样	UCB 算法	Epsilon- 贪婪算法
1. 每个臂是否产生收益，其背后有一个概率分布，产生收益的概率为 p 2. 重复试验，估计出一个置信度较高的概率 p 的分布 3. 计算成功（Win）与失败（Lose）的 Beta 分布，将 Win、Lose 作为 Beta 分布的参数 4. 每个臂都维护一个 Beta 分布的参数，每次试验后选中一个臂摇一下，有收益则该臂的 Win 参数增加 1，否则该臂的 Lose 参数增加 1 5. 每次选择臂的方式是：用每个臂现有的 Beta 分布产生一个随机数 b，选择所有臂产生的随机数中最大的那个臂去摇	1. 先对每一个臂尝试一遍 2. 按照下面的公式计算每一个臂的分数，然后选择分数最大的臂作为选择的对象 $$\bar{x}_j(t)+\sqrt{\frac{2\ln t}{T_{j,t}}}$$ 其中，$\bar{x}_j(t)$ 表示一个臂到当前 t 时刻的收益均值；$\sqrt{\frac{2\ln t}{T_{j,t}}}$ 叫作 Bonus，它是均值的标准差，反映了臂结果的不确定性，t 是到当前 t 时刻为止试验的次数，$T_{j,t}$ 是臂 j 到 t 时刻为止累计被选中的次数 　所以，收益均值越大，标准差越小，该臂被选中的概率越大，同时那些被选次数较少的臂也会得到试验机会	1. 选一个 (0, 1) 之间较小的数为概率 ε 2. 每次以概率 ε 在所有的臂中随机选一个，以 $1-\varepsilon$ 的概率去选择平均收益最大的那个臂 　ε 值可以平衡探索和利用。ε 越接近 0，表示探索就越保守 　实际的做法可能更为保守：先试几次，等每个臂都统计到收益之后，选均值最大的那个臂去摇

Beta 分布可以看作一个概率分布，公式为 $\text{Beta}(a,b)=\dfrac{\theta^{a-1}(1-\theta)^{b-1}}{B(a,b)}\propto\theta^{a-1}(1-\theta)^{b-1}$，其中 B 函数是一个标准化函数。

下面介绍 Bandit 算法在推荐系统中的应用。表 7-2 是推荐系统与 Bandit 算法的对应关系。

表 7-2 推荐系统与 Bandit 算法对应关系

	Bandit 算法	推荐系统
臂（Arm）	每次选择的候选项	每次推荐的候选池
回报（Reward）	选择一个臂后得到的奖励，有时也叫作收益	用户是否喜欢推荐结果，喜欢就是正面的回报，不喜欢就是负面的回报或者是零回报
环境（Context）	系统无法控制的那些因素	推荐系统面临的用户

如何衡量选择得好与坏？我们可以用一种累积遗憾的方法来衡量。

$$R_T = \sum_{i=1}^{T} w_{opt} - W_{B(i)} = TW^* - \sum_{i=1}^{T} W_{B(i)} \qquad (7\text{-}1)$$

公式（7-1）由两部分组成：一部分是遗憾，另一部分是累积。其中，$W_{B(i)}$ 表示每一次实际选择得到的回报，w_{opt} 表示假设每次运气好都能选到最好的，所能得到的回报。二者之差表示遗憾的量化。在 T 次选择后，就有了累积遗憾。在公式（7-1）中，为了简化 MAB 问题，选择每个臂的回报为伯努利回报，即每个臂的回报不是 0 就是 1。

在推荐系统中，我们常采用三类策略解决 EE 问题，包括贝叶斯方法、极小 / 极大方法以及启发式赌博方案。这里只介绍前两种方案。

1. 贝叶斯方法

贝叶斯方法解决 MAB 问题如表 7-3 所示。MAB 问题可以转化成马尔可夫决策过程（MDP）。MDP 问题的最优解需要通过动态规划（DP）的方式求解，虽然存在最优解，但是求解的成本极高。MDP 是一个研究序列决策问题的框架。其利用状态空间、奖励函数以及转移概率定义了一个序列问题。贝叶斯方法的目标是找到与 MAB 问题对应的贝叶斯最优解。

表 7-3 贝叶斯方法解决 MAB 问题

问题定义	一个 β 二项式 MDP 问题
解决方法	为了最大化奖励，玩家需要估计每条臂的中奖概率。时刻 t 的状态 θ_t 代表玩家在 t 时刻前从实验数据中收集到的信息。这个信息由每条臂的双参数 β 分布表示，即 $\theta_t = (\theta_{1t}, \cdots, \theta_{Kt})$，其中 θ_{it} 是第 i 条臂在时刻 t 的状态，$\theta_{it} = (\alpha_{it}, \gamma_{it})$ 包含臂 i 的 β 分布的两个参数，γ_{it} 表示玩家在时刻 t 前拉第 i 条臂的次数，α_{it} 为到时刻 t 为止通过拉第 i 条臂获得的总奖励。第 i 条臂的 β 分布的均值为 α_{it}/γ_{it}，方差为 $(\alpha_{it}/\gamma_{it})(1-\alpha_{it}/\gamma_{it})/(\gamma_{it}+1)$ （均值为根据当前收集到的数据计算出的玩家中奖概率的估值，方差表示概率估值的不确定性）
状态空间	玩家拉了第 i 条臂之后，通过观察输出结果，获得了关于第 i 条臂的额外信息。该信息可用于更新臂的状态，即从当前状态 θ_t 转移到新的状态 θ_{t+1}。因为有两种输出结果——中奖和未中奖，所以对应有两种新的状态：1）玩家中奖的概率 α_{it}/γ_{it}，更新臂 i 的状态，即状态从 $\theta_{it} = (\alpha_{it}, \gamma_{it})$ 到 $\theta_{it+1} = (\alpha_{it}+1, \gamma_{it}+1)$；2）玩家不中奖的概率为 $1-\alpha_{it}/\gamma_{it}$，更新臂 i 的状态，即状态从 $\theta_{it} = (\alpha_{it}, \gamma_{it})$ 到 $\theta_{i,t+1} = (\alpha_{it}, \gamma_{it}+1)$ 每次拉臂只有当前臂 i 的状态需要更新，其他所有臂 j 的状态保持不变，即 $\theta_{j,t+1} = \theta_{j,t}$，这是经典赌博问题的一个重要特征。转移概率 $p(\theta_{t+1}|\theta_t)$ 表示拉第 i 条臂之后从状态 θ_t 转移到状态 θ_{t+1} 的概率。给定当前状态，新的状态只有两种情况，因此除了这两种状态外，其他状态的转移概率都为 0

（续）

问题定义	一个 β 二项式 MDP 问题
奖励函数	奖励函数 $R_i = (\theta_t, \theta_{t+1})$ 定义了拉第 i 条臂获得的期望即时奖励
转移概率	从状态 θ_t 到状态 θ_{t+1} 的转移概率。如果臂 i 的状态从 $(\alpha_{it}, \gamma_{it})$ 转移到 $(\alpha_{it}+1, \gamma_{it}+1)$，则获得奖励
最优策略	策略 π 是一个输入为 θ_t，输出为下次要拉的臂的函数 $\pi(\theta_t)$。假设有 K 条臂，则 θ_t 是一个 $2K$ 维的非负整数向量，策略 π 需要将每个 $2K$ 维向量映射到某条臂上 这个问题可以进行如下理解：K 臂赌博机问题的最优解可以通过求解 K 个独立的单臂赌博机最优解得到。在单臂赌博机问题中，拉动一条臂耗费一定的成本，因此我们需要决定拉或不拉。单臂赌博机问题可以转化为求解基廷斯指数最高的臂，即 $\pi(\theta_t) = \arg\max_i g(\theta_{it})$，其中 $g(\theta_{it})$ 表示臂的二维状态 θ_{it} 下的成本。从上述内容可知，计算一条臂的基廷斯指数成本很高

2. 极小 / 极大方法

EE 问题也可以利用极小 / 极大方法来解决。极小 / 极大方法的核心思想是找到一种方案，使该方案的最差性能限定在合理范围内。性能可以由遗憾来衡量。假设臂中奖概率是固定的，那么中奖概率最高的臂就是最优臂。所以在 T 次拉臂后，遗憾就是拉最优臂 T 次获得的期望总奖励与根据拉臂方案获得总奖励之间的差值。

在极小 / 极大方法中，UCB 的解决方案最为流行，其通常会不断探索以降低最差性能。

7.2　推荐系统的冷启动

随着越来越多的互联网平台对推荐系统的使用以及推广，用户对于通过推荐系统获取信息的方式也越来越习惯。当用户当前搜索的历史行为为空时，推荐系统面临一个比较独特的状态，即冷启动状态。冷启动问题处理不好会导致推荐的满意度降低。针对新用户，推荐系统如何生成推荐结果，尤其在当下引入新用户的成本相当高的情况下，如何快速让新用户留存下来并转化是非常重要的。所以，对于推荐系统来说，处理冷启动问题是一门学问，也是一个难点。

推荐系统冷启动主要分为三类：用户冷启动、物品冷启动、系统冷启动。冷启动问题的解决方案可以有以下几种，比如利用热门数据、利用用户注册信息、利用第三方数据、利用物品内容属性和利用专家标注数据，如图 7-6 所示。下面举例介绍这几类冷启动问题解决方案。

1. 利用热门数据

热门数据是物品按照一定规则排序得到的排名靠前的数据，反映了大众的偏好。在某些场景下，我们可以先用热门数据作为冷启动问题的解决方案。如图 7-7 图所示，音乐播放 App 中有分类别的热门数据统计，如飙升榜、热歌榜、新歌榜。当用户切换地址信息时，"本地热歌榜" 会根据本地热门数据进行推荐。图 7-8 展示的话题也是根据热度由上往下排序。

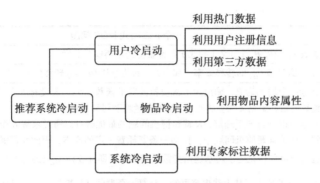

图 7-6 推荐系统冷启动问题的解决方案

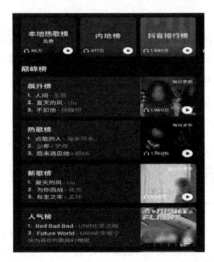

图 7-7 音乐播放器基于热门数据的推荐

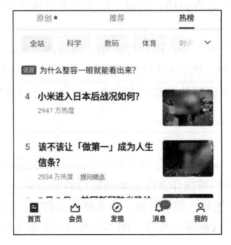

图 7-8 知乎基于话题热度的推荐

2. 利用用户注册信息

用户注册时，系统会对新用户的信息进行收集。推荐系统可以利用用户基本信息，如年龄、学历等对用户分类，然后根据用户所属分类推荐同类别下其他用户喜欢的物品；利用用户在注册过程中授权的信息，如定位信息、通讯录信息等，推荐给通讯录好友喜欢的物品等；利用用户注册过程中填的兴趣标签，推荐与标签相关物品。如图 7-9、图 7-10 和图 7-11 所示，用户在注册时，系统会请求获取定位信息、通讯权限和通讯录好友。如图 7-12 中所示，当用户勾选相应的兴趣标签后，系统在后续的推荐过程中会根据用户选取的内容进行相应推荐。这些方式都可以很好地解决冷启动问题。

图 7-9　获取用户位置信息

图 7-10　获取手机号码和通话状态权限

图 7-11　获取通讯录好友

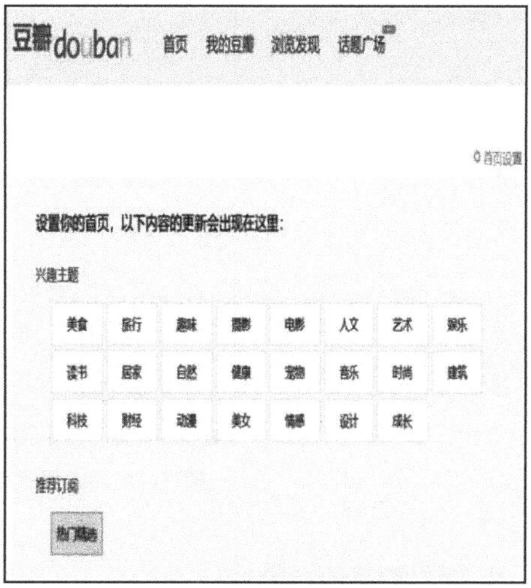

图 7-12　收集用户标签信息

3. 利用第三方数据

目前，很多网站或者 App 支持第三方账号登录，如图 7-13 所示。用户登录功能支持 QQ、微信、邮箱或者第三方账号登录。图 7-14 所示为授权登录的方式，系统可以获取第三方平台提供的相关信息，这个相关信息可能包括用户本身信息和朋友关系信息。系统通过协同过滤或者聚类等算法计算出用户的兴趣度，弥补用户冷启动所带来的推荐不足。

图 7-13　利用第三方数据实现冷启动

图 7-14　利用第三方数据解决冷启动问题

4. 利用物品内容属性

在新闻类、咨询类网站中利用物品的内容属性推荐是十分重要的。物品的内容属性分为三大类：物品本身的属性、物品的归纳属性、物品的被动属性。物品本身的属性包括标题、产出时间等。物品的归纳属性是物品的类别属性，包括类别、品牌等。物品的被动属性表示物品的被动行为的属性，如浏览、点击、评论等。由于新物品缺少被动属性，因此在进行推荐时，我们可以根据其本身属性和归纳属性推荐给喜欢同类物品的用户。如图7-15 所示，周杰伦的《说好不哭》这首歌在刚推出时，我们可以根据其本身属性（歌手、发行时间、歌曲简介等）和归纳属性（类型、流派等）找到相关歌曲，如图 7-16 所示。

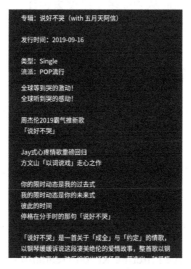

图 7-15　歌曲内容属性

图 7-16　根据属性内容推荐

5. 利用专家标注数据

有些系统在刚建立的时候，既没有用户行为数据，也没有充分的物品内容数据，因此很难进行物品相似度度量。这种情况属于系统冷启动问题，可利用专家标注解决。

以 Pandora 电台为例，从音频信息上解决相似度问题，技术实现难度较大，而仅仅使用专辑、歌手等信息，推荐效果又不是很好。Pandora 电台为了更加精准地进行推荐，聘请一批音乐专家对几万名歌手的歌曲从 400 多个维度去标注，构建每首歌曲的音乐基因向量，然后通过常见的向量相似度算法计算出歌曲的相似度。

7.3 推荐系统的召回策略

前文中讲到大型的推荐系统一般都会有两个阶段——召回和排序阶段。为什么需要召回阶段？首先是因为物品众多，系统无法为每一个用户逐一计算每一个物品的评分，这就需要召回阶段。召回阶段的作用就是圈出一部分物品，以此降低系统计算量。根据不同的业务场景，我们可以选择不同的召回策略。召回策略有很多种，比较重要的有基于行为相似的召回和基于内容相似的召回。

7.3.1 基于行为相似的召回

协同过滤算法（Collaborative Filtering Recommendation）是推荐系统最基础和最常用的算法。该算法通过分析用户的兴趣，在用户群中找出与当前用户相似的用户。但是，该算法有一个前提条件，即相似的人对于同一个事物所表现出的兴趣度是相同的。

协同过滤算法包括以下几个步骤：收集用户偏好、找到相似的用户、计算并推荐。

协同过滤算法也可分为两种：一种是基于用户（User-based CF），另一种是基于物品（Item-based CF）。下面具体讲解这两种算法。

1）User-based CF 算法的核心思想是利用用户的行为去定义与其相似的用户，即先使用统计方法寻找与当前用户有相同喜好的近邻用户，然后根据近邻用户的行为数据产生推荐结果，如图 7-17 和图 7-18 所示。

2）Item-based CF 算法的核心思想是根据用户对物品的评价，发现物品间的相似度，根据目标用户的历史偏好将类似的物品推荐给用户，如图 7-19 和图 7-20 所示。

总之，基于用户的协同过滤算法和基于物品的协同过滤算法在计算相似度步骤上是一样的。它们之间的区别在于基于用户的协同过滤计算了列向量，基于物品的协同过滤计算了行向量。行向量和列向量的转换通过转置就可以实现。

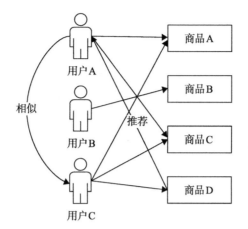

图 7-17　User-based CF 示意图

物品 用户	物品 A	物品 B	物品 C	物品 D
用户 A	√		√	推荐
用户 B		√		
用户 C	√		√	√

图 7-18　User-based CF 矩阵示意图

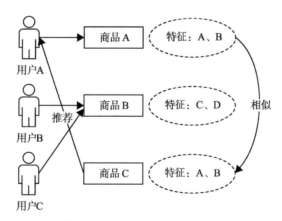

图 7-19　Item-based CF 示意图

用户 物品	用户 A	用户 B	用户 C
物品 A	√		
物品 B		√	√
物品 C	推荐		

图 7-20　Item-based CF 矩阵示意图

在计算两个用户的兴趣相似度过程中，我们可以使用以下几种方法。

1. Jacard 相似度

Jacard 相似度计算如式（7-2）所示：

$$J(A,B) = \frac{|A \cap B|}{|A \cup B|} = \frac{|A \cap B|}{|A| + |B| + |A \cap B|} \tag{7-2}$$

对于一个具体的推荐系统来讲，用户兴趣相似度计算如（7-3）所示：

$$W_{uv} = \frac{|N(u) \cap N(v)|}{|N(u) \cup N(v)|} \tag{7-3}$$

其中，u、v 表示两个不同的用户，$N(u)$ 表示用户 u 所有有过正向行为的物品集合，同理 $N(v)$ 表示用户 v 所有有过正向行为的物品集合。那么，公式（7-3）表达的是两个用户共同感兴趣的物品所占两人所有感兴趣的物品的比例，即通过共同感兴趣物品的比例来反映两人的相似度。

2. 利用余弦相似度计算

利用余弦相似度计算如式（7-4）所示：

$$C(A,B) = \frac{A \cdot B}{\|A\|^2 \times \|B\|^2} = \frac{\sum a_i b_i}{\sqrt{\sum a_i^2} \sqrt{\sum b_i^2}} \tag{7-4}$$

余弦相似度被广泛地应用到文档数据相似度的计算过程中。

这里不难看出，余弦相似度是假设用户感兴趣的物品可以由物品数量组成的多维向量表示。

在得到 u、v 两个用户的相似度之后，我们就可以通过公式（7-5）计算用户 u 对于物品的感兴趣程度：

$$P(u,i) = \sum_{v \in S(u,k) \cap N(i)} W_{uv} R_{vi} \tag{7-5}$$

$P(u,i)$ 表示用户 u 对物品 i 感兴趣的概率，其中 $S(u,k)$ 表示和用户 u 兴趣相似度最高的 K 个用户，$N(i)$ 是对物品 i 感兴趣的用户集合，W_{uv} 是用户 u、v 的相似度，R_{vi} 是用户 v 对物品 i 的正向行为的评分。

3. 欧几里得距离

欧几里得距离又称欧氏距离，主要用于计算空间中两个点的距离，衡量的是多维空间各个点之间的绝对距离。

假设 x、y 是 n 维空间的两个点，则欧几里得距离计算如式（7-6）所示：

$$d(x,y) = \sqrt{\sum_{i=1}^{n}(x_i - y_i)^2} \tag{7-6}$$

在计算相似度（比如人脸识别）的场景下，欧几里得距离是一种比较直观、常见的相似度算法。欧几里得距离越小，相似度越大；欧几里得距离越大，相似度越小。将欧几里得距离转化为相似度的计算如式（7-7）所示：

$$\text{sim}(x, y) = \frac{1}{1 + d(x, y)} \tag{7-7}$$

4. 皮尔逊相关系数

皮尔逊相关系数表示两个定距变量之间联系的紧密程度，如式（7-8）所示：

$$p(x, y) = \frac{\sum x_i y_i - n\bar{x}\,\bar{y}}{(n-1)s_x s_y} = \frac{n\sum x_i y_i - \sum x_i \sum y_i}{\sqrt{n\sum x_i^2 - \left(\sum x_i\right)^2}\sqrt{n\sum y_i^2 - \left(\sum y_i\right)^2}} \tag{7-8}$$

其中，s_x、s_y 是两个定距变量 x、y 的标准偏差。皮尔逊相关系数在 [-1, 1] 之间，-1 表示负相关，1 表示正相关。皮尔逊相关系数测量的其实是两个定距变量是否在同增同减。

除了上面介绍的几种方法外，还有其他的方法，比如 Tanimoto 系数等。

7.3.2　基于内容相似的召回

基于内容相似的召回往往又建立在对内容理解的基础上。它的核心思想是根据推荐物品的元数据或描述内容，发现物品间的相关性，然后基于用户的喜好，推荐给用户相似的物品。

内容相似度的计算方法有很多种，这里讲几个比较基础和常用的方法。

前文中提到过语言模型，这里介绍另一种语言模型 Word2Vector。这个模型概念是 Mikolov 在 2013 年提出来的。Mikolov 在 NNLM（Neural Network Language Model）模型的基础上，提出了 Word2Vector 的算法。Word2Vector 有两种训练模式，分别是 CBOW 和 Skip-gram 。在结构上，CBOW 和原 NNLM 类似，去掉了隐藏层，使投影层直接映射到了 Softmax 输出；在原理上，CBOW 和原 NNLM 一样，也是利用被估计词的上下文来预测该词的向量。但是，Skip-gram 和 CBOW 在原理上正好相反，是用某个词来预测该词的上下文。为了减少计算量，Mikolov 提出了两套解决方法，一种是 Hierarchical Softmax，另一种是 Negative Sampling。

Hierarchical Softmax 是把输出层改造成基于词频设计的 Huffman Tree，用叶子节点表示每个词，通过根节点到词的路径为词编码，从而计算得到每个词的词向量。词频越高，离 Tree 的根节点越近，则该词更加容易被搜索到。

尽管分层 Softmax 在计算上已经达到了实用的程度，但是 Mikolov 依然对计算速度不够满意，于是在简化噪声对比估计的基础上，得到 Negative Sampling 方法，以代替分层 Softmax 的 Huffman Tree 结构。

1. Huffman 编码与 Huffman tree

Huffman Tree 是带权重的最优二叉树,即构造一棵二叉树,使带权重的路径长度值最小。权重越大的节点离根节点的路径距离就越短;反之,离根节点的路径距离也就越长。

Huffman Tree 的构造方法如下。

1)假设存在 n 个权重值的序列 $\theta = \{\theta_1, \theta_2, \cdots, \theta_n\}$,每一个权重可以视为一棵单独的树。

2)从大到小为权重序列重新排序,找出权重相对最小的两棵树作为左右子树,构造出一棵新的二叉树。我们可以指定左右子树哪个权重更小一些(比如左边比右边小)。新的二叉树的根节点的权重是两个子节点权重的和。

3)在原权重序列中删除已经合并的树,并加入新的树。

4)重复第 2 步和第 3 步,直到序列中只有一棵树为止。

如果给出一句话 "我" "爱" "北京" "天安门",它们在整篇文章中的出现频率分别是 1、3、4,把词出现的频率当作权重来构建一棵 Huffman Tree,具体步骤如图 7-21 所示。

1)根据构建 Huffman Tree 的步骤,首先挑取权重相对最小的两个值(1 和 2)作为左右子树,然后合并构建新的二叉树(权重小的为左子树,大的为右子树),新的二叉树根节点值为 3,并删去原来的 1 和 2,用新二叉树代替。

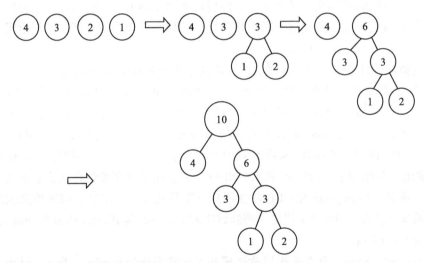

图 7-21　利用权重值构建简单的 Huffman Tree

2)在新的集合中挑选两个最小的权重为左右子树,即两个 3,合并两个子树构成新的二叉树,它的根节点的权重值是 6。删去旧的部分,加入新的二叉树,得到第二步。

3)在新的集合,4 和根节点为 6 的二叉树中,4 较小作为左子树,6 较大作为右子树,它们新的根节点为 10。删去旧的部分,只留下新的二叉树。我们发现只有新的二叉树存在。新的二叉树即所求的 Huffman Tree。我们也可以使用 Huffman 编码的方式来表示 Huffman Tree。下面再来看看 Huffman 编码的构造方法。这里举一个例子。

Huffman Tree 在构造的过程中统一给出左右子树大小的约定，在本节中左子树比右子树的权重值小。如果采用二进制编码的方式，左节点标识为 0，右节点标识为 1。根据这个规则我们尝试为"我""爱""北京""天安门"4 个词找出它们的 Huffman 编码，如图 7-22 所示。

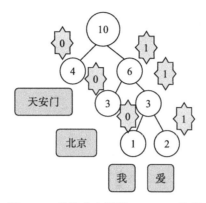

图 7-22　构造中文词的 Huffman 编码

"我"对应的编码为 110，"爱"对应的编码为 111，"北京"对应的编码为 10，"天安门"对应的编码为 0；很显然字符出现频率小编码就长，出现频率高编码就短，这样保证了此树的带权路径长度，效果上就是传送报文的最短长度。

2. CBOW-Hierarchical Softmax

CBOW（Continuous Bag-Of-Words Model）模型只包括了输入层、投影层和输出层。如果已知当前词是 w_t，上下文词是 w_{t-2}、w_{t-1}、w_{t+1}、w_{t+2}。模型 CBOW 可以看作是利用上下文 w_{t-2}、w_{t-1}、w_{t+1}、w_{t+2} 来预测当前词 w_t 的模型，如图 7-23 所示。

根据之前的介绍可以知道，计算每个词的词向量只和这个词与其对应的上下文有关系，即与（Context(w), w）有关。一般，我们可以给定一个范围来限制这个词的上下文 Context(w)。目标函数可以用对数似然函数来描述，公式如（7-9）所示：

$$\mathcal{L} = \sum_{w \in C} \log p(w \mid \text{Context}(w)) \tag{7-9}$$

CBOW-Hierarchical Softmax 模型框架如图 7-24 所示。

1）输入层：所求词 w 的上下文 Context(w) 中 2c 个词的词向量如公式（7-10）所示，每个词向量都给定固定的维度 m，并作为输入层的输入数据。

$$v(\text{Context}(w)_1), \cdots, v(\text{Context}(w)_{2c}) \tag{7-10}$$

2）投影层：输入层的 2c 个词向量在投影层做加和计算，生成累加向量 $X_w = \sum_{i=1}^{2c} v(\text{Context}(w)_i) \in R^m$。

3）输出层：输出层在 Hierarchical Softmax 模型中对应一棵 Huffman Tree。

Huffman Tree 的叶子节点为语料中出现过的词，构造 Huffman Tree 的权重值为这个词在语料中的词频。如果词典中词的个数为 N，那么叶子的节点数也是 N，非叶子节点的数目为 N–1 个。

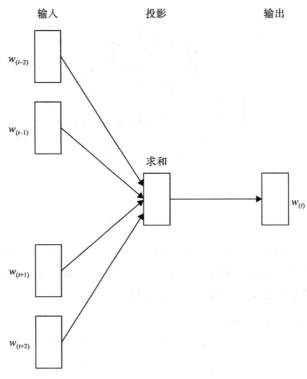

图 7-23　CBOW 模型

Hierarchical Softmax 比简单的 Softmax 计算要简单。假设词典的个数是 N，那么 Hierarchical Softmax 不需要像 Softmax 那样计算所有词的打分，只需要计算根节点到叶子节点路径的概率。路径最大的深度是 $\text{Log}(N)$。时间复杂度可从 $O(N)$ 降到 $O(\log N)$。

对于两个模型来说，我们最后的目标就是优化目标函数，得到最大值：

$$\mathcal{L} = \sum_{w \in C} \log P(w \,|\, \text{Context}(w)) \qquad (7\text{-}11)$$

当输出层是简单的 Softmax，那么似然函数可以表示为：

$$P(w \,|\, \text{Context}(w)) = \frac{\exp(e(w)X_w)}{\sum_{w' \in D} \exp(e(w')X_w)} \qquad (7\text{-}12)$$

其中，$e(w)$、$e(w')$ 是未知参数，可以用子最大似然函数的方法进行求解。

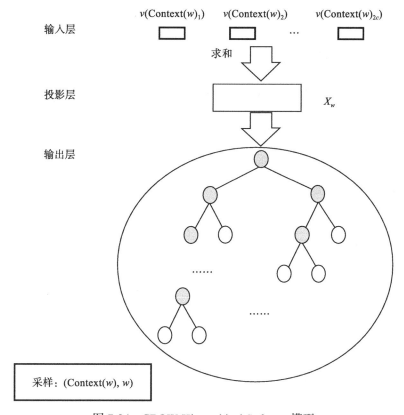

图 7-24　CBOW-Hierarchical Softmax 模型

当输出层是 Hierarchical Softmax，则 Huffman Tree 上所有非叶子节点 θ 可以看作是一个二分类。如果用 d_j 表示二叉树路径，$d_j = 0$ 表示左边，$d_j = 1$ 表示右边，那么：

$$p(d_j = 0 | X_w, \theta) = \sigma(X_w\theta)$$

$$p(d_j = 1 | X_w, \theta) = 1 - \sigma(X_w\theta)$$

其中，$\sigma(X_w\theta) = \dfrac{1}{1 + \mathrm{e}^{-X_w\theta}}$ 利用逻辑回归计算概率的正样本。

似然函数可以写成：

$$P(w | \mathrm{Context}(w)) = \prod_{j=2}^{l^w} p(d_j^w | X_w, \theta_{j-1}^w) \tag{7-13}$$

其中，l^w 是到任意词 w 路径上节点的个数，
由于

$$p(d_j^w | X_w, \theta_{j-1}^w) = \left[\sigma(X_w^T\theta_{j-1}^w)\right]^{1-d_j^w} \left[1 - \sigma(X_w^T\theta_{j-1}^w)\right]^{d_j^w} \tag{7-14}$$

则最终得到目标函数为：

$$\mathcal{L} = \sum_{w \in C} \log \prod_{j=2}^{l^w} \left\{ \left[\sigma(X_w^T \theta_{j-1}^w) \right]^{1-d_j^w} \left[1 - \sigma(X_w^T \theta_{j-1}^w) \right]^{d_j^w} \right\}$$

$$\mathcal{L} = \sum_{w \in C} \sum_{j=2}^{l^w} \left\{ (1-d_j^w) \log \left[\sigma(X_w^T \theta_{j-1}^w) \right] + d_j^w \log \left[1 - \sigma(X_w^T \theta_{j-1}^w) \right] \right\} \quad (7\text{-}15)$$

两边取 log 计算，$\mathcal{L}(w,j)$ 表示用来进行梯度计算的累加式：

$$\mathcal{L}(w,j) = (1-d_j^w) \log \left[\sigma(X_w^T \theta_{j-1}^w) \right] + d_j^w \log \left[1 - \sigma(X_w^T \theta_{j-1}^w) \right] \quad (7\text{-}16)$$

对未知参数 θ_{j-1}^w 进行微分：

$$\frac{\partial \mathcal{L}(w,j)}{\partial \theta_{j-1}^w} = \frac{\partial}{\partial \theta_{j-1}^w} \left\{ (1-d_j^w) \log \left[\sigma(X_w^T \theta_{j-1}^w) \right] + d_j^w \log \left[1 - \sigma(X_w^T \theta_{j-1}^w) \right] \right\}$$

$$= \left\{ (1-d_j^w) \left[1 - \sigma(X_w^T \theta_{j-1}^w) \right] - d_j^w \sigma(X_w^T \theta_{j-1}^w) \right\} X_w$$

$$= \left[1 - d_j^w - \sigma(X_w^T \theta_{j-1}^w) \right] X_w \quad (7\text{-}17)$$

θ_{j-1}^w 的迭代优化公式如下，η 为学习率：

$$\theta_{j-1}^w := \theta_{j-1}^w + \eta \left[1 - d_j^w - \sigma(X_w^T \theta_{j-1}^w) \right] X_w \quad (7\text{-}18)$$

对未知参数 X_w 进行微分：

$$\frac{\partial \mathcal{L}(w,j)}{\partial X_w} = [1 - d_j^w - \sigma(X_w^T \theta_{j-1}^w)] \theta_{j-1}^w \quad (7\text{-}19)$$

$v(\tilde{w})$ 的迭代优化公式如下：

$$v(\tilde{w}) := v(\tilde{w}) + \eta \sum_{j=2}^{l^w} \left[1 - d_j^w - \sigma(X_w^T \theta_{j-1}^w) \right] \theta_{j-1}^w \quad (7\text{-}20)$$

3. Skip-Gram-Hierarchical Softmax

如图 7-25 所示，Continuous Skip-Gram 模型和 CBOW 一样，也包括输入层、投影层和输出层。如果已知当前词是 w_t，则上下文词是 w_{t-2}、w_{t-1}、w_{t+1}、w_{t+2}。Skip-Gram 可以看作是利用当前词 w_t 来预测上下文 w_{t-2}、w_{t-1}、w_{t+1}、w_{t+2} 的模型，和 CBOW 的输入和预测正好相反。

对于 Hierarchical Softmax 的 Skip-Gram 模型来讲，其需要优化的目标似然函数是：

$$\mathcal{L} = \sum_{w \in C} \log p(\text{Context}(w)|w) \quad (7\text{-}21)$$

$$\mathcal{L} = \sum_{w \in C} \log \prod_{u \in \text{Context}(w)} p(u \mid w) \quad (7\text{-}22)$$

利用 Hierarchical Softmax 来表示 $p(u|w)$，则：

$$\mathcal{L} = \sum_{w \in C} \log \prod_{u \in \text{Context}(w)} \prod_{j=2}^{l^u} p(d_j^u \mid v(w), \theta_{j-1}^u) \tag{7-23}$$

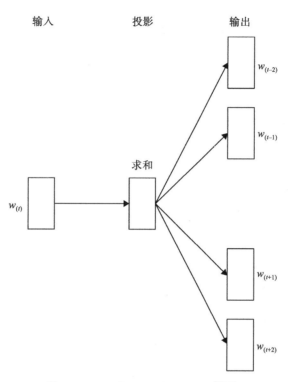

图 7-25　Continuous Skip-Gram 模型

因为

$$p(d_j^u|v(w), \theta_{j-1}^u) = \left[\sigma(v(w)^T \theta_{j-1}^u)\right]^{1-d_j^u} \left[1 - \sigma(v(w)^T \theta_{j-1}^u)\right]^{d_j^u} \tag{7-24}$$

替换后有

$$\mathcal{L} = \sum_{w \in C} \log \prod_{u \in \text{Context}(w)} \prod_{j=2}^{l^u} \left\{ \left[\sigma(v(w)^T \theta_{j-1}^u)\right]^{1-d_j^u} \left[1 - \sigma(v(w)^T \theta_{j-1}^u)\right]^{d_j^u} \right\} \tag{7-25}$$

$$\mathcal{L} = \sum_{w \in C} \sum_{u \in \text{Context}(w)} \sum_{j=2}^{l^u} \left\{ (1-d_j^u)\log\left[\sigma(v(w)^T \theta_{j-1}^u)\right] + d_j^u \log\left[1 - \sigma(v(w)^T \theta_{j-1}^u)\right] \right\} \tag{7-26}$$

$\mathcal{L}(w, u, j)$ 表示梯度计算的累加式，将其对 θ_{j-1}^u 微分：

$$\frac{\partial \mathcal{L}(w,u,j)}{\partial \theta_{j-1}^u} = \frac{\partial}{\partial \theta_{j-1}^u}\left\{(1-d_j^u)\log\left[\sigma(v(w)^T\theta_{j-1}^u)\right] + d_j^u\log\left[1-\sigma(v(w)^T\theta_{j-1}^u)\right]\right\}$$

$$= (1-d_j^u)\left[1-\sigma(v(w)^T\theta_{j-1}^u)\right]v(w) - d_j^u\sigma(v(w)^T\theta_{j-1}^u)v(w)$$

$$= (1-d_j^u-\sigma(v(w)^T\theta_{j-1}^u))v(w) \qquad (7\text{-}27)$$

θ_{j-1}^u 的迭代优化公式：

$$\theta_{j-1}^u := \theta_{j-1}^u + \eta\left[(1-d_j^u-\sigma(v(w)^T\theta_{j-1}^u))\right]v(w) \qquad (7\text{-}28)$$

其中，η 为学习率。

$\mathcal{L}(w,u,j)$ 表示梯度计算的累加式，将其对 $v(w)$ 微分：

$$\frac{\partial \mathcal{L}(w,u,j)}{\partial v(w)} = \left[1-d_j^u-\sigma(v(w)^T\theta_{j-1}^u)\right]\theta_{j-1}^u \qquad (7\text{-}29)$$

$v(w)$ 的迭代优化公式：

$$v(w) := v(w) + \eta \sum_{u\in\text{Context}(w)}\sum_{j=2}^{l^u}\left[1-d_j^u-\sigma(v(w)^T\theta_{j-1}^u)\right]\theta_{j-1}^u \qquad (7\text{-}30)$$

7.4 推荐系统排序

前文中已经讲到，推荐系统和搜索系统一样，同样也分为召回和排序过程。目前，业界主流的推荐系统的排序过程也是采用特征选择的方法，与搜索以及广告系统的排序学习是一致的。所以，这里会重点讲解一下特征选择的排序过程。

7.4.1 特征选择的方法

排序之前，我们需要考虑影响排序的特征。特征选取的优劣最终会影响到用户体验。工业界的认识是：数据和特征决定了机器学习的上限，而模型和算法只是用于无限地逼近这个上限。先来给特征工程下一个定义：特征工程的本质是一项工程活动，目的是从原始数据中提取供算法和模型使用的有效数据。下面给出一张特征工程示意图，如图 7-26 所示。

特征工程中特征处理是最核心的部分。特征处理可以分为数据预处理、特征清洗。而我们所说的特征通常可以分为基础特征和组合特征。

基础特征包括但不限于用户的基础信息，比如用户的性别、年龄、身高、生日和注册时间等；用户的输入内容，比如一些平台建议用户填写的兴趣标签、用户自身的描述信息和用户的评论信息等；用户的行为信息，比如用户的登录信息、登录时间段、使用时长、对物品的评价、物品页面的停留信息和物品页面的点击信息等。这些特征又可以根据不同的标签、类别、时间属性和位置信息等再次分割成更细微的特征。我们将这些特征归类为基础特征主要是因为它们通常是在产品日志中直接产生的，其中不少直接对推荐结果产生不可忽略的影响，但是有些不能直接使用，这就需要组合特征的存在。

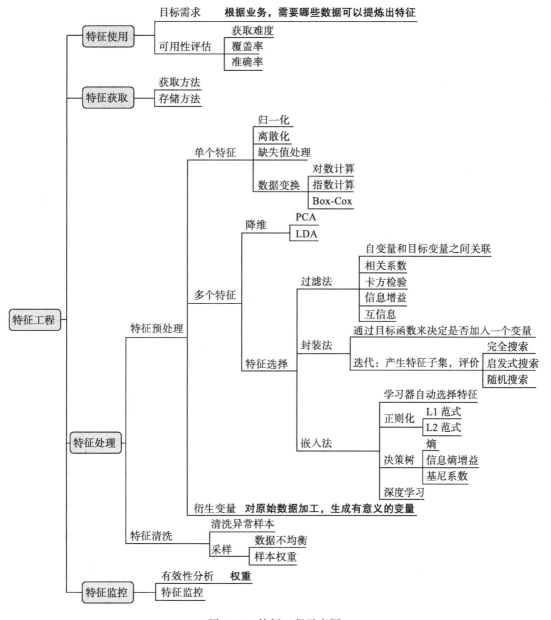

图 7-26　特征工程示意图

组合特征主要是通过对基础特征乃至组合特征本身不断再组合的方式产生的特征。组合方法主要包括分箱、分解类别特征再组合、加减乘除、平方、开平方等。在不同的推荐模型下，对特征的选取以及再加工过程也不同。比如业界常用的线性模型 LR，在使用的时候其实要求所有选用的特征都与预测的目标线性相关，所以在进行特征工程的时候，对组合特征的使用更为频繁及复杂。而在深度交叉模型中如 Deep FM，对高阶组合特征的生成更依赖模型本身。但是，这并不代表深度交叉模型中，特征的选取与特征工程就不再重要，还是需要根据生产场景，选择不同的侧重点进行挖掘。

在生成了特征之后，特征验证也是一个比较重要的工作。由于生产场景的不同，生成的特征中往往存在不用或者暂时不可用的情况，这需要我们在一开始就将这类特征排除，以减少后面的工作，进而优化特征生产的流程等。

1. 特征预处理

经过特征提取，我们可以得到未经处理的特征，这些特征数据可能有一些问题，不能直接使用。存在的问题总结如下。

1）**不属于同一量纲**。特征的规格不一致，不能放到一起。

2）**信息冗余**。对于某些定量特征，其包含的信息没有按区间划分。如征婚对象的高度，如果只关心合适、不合适可以转换为 1 和 0 表示。

3）**定性特征不能直接使用**。某些机器学习算法只能接受定量特征的输入，那么需要将定性特征转换为定量特征。最简单的方式是为每一种定性值指定一个定量值。通常使用哑编码的方式将定性特征转换为定量特征：假设有 N 种定性值，则将这一个特征扩展为 N 种特征，当原始特征值为第 i 种定性值时，第 i 个扩展特征值为 1，其他扩展特征值为 0。哑编码的方式相比直接指定的方式，不用增加调参的工作。对于线性模型来说，其使用哑编码后的特征可达到非线性的效果。

4）**特征存在缺失值**。缺失值需要补充。

5）**信息利用率低**。不同的机器学习算法对数据中信息的利用是不同的，之前提到在线性模型中，使用对定性特征哑编码可以达到非线性的效果。类似地，对定量变量多项式化，或者进行其他的转换，都能达到非线性的效果。

因为有上面这些问题的存在，我们有一些特别的方法进行特征处理。

（1）无量纲化特征处理

对于无量纲化数据的处理可以采用标准化和区间缩放法进行处理。标准化处理的前提是特征服从正态分布，标准化后的特征服从标准正态分布。区间缩放法是利用边界值信息，将特征值缩放到某个范围。

标准化需要计算特征的均值和标准差。

$$y_i = \frac{x_i - \bar{x}}{s} \tag{7-31}$$

这里 $\bar{x} = \dfrac{1}{n}\sum_{i=1}^{n}x_i$，$s = \sqrt{\dfrac{1}{n-1}\sum_{i=1}^{n}(x_i - \bar{x})^2}$。在代码实现过程中，sklearn 中 preproccessing 库提供了对数据进行标准化操作的方法，代码如下：

```
from sklearn.preprocessing import StandardScaler
StandardScaler().fit_transform(input_data)
```

区间缩放实现方法如下：

$$y_i = \frac{x_i - \min\limits_{1 \leqslant j \leqslant n}\{x_j\}}{\max\limits_{1 \leqslant j \leqslant n}\{x_j\} - \min\limits_{1 \leqslant j \leqslant n}\{x_j\}} \qquad (7\text{-}32)$$

其中，max 是样本数据的最大值，min 是样本数据的最小值。

代码实现如下：

```
from sklearn.preprocessing import StandardScaler
MinMaxScaler().fit_transform(input_data)
```

（2）对定量特征二值化

对定量特征二值化的核心在于设定一个阈值，大于阈值的赋值为 1，小于阈值的赋值为 0，即

$$y' = \begin{cases} 1, & x > \theta \\ 0, & x \leqslant \theta \end{cases} \qquad (7\text{-}33)$$

代码实现如下：

```
from sklearn.preprocessing import Binarizer
# 二值化，阈值设置为 3，返回值为二值化后的数据
Binarizer(threshold=3).fit_transform(input_data)
```

（3）对特定性特征哑编码

有些情况，我们需要对数据集根据特定特征进行哑编码。代码实现如下：

```
from sklearn.preprocessing import OneHotEncoder
# 哑编码，返回值为哑编码后的数据
OneHotEncoder().fit_transform(input_data..target.reshape((-1,1)))
```

特征的预处理还包括对缺失值的计算、数据变换等。在具体工程实践中，我们可以根据实际业务场景进行相应的处理。下面再讲讲特征选择的一些方法。

2. 特征选择

常用的特征选取方法主要包括过滤法、封装法、嵌入法。

过滤法：即按照相关性对各个特征进行评分，设定阈值或者待选阈值的个数，选择特征。例如方差选择法：先计算各个特征的方差，然后根据阈值，选择方差大于阈值的特征；相关系数法：将 P 值作为评分标准，选择 K 个特征值；卡方检验和互信息法等。

方差选择法实现代码如下：

```
rom sklearn.feature_selection import VarianceThreshold
# 方差选择法,返回值为特征选择后的数据
# 参数 threshold 为方差的阈值
VarianceThreshold(threshold=3).fit_transform(input_data)
```

用 sklearn 中 feature_selection 库的 SelectKBest 类结合相关系数选择特征的代码如下:

```
from sklearn.feature_selection import SelectKBest
from scipy.stats import pearsonr
# 选择 K 个最好的特征,返回选择特征后的数据
# 第一个参数为评估特征是否好的函数,该函数输入特征矩阵和目标向量
# 输出二元组(评分,P值)的数组,数组第 i 项为第 i 个特征的评分和 P 值,在此定义为计算相关系数
# 参数 k 为选择的特征个数
SelectKBest(lambda X, Y: array(map(lambda x:pearsonr(x, Y), X.T)).T, k=2).fit_
    transform(input_data, input.target)
```

卡方检验是检验两个变量之间是否拟合的一种实验方法。它的计算方法如下:

$$\chi^2 = \sum \frac{(A-E)^2}{E} \tag{7-34}$$

这里,A 表示实际值,E 是理论值,差值衡量了理论和实际的差异程度。

卡方检验实现代码如下:

```
from sklearn.feature_selection import SelectKBest
from sklearn.feature_selection import chi2
# 选择 k 个最好的特征,返回选择特征后的数据
SelectKBest(chi2, k=2).fit_transform(input_data, input_target)
```

互信息方法也是评价两个变量之间相关性的方法,计算公式如下:

$$I(X;Y) = \sum_{x \in X} \sum_{y \in Y} p(x,y) \log \frac{p(x,y)}{p(x)p(y)} \tag{7-35}$$

封装法:对于备选特征,每次在模型中选择或者删除部分特征,基于现有的评价标准,利用模型或者评分标准去评价变动特征对结果的影响,反向选择特征。

嵌入法:先使用某些机器学习算法进行训练,得到各个特征的权重,再根据权重从小到大选择特征。

7.4.2　推荐系统的排序过程

在拥有了备选数据集和大量确定的特征之后,我们进入推荐系统的排序阶段。推荐排序问题和搜索排序问题完全一致。第 5 章已经介绍过排序学习的一些基本理论知识。排序学习可以分为单文档方法、文档对方法和文档列表方法。在实际的应用过程中,我们会把排序模型分为线性模型、树模型、深度学习模型,以及它们之间的组合模型等。业界普遍认为的模型迭代是从早期的线性模型 LR,到引入自动二阶交叉特征的 FM 和 FFM,再到非线性树模型 GBDT 和 GBDT+LR,然后到深度学习模型,如图 7-27 所示。

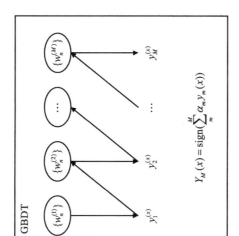

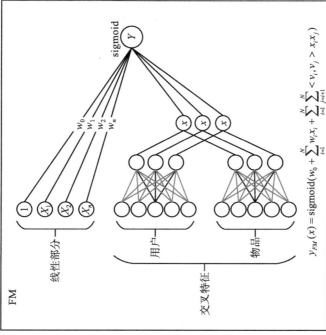

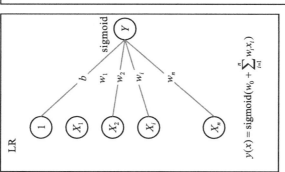

图 7-27 几种传统排序模型结构

这里主要是比较一下传统机器学习模型的优缺点。

1）LR 模型的优点是可解释性强。通常，排序模型良好的可解释性是业界比较在意的指标。但是，LR 需要依赖大量人工挖掘特征，而且有限的特征组合无法提供较强的表达能力。

2）FM 在 LR 的基础之上做了改进，引入了交叉项作为特征，可以减少人工特征挖掘的过程，捕捉更多的信息。但是，FM 模型只能捕捉两两特征间的关系，无法获得更高阶的交叉特征。

3）GBDT 是一个提升模型，它通过组合多个弱模型拟合残差得到一个更强的模型。GBDT 属于树模型，能够很好地挖掘组合高阶特征，具有一定可解释性。但是，它对高维度稀疏特征、时间序列特征处理得不是很好。

随着业务场景的扩展，在传统模型上优化和收益将会受限。与此同时，海量数据、知识图谱等多维度特征的引入，使传统的排序学习继续向深度学习模型发展。前文中也提到了几个深度学习模型实例，这里具体讲讲深度学习模型优势。

1）**强大的模型拟合能力**。深度学习模型包含多个隐藏层和隐藏结点，配合非线性激活函数可以模仿神经细胞工作方式去拟合任何函数。

2）**强大的特征表征和泛化能力**。深度学习模型可以处理很多传统模型无法处理的特征。例如深度学习模型可以直接从海量训练样本中学习到高维稀疏特征的隐含信息，并通过嵌入的方式表征；对于文本、序列特征以及图像特征，深度学习模型均可处理。

3）**自动组合和发现特征的能力**。华为提出的 Deep FM 以及 Google 提出的 Deep Cross 网络模型可以自动组合特征，代替大量人工组合特征。

当然，深度学习模型也存在一些现实问题。比如深度学习的黑盒属性会带来巨大的解释成本，也会带来一些业务问题。比如，对于负例的快速响应、模型是否能充分学习无从得知。但是，我们相信深度学习一定是推荐系统发展的方向。

7.5 基于知识图谱的推荐系统

知识图谱是认知智能的重要一环，知识赋能的智能推荐将成为未来推荐系统的主流。智能推荐可以表现在多个方面，包括场景化推荐、任务型推荐、冷启动场景下推荐、跨领域推荐、知识型推荐等。

1）**场景化推荐**。比如在淘宝上搜"沙滩裤""沙滩鞋"，通过这些搜索词，系统可以推测用户近期去海边度假，可以按照这个场景推荐防晒霜、草帽、遮阳帽等。

2）**任务型推荐**。用户购买了羊肉卷、火锅底料等，系统可以根据完成涮火锅任务所需物品进行推荐，比如推荐火锅、电磁炉等。

3）**冷启动场景下的推荐**。这是推荐领域比较棘手的问题。我们可以通过知识图谱解决推荐系统数据稀疏及冷启动问题。

4）**跨领域的推荐**。现在流量入口成为吸金入口，各大网站纷纷寻找新的模型进行流量变现。做好垂类的知识图谱以及打通多个知识图谱具有一定的经济效益。比如，如果一个短视频用户经常晒风景照片或视频，那么平台可以考虑为该用户推荐一些淘宝的登山装备。再比如百科知识图谱告诉我们九寨沟是个风景名胜区，旅游需要登山装备，登山装备包括登山杖、登山鞋等，从而实现跨领域推荐。

我们知道推荐系统的最大瓶颈是推荐的可解释性差。现实中，图是解释万物的基础。多种关系的交织可以组成一张图。知识图谱正好以关系图将现实中的实体连接起来。所以，知识图谱必定是推荐系统一个强大的技术支持。Hulu 推荐系统中知识图谱的可解释过程如图 7-28 所示。

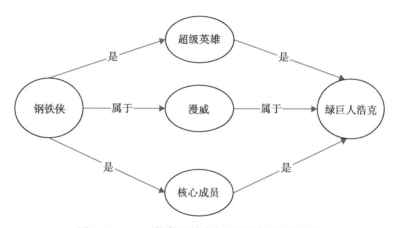

图 7-28　Hulu 推荐系统中知识图谱可解释过程

在图 7-28 中，如果用户 A 观看了电影《钢铁侠》，系统会主动为他推荐漫威的另一部经典电影系列《绿巨人浩克》。为什么系统会这样为他推荐呢？看一下在知识图谱中《钢铁侠》和《绿巨人浩克》的关系。首先钢铁侠和浩克都是超级英雄，其次这两个人物角色都是漫威所创造出来的，更重要的是钢铁侠和浩克都是"复仇者联盟"的核心成员。

我们可以通过三种方式将知识图谱引入推荐系统。

依次学习：首先使用知识图谱得到实体向量和关系向量，然后将这些低维向量引入推荐系统，学习得到用户向量和物品向量，如图 7-29 所示。

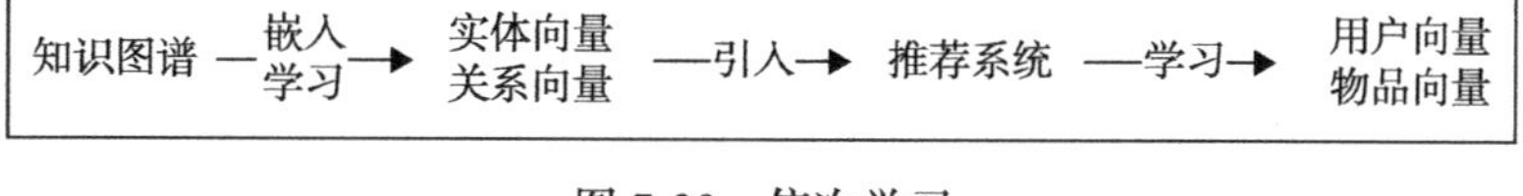

图 7-29　依次学习

联合学习：将知识图谱的特征学习和推荐算法的目标函数结合，使用端到端的方法进行联合学习，如图 7-30 所示。

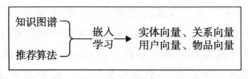

图 7-30 联合学习

交替学习：将知识图谱和推荐算法视为两个分离但又相关的任务，使用多任务学习的框架进行交替学习，如图 7-31 所示。

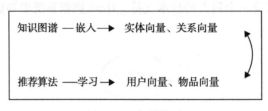

图 7-31 交替学习

7.6 本章小结

本章主要讲述推荐系统的框架和原理，首先介绍推荐系统各部分组件、组件功能以及组件之间如何配合完成运作；其次描述推荐系统冷启动问题；然后分别讲解基于行为相似和基于内容相似的推荐系统召回策略；接着详解推荐系统中特征选择和排序过程中的要点；最后讲述知识图谱在推荐系统中的应用。

推荐系统的主要算法

前面的章节曾提到在排序阶段搜索系统和推荐系统所使用的算法有相似之处。本章将在前面章节的基础上讲解推荐和搜索系统中常用的一些主要算法。本章介绍思路如下：从协同模型推广到矩阵分解，从第 5 章介绍的 LR 模型推广到其他线性模型如 FM 和 FFM，从第 5 章介绍的树模型和集成模型推广到其他树模型和集成算法模型，以及深度学习模型 Wide&Deep、Deep FM。

8.1 矩阵分解

基于协同的模型都属于近邻分析模型，但是近邻分析模型又存在一些明显的问题。物品之间的相关性、信息量不因向量维度的增加而线性增加。由于矩阵的维度可能包含类别特征 one-hot 编码后的属性，矩阵内部的数据较为稀疏，而矩阵维度的变化对近邻分析结果的影响很大，因此一般采用矩阵分解的方式求解近邻分析模型。

矩阵分解的本质是将一个稀疏且维度较高的矩阵拆解为维度较低的两个矩阵的乘积，如图 8-1 所示。

假设用户对物品的评价矩阵是 $R_{m \times n}$，即有 m 个用户，n 个物品，则可以分解为：

$$R_{m \times n} = P_{m \times k} Q_{k \times n} \qquad (8\text{-}1)$$

在了解了矩阵分解原理之后，我们再来看看奇异值分解是如何利用矩阵分解解决问题的。

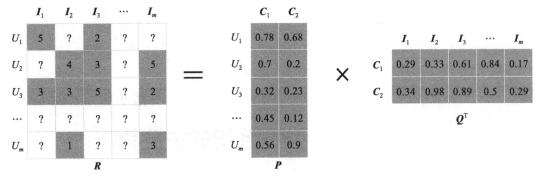

图 8-1 矩阵分解

8.1.1 奇异值分解

矩阵分解是把用户和物品映射到一个 k 维空间，这个 k 维空间被称为隐因子，物理含义是隐藏在矩阵数据背后的规律。

例：用户 u 的向量是 $\boldsymbol{p}_u$，物品 i 的向量是 $\boldsymbol{q}_i$，那么，将物品 i 推荐给用户 u 的推荐分数为：

$$\hat{r}_{ui} = \boldsymbol{p}_u \boldsymbol{q}_i^{\mathrm{T}} = \sum_k p_{uk} q_{ik} \tag{8-2}$$

在机器学习中，奇异值分解（Singular Value Decomposition，SVD）算法的损失函数为：

$$J = \min_{q^*, p^*} \sum_{(u,i) \in k} (r_{ui} - \hat{r}_{ui})^2 + \lambda(\|\boldsymbol{q}_i\|^2 + \|\boldsymbol{p}_u\|^2) \tag{8-3}$$

在公式（8-3）中，SVD 的损失函数由两部分组成：$(r_{ui} - \hat{r}_{ui})$ 是模型的偏差，表示预测的结果与实际用户评分之间的误差，该值越小越好；$(\|\boldsymbol{q}_i\|^2 + \|\boldsymbol{p}_u\|^2)$ 用于控制模型方差，表示得到的隐因子越简单越好。损失函数 J 求关于 p_{uk} 和 q_{ik} 的偏导数如下：

$$\frac{\partial J}{\partial p_{uk}} = 2(-q_{ik})(r_{ui} - \boldsymbol{p}_u \boldsymbol{q}_i^{\mathrm{T}}) + 2\lambda p_{uk} \tag{8-4}$$

设 $e_{ui} = (r_{ui} - \boldsymbol{p}_u \boldsymbol{q}_i^{\mathrm{T}})$，$e_{ui}$ 为样本的误差，所以

$$\frac{\partial J}{\partial p_{uk}} = 2(-q_{ik})e_{ui} + 2\lambda p_{uk} \tag{8-5}$$

利用随机梯度下降，每遇到一个样本都去更新 p_{uk}，故

$$p_{uk} = p_{uk} - \alpha \frac{\partial J}{\partial p_{uk}} = p_{uk} + 2\alpha(q_{ik} e_{ui} - \lambda p_{uk}) \tag{8-6}$$

同理，

$$q_{ik} = q_{ik} - \beta \frac{\partial J}{\partial q_{ik}} = q_{ik} + 2\alpha(p_{uk}e_{ui} - \lambda q_{ik}) \tag{8-7}$$

通过公式（8-6）与（8-7），我们就可以在训练中不断迭代矩阵内的元素。

SVD 算法的学习过程如下。

1）用户对物品的评分矩阵 R，每条数据是一个训练样本。

2）将 R 分解为矩阵 P 和矩阵 Q，并随机初始化元素值。

3）用矩阵 P 和 Q 计算预测后的评分。

4）计算实际评分和预测评分之间的误差。

5）按照公式（8-6）和（8-7）更新参数并更新其中每个元素。

6）重复步骤 3 到步骤 5，直到达到停止条件（设定迭代次数）为止。

SVD 还有一个变种是 SVD++ 算法。前面已经讲到了推荐系统中的用户冷启动问题。比如，主动点评电影或者美食的用户少，显示反馈比隐式反馈少，此时可以考虑利用用户行为的隐式反馈来弥补。我们可以把用户历史行为中的隐式反馈和用户属性加入用户评分矩阵，这就相当于对原来的矩阵进行了扩展，则有：

$$\hat{r}_{ui} = \mu + b_i + b_u + \left(p_u + |N(u)|^{-0.5} \sum_{i \in N(u)} x_i + \sum_{a \in A(u)} y_a \right) q_i^{\mathrm{T}} \tag{8-8}$$

其中，$N(u)$ 表示用户 u 做出隐式反馈的物品集合，$|A(u)|$ 表示这个物品集合的大小，x_i 是隐式反馈的物品 i 对应的隐因子向量，y_a 是用户属性 a 对应的隐因子向量。用公式（8-8）代替 SVD 损失函数中的 $\hat{r}_{ui}$，随机梯度下降算法依然有效。

8.1.2　交替最小二乘

矩阵分解算法可以利用随机梯度下降法，也可以利用交替最小二乘（Alternating Least Squares，ALS）法。ALS 算法的核心思想是：将矩阵 R（用户对于商品的兴趣矩阵）分解为 P（用户对于隐特征的兴趣矩阵）和 Q（商品与隐特征的兴趣矩阵的转置矩阵）。在式（8-1）中，因为

$$R_{m \times n} = P_{m \times k} Q_{k \times n}$$

所以可以得到，$P_{m \times k} = R_{m \times n} Q_{n \times k}^{-1}$ 和 $Q_{k \times n} = P_{m \times k}^{-1} R_{m \times n}$。

使用最小化平方误差函数并加入正则项后，ALS 的损失函数为：

$$L(X, Y) = \sum (r_{ui} - x_u^{\mathrm{T}} y_i) + \alpha(|x_u|^2 - |y_i|^2)$$

ALS 算法的学习过程如下。

1）初始化随机矩阵 Q 中的元素值。

2）假设矩阵 Q 已知，则损失函数中的 y 为已知量，对损失函数中的 x 求偏导，求解矩阵 P。

3）得到矩阵 P 后，假设矩阵 P 已知，则损失函数中的 x 为已知量，对于损失函数中的 y 求偏导，求解矩阵 Q。

4）交替进行步骤 2 和步骤 3，直到误差达到设定条件为止。

如果对隐式反馈的矩阵分解中的 ALS 算法进一步改进，如进行加权交替，则 ALS 算法被称为 Weighted-ALS（加权交替最小二乘）法。这里举一个例子进行分析。如果你买了一件比较昂贵的大衣，之后购买心仪的鞋子和裤子的计划可能就会被搁置，但你可能依然会关注这些商品，对应到行为上可能就是多次点击和查看。行为发生的次数是对行为置信度的反映，是加权的一种形式。

所以，Weighted-ALS 算法的损失函数 J 为：

$$J = \min_{q^*,p^*} \sum_{(u,i)\in k} c_{ui}(r_{ui}-\hat{r}_{ui})^2 + \lambda(\|q_i\|^2 + \|p_u\|^2) \tag{8-9}$$

其中，$\hat{r}_{ui} = p_u q_i^T = \sum_k p_{uk}q_{ik}$；$c_{ui} = 1+\alpha C$，$\alpha$ 是一个超参数，需要调整，默认值为 40 可以取得较好的效果，C 表示点击和查看的次数。

8.1.3 贝叶斯个性化排序

矩阵分解的本质是预测一个用户对一个物品的偏好程度。在实际应用时，通常会利用矩阵分解的结果进行排序。前面的章节也讨论了排序学习的相关方法，包括单文档方法、文档对方法和文档列表法。SVD 和 ALS 均属于单文档方法。单文档方法只考虑了每个物品，且每个物品是一个孤立的点。

单文档方法的缺点在于只能收集到正样本，所以在求解过程中往往将有缺失值的样本作为负样本，这会降低预测结果准确率，至少对那些数据有缺失值的用户是否喜欢某物品的判断会产生偏差。而贝叶斯个性化排序（Bayesian Personalized Ranking，BPR）算法可以解决该问题。

BPR 算法是基于贝叶斯的个性化排序，服从两个假设。

1）每个用户之间的行为偏好相互独立，即用户 u 在物品 i 和物品 j 之间的抉择与其他用户无关。

2）同一个用户对不同物品的排序相互独立，即用户 u 对物品 i 和物品 j 的排序与其他物品无关。

BPR 算法关心的是物品对于用户的相对顺序，构造的样本是用户、物品 1、物品 2 以及两物品的相对顺序，如表 8-1 所示。

表 8-1　BPR 样本的构造示例

用户	物品 1	物品 2	<物品 1，物品 2>
User A	1	0	1
User B	0	1	0
……	……	……	……

BPR 算法的目标函数为：

$$X_{ui} = \sum_{n=1}^{K} w_{un} h_{in}$$ （8-10）

其中，K 是隐因子向量的维度数，w_{un} 和 h_{in} 分别是用户隐因子和物品隐因子向量的元素值。

BPR 算法学习过程是：在得到推荐分数后，计算正样本和负样本的分数之差，通过这个差值反映用户对于不同物品的偏好程度。正样本是用户看到后有隐式反馈的物品，负样本是用户看到后没有任何反馈的物品，比如用户 u 对物品 1 和物品 2 的推荐分数差为：

$$X_{u1,2} = X_{u1} - Xu_2$$ （8-11）

BPR 算法参数的训练过程如下。

在 BPR 算法中，我们将任意用户对物品的排序进行标记，假设用户 u 在物品 i 和物品 j 之间点击了物品 j，我们就得到三元组 $<u, j, i>$。其表示对于用户 u，物品 j 的排序比物品 j 靠前。对于用户 u，我们有多组这类数据，可以将其作为训练样本。

设用户集 U 和物品集 I 对应的预测排序矩阵为 $\bar{X}$，我们期望得到两个分解后的用户矩阵为 W 和物品矩阵为 H，则满足 $\bar{X} = WH^T$。因为 BPR 是基于用户维度的，所以对于任意一个用户 u，对应的任意一个物品 i，有

$$X_{ui} = w_u h_i = \sum_{n=1}^{K} w_{un} h_{in}$$ （8-12）

BPR 基于最大后验估计对矩阵 W、H 进行求解。我们使用 θ 表示矩阵 W 和 H，$>u$ 表示用户 u 对所有物品的全序关系，根据贝叶斯公式，有

$$P(\theta|>u) = \frac{P(>u|\theta)P(\theta)}{P(>u)}$$ （8-13）

根据假设 1，用户之间相互独立，对于任意一个用户 u 来说，$P(>u)$ 对所有的物品是一样的，所以：

$$P(\theta|>u) \propto P(>u|\theta)P(\theta)$$ （8-14）

对式（8-13）等式右侧分子进行拆解，$P(>u|\theta)$ 部分与样本数据 D 相关，$P(\theta)$ 与样本数据 D 无关。对于第一部分，根据假设 2 的用户对不同物品的偏好相互独立，则有

$$\prod_{u \in U} P(>u|\theta) = \prod_{(u,i,j) \in (U \times I \times I)} P(i > uj|\theta)^{\delta((u,i,j) \in D)} (1 - P(i > uj|\theta))^{\delta((u,j,i) \notin D)}$$ （8-15）

其中，$\delta(b) = \begin{cases} 1, & \text{若 } b \text{ 为真} \\ 0, & \text{否则} \end{cases}$，$b$ 为 $(u, i, j) \in D$ 与 $(u, j, i) \notin D$ 的判断结果。

第一部分可以简化为：

$$\prod_{u \in U} P(>u|\theta) = \prod_{(u,i,j) \in D} P(i > uj|\theta)$$ （8-16）

下面继续简化公式（8-16）等式右侧部分，$P(>uj|\theta) = \sigma(\bar{x}_{uij}(\theta))$，$\sigma(x)$ 是 sigmoid 函数，也可以使用其他函数代替。对于 $\bar{x}_{uij}(\theta)$，当 $i>uj$ 时，$\bar{x}_{uij}(\theta)>0$；反之，$\bar{x}_{uij}(\theta)<0$。其中，$\bar{x}_{uij}(\theta) = \bar{x}_{ui}(\theta)-\bar{x}_{uj}(\theta)$，$\bar{x}_{ui}(\theta)$、$\bar{x}_{uj}(\theta)$ 是矩阵 $\bar{X}$ 中的元素，可用 $\bar{x}_{ui}$、$\bar{x}_{uj}$ 表示。

最终，第一部分优化目标转化为：

$$\prod_{u \in U} P(>u \mid \theta) = \prod_{(u,i,j) \in D} \sigma(\bar{x}_{ui} - \bar{x}_{uj}) \tag{8-17}$$

第二部分 $P(\theta)$ 多服从正态分布，且均值为 0，协方差矩阵是 $\lambda_\theta I$，即

$$P(\theta) \sim N(0, \lambda_\theta I)$$

$P(\theta)$ 服从正态分布，$\ln P(\theta)$ 和 $\|\theta\|^2$ 成正比：

$$\ln P(\theta) = \lambda \|\theta\|^2$$

所以，

$$\ln P(\theta \mid >u) \propto \ln P(>u \mid \theta) P(\theta) = \ln \prod_{(u,i,j) \in D} \sigma(\bar{x}_{ui} - \bar{x}_{uj}) + \ln P(\theta)$$

$$= \sum_{(u,i,j) \in D} \ln \sigma(\bar{x}_{ui} - \bar{x}_{uj}) + \lambda \|\theta\|^2 \tag{8-18}$$

使用梯度上升法，对 θ 求导，有：

$$\frac{\partial \ln P(\theta \mid >u)}{\partial \theta} \propto \sum_{(u,i,j) \in D} \frac{1}{1+e^{\bar{x}_{ui}-\bar{x}_{uj}}} \frac{\partial(\bar{x}_{ui} - \bar{x}_{uj})}{\partial \theta} + \lambda \theta \tag{8-19}$$

因为

$$\bar{x}_{ui} - \bar{x}_{uj} = \sum_{f=1}^{k} w_{uf} h_{ij} - \sum_{f=1}^{k} w_{uf} h_{jf} \tag{8-20}$$

所以

$$\frac{\partial(\bar{x}_{ui} - \bar{x}_{uj})}{\partial \theta} = \begin{cases} (h_{if} - h_{jf}) & ,若 \theta = w_{uf} \\ w_{uf} & ,若 \theta = h_{if} \\ -w_{uf} & ,若 \theta = h_{if} \end{cases} \tag{8-21}$$

8.2 线性模型

逻辑回归模型是基础的线性模型。这里我们会对其他推荐场景中使用到的线性模型进行梳理，主要介绍因子分解机（Factorization Machine, FM）及其变种 FFM(Field-aware Factorization Machine)。

下面先介绍一下 FM 产生的原因。

使用逻辑回归模型存在一些问题。逻辑回归模型中大量的特征需要通过人工获得，而

且逻辑回归模型认为特征之间不存在依赖关系，但是现在中并非如此。

如果我们考虑最朴素的特征组合，即考虑特征之间的二阶笛卡儿乘积，那么会导致特征维度太多。并且这样组合后的特征并不都是有效的，且组合后的特征非常稀疏，简单说就是这些特征组合后不便于找到符合样本的特征，不足以支持训练出有效的参数。最朴素的特征组合模型表达式如下：

$$\hat{y} = \omega_0 + \sum_{i=1}^{n} \omega_i x_i + \sum_{i=1}^{n} \sum_{j=i+1}^{n} \omega_{ij} x_i x_j \tag{8-22}$$

在式（8-22）中和逻辑回归相比多了两两组合特征 $\sum_{i=1}^{n} \sum_{j=i+1}^{n} \omega_{ij} x_i x_j$，具体问题就是可能没有足够多的样本用来学习权重参数。由于数据稀疏，严重影响模型的性能。那如何解决呢？我们可以借用 SVD 的思想，这样就产生了 FM 模型。

8.2.1 FM 模型

因子分解机是由 Steffen Rendle 于 2010 年提出的一种基于矩阵分解的机器学习算法。目前，该算法广泛地被用到推荐系统以及广告预估模型中。逻辑回归模型认为特征是相互独立的，但是在实际情况下特征之间是存在依赖关系的，因此需要进行特征交叉。

FM 的主要目的是解决稀疏特征下的特征组合问题。针对式（8-22）中出现的问题，FM 把 ω_{ij} 优化成两个隐因子的向量的点积 $<v_i, v_j>$ 形式，如式（8-23）所示：

$$\hat{y} = \omega_0 + \sum_{i=1}^{n} \omega_i x_i + \sum_{i=1}^{n} \sum_{j=i+1}^{n} <v_i, v_j> x_i x_j \tag{8-23}$$

举一个简单的例子，如果特征 A 和特征 B 在一些样本中一起出现过，特征 B 和特征 C 在一些样本中一起出现过，那么特征 A 和特征 C 无论是否在样本中一起出现过，仍然是有一些联系的。在式（8-23）中，v_i 是第 i 维特征的隐向量，隐向量的长度为 $k(k \ll n)$，包含 k 个描述特征的因子，所以 $<v_i, v_j> := \sum_{f=1}^{k} v_{i,f} \cdot v_{j,f}$。FM 可以在线性时间对新样本做出预测，时间复杂度为 $O(kn^2)$，但是通过转换后可以优化为 $O(kn)$，如下所示：

$$\begin{aligned}
\sum_{i=1}^{n} \sum_{j=i+1}^{n} <v_i, v_j> x_i x_j &= \frac{1}{2} \sum_{i=1}^{n} \sum_{j=1}^{n} <v_i, v_j> x_i x_j - \frac{1}{2} \sum_{i=1}^{n} \sum_{j=1}^{n} <v_i, v_i> x_i x_i \\
&= \frac{1}{2} \left(\sum_{i=1}^{n} \sum_{j=1}^{n} \sum_{f=1}^{k} v_{i,f} v_{j,f} x_i x_j - \sum_{i=1}^{n} \sum_{f=1}^{k} v_{i,f} v_{i,f} x_i^2 \right) \\
&= \frac{1}{2} \sum_{f=1}^{k} \left(\left(\sum_{i=1}^{n} v_{i,f} x_i \right) \left(\sum_{j=1}^{n} v_{j,f} x_j \right) - \sum_{i=1}^{n} v_{i,f}^2 x_i^2 \right) \\
&= \frac{1}{2} \sum_{f=1}^{k} \left(\left(\sum_{i=1}^{n} v_{i,f} x_i \right)^2 - \sum_{i=1}^{n} v_{i,f}^2 x_i^2 \right) \tag{8-24}
\end{aligned}$$

FM算法可以用于多种预测任务，比如回归、二分类以及排序。在所有这些例子中，可通过增加 L2 正则项来阻止模型过拟合。

FM 利用随机梯度下降法训练模型。模型各个参数的梯度如下：

$$\frac{\partial}{\partial \theta} y(x) = \begin{cases} 1 \text{ ，若 } \theta \text{ 是 } \omega_0 \\ x_i, \text{ 若 } \theta \text{ 是 } \omega_i \\ x_i \sum_{j=1}^{n} v_{j,f} x_j - v_{i,f} x_i^2, \text{ 若 } \theta \text{ 是 } v_{i,f} \end{cases} \quad (8\text{-}25)$$

图 8-2 所示是 FM 模型，图中每一行表示一个特征向量和预测的目标结果。第一个框表示用户矩阵，包括 3 个用户 {Alice(A)，Bob(B)，Charlie(C)}，是 one-hot 编码，属于稀疏矩阵；第二个框表示电影矩阵，包括 4 部电影 {Titanic(TI)，Notting Hill(NH)，Star Wars(SW)，Star Terk(ST)}，是 one-hot 编码，属于稀疏矩阵；第三个框是其他人对上面 4 部电影的评价矩阵，归一化特征；第四个框是用户在一个月内评价的次数，也是 one-hot 编码，属于稀疏矩阵；第五个框表示用户对上一部电影的评价。

		特征向量 *x*																					目标 *y*	
$x^{(1)}$	1	0	0	…	1	0	0	0	…	0.3	0.3	0.3	0	…	13	0	0	0	0	…	5	$y^{(1)}$
$x^{(2)}$	1	0	0	…	0	1	0	0	…	0.3	0.3	0.3	0	…	14	1	0	0	0	…	3	$y^{(2)}$
$x^{(3)}$	1	0	0	…	0	0	1	0	…	0.3	0.3	0.3	0	…	16	0	1	0	0	…	1	$y^{(3)}$
$x^{(4)}$	0	1	0	…	0	0	1	0	…	0	0	0.5	0.5	…	5	0	0	0	0	…	4	$y^{(4)}$
$x^{(5)}$	0	1	0	…	0	0	0	1	…	0	0	0.5	0.5	…	8	0	0	1	0	…	5	$y^{(5)}$
$x^{(6)}$	0	0	1	…	1	0	0	0	…	0.5	0	0.5	0	…	9	0	0	0	0	…	1	$y^{(6)}$
$x^{(7)}$	0	0	1	…	0	0	1	0	…	0.5	0	0.5	0	…	12	1	0	0	0	…	5	$y^{(7)}$
	A	B	C		TI	NH	SW	ST		TI	NH	SW	ST			TI	NH	SW	ST			
	用户矩阵				电影矩阵					其他人对电影评价					次数	上一部电影评价						

图 8-2　FM 模型

8.2.2　FFM 模型

FFM 把相同特征归于同一个场（Field），交互捕捉不同场之间的数据特征也比较重要。FM 中一个特征只对应一个向量，而在实际场景中不同场的特征交互时应该使用不同的向量，这就是 FFM（Field-aware FM）的提出动机。FM 可以看作是 FFM 的一个特例，把所有的特征都归属于一个场。所以，FFM 模型如下：

$$\hat{y} = \omega_0 + \sum_{i=1}^{n} \omega_i x_i + \sum_{i=1}^{n} \sum_{j=i+1}^{n} <v_{i,f_j}, v_{j,f_i}> x_i x_j \quad (8\text{-}26)$$

其中，f_j 表示第 j 个特征所属场，如果隐向量的长度为 k，那么 FFM 的二次参数有 nfk 个，远多于 FM 模型的 nk 个。此外，由于隐向量与场相关，FM 二次项并不能够简化，其预测时间复杂度是 $O(kn^2)$。FFM 模型支持并行化处理，所以计算速度可以进一步提高。示例如下：

User(Us)	Movie(Mo)	Genre(Ge)	Pr(Pr)
YuChin(Yu)	3Idiots(3I)	Comedy,Drama(Co,Dr)	$9.99

上述中，User、Movie、Genre 都是类别数据，Pr 是数值变量。

对于 FM 模型，一个特征对应一个向量，交叉特征有：

$$\langle W_{\text{Us--Yu}}, W_{\text{Mo--3I}} \rangle \cdot X_{\text{Us--Yu}} \cdot X_{\text{Mo--3I}} + \langle W_{\text{Us--Yu}}, W_{\text{Ge--Co}} \rangle \cdot X_{\text{Us--Yu}} \cdot X_{\text{Ge--Co}} + \langle W_{\text{Us--Yu}}, W_{\text{Ge--Dr}} \rangle \cdot$$
$$X_{\text{Us--Yu}} \cdot X_{\text{Ge--Dr}} + \langle W_{\text{Us--Yu}}, W_{\text{Pr}} \rangle \cdot X_{\text{Us--Yu}} \cdot X_{\text{Pr}} + \langle W_{\text{Mo--3I}}, W_{\text{Ge--Co}} \rangle \cdot X_{\text{Mo--3I}} \cdot$$
$$X_{\text{Ge--Co}} + \langle W_{\text{Mo--3I}}, W_{\text{Ge--Dr}} \rangle \cdot X_{\text{Mo--3I}} \cdot X_{\text{Ge--Dr}} + \langle W_{\text{Mo--3I}}, W_{\text{Pr}} \rangle \cdot X_{\text{Mo--3I}} \cdot X_{\text{Pr}} +$$
$$\langle W_{\text{Ge--Co}}, W_{\text{Ge--Dr}} \rangle \cdot X_{\text{Ge--Co}} \cdot X_{\text{Ge--Dr}} + \langle W_{\text{Ge--Co}}, W_{\text{Pr}} \rangle \cdot X_{\text{Ge--Co}} \cdot X_{\text{Pr}} +$$
$$\langle W_{\text{Ge--Dr}}, W_{\text{Pr}} \rangle \cdot X_{\text{Ge--Dr}} \cdot X_{\text{Pr}}$$

对于 FFM 模型，不同场的特征交叉时使用不同的向量。在这个例子中，User、Movie、Genre 和 Price 作为 4 个场，Us–Yu、Mo–3I、Ge–Co、Ge–Dr、Pr 作为 5 个特征，交叉特征有：

$$\langle W_{\text{Us--Yu, Mo}}, W_{\text{Mo--3I, Us}} \rangle \cdot X_{\text{Us--Yu}} \cdot X_{\text{Mo--3I}} + \langle W_{\text{Us--Yu,Ge}}, W_{\text{Ge--Co, Us}} \rangle \cdot X_{\text{Us--Yu}} \cdot X_{\text{Ge--Co}} +$$
$$\langle W_{\text{Us--Yu, Ge}}, W_{\text{Ge--Dr, Us}} \rangle \cdot X_{\text{Us--Yu}} \cdot X_{\text{Ge--Dr}} + \langle W_{\text{Us--Yu, Pr}}, W_{\text{Pr, Us}} \rangle \cdot X_{\text{Us--Yu}} \cdot X_{\text{Pr}} +$$
$$\langle W_{\text{Mo--3I, Ge}}, W_{\text{Ge--Co, Mo}} \rangle \cdot X_{\text{Mo--3I}} \cdot X_{\text{Ge--Co}} + \langle W_{\text{Mo--3I, Ge}}, W_{\text{Ge--Dr, Mo}} \rangle \cdot X_{\text{Mo--3I}} \cdot X_{\text{Ge--Dr}} +$$
$$\langle W_{\text{Mo--3I, Pr}}, W_{\text{Pr, Mo}} \rangle \cdot X_{\text{Mo--3I}} \cdot X_{\text{Pr}} + \langle W_{\text{Ge--Co, Ge}}, W_{\text{Ge--Dr, Ge}} \rangle \cdot X_{\text{Ge--Co}} \cdot X_{\text{Ge--Dr}} +$$
$$\langle W_{\text{Ge--Co, Pr}}, W_{\text{Pr--Ge}} \rangle \cdot X_{\text{Ge--Co}} \cdot X_{\text{Pr}} + \langle W_{\text{Ge--Dr, Pr}}, W_{\text{Pr, Ge}} \rangle \cdot X_{\text{Ge--Dr}} \cdot X_{\text{Pr}}$$

8.3　树模型

搜索和推荐至少要分两个阶段：召回和排序。在召回阶段，因为处理的数据量较大，要求处理速度快，所以使用的模型一般不能太复杂，而且特征不需要太多。但是在排序阶段，因为处理的数据一般较少，所以模型要足够精确，可以选择稍微复杂的模型，使用更多的特征进行训练。树模型在排序阶段便是一个不错的选择。我们还可以把弱分类器集成起来组合成一个功能强大的分类器。本节将继续介绍树模型以及集成模型。

8.3.1　决策树模型

决策树算法是一种归纳分类算法，它通过对训练集的学习，挖掘有用的规则，对新数据集进行预测。它属于有监督、非参数学习算法，对每个输入使用该分类区域的训练数据计算得到对应的局部模型。决策树模型的基本算法是贪心算法，以自顶向下递归的方式构建决策树，如图 8-3 所示。贪心算法是在每一步选择当前状态下最优的路径。

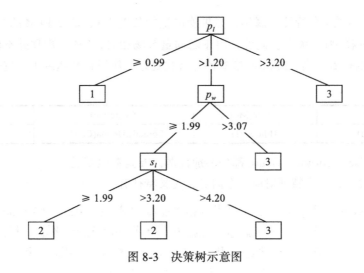

图 8-3 决策树示意图

我们可以用以下几种方法构建决策树。

1. ID3 算法

ID3 算法的核心思想是最大化信息熵增益。所谓最大化信息熵增益，即每次进行下一次分裂时，计算出所有类别对应当前特征的熵，选择能够使得信息熵增益最大的那一个特征类别进行下一步的分裂。假设有一组数据，设 D 为某一个特征类别，则根据熵的定义可以得到 D 的熵为：

$$\text{entro}\, D = -\sum_{i=1}^{n} p_i \log_2 p_i \qquad (8\text{-}27)$$

其中，p_i 表示第 i 个类别在整个训练元组发生的概率，在离散随机过程中，可以用 i 出现的数量除以整个数据的总数量 n 作为估计值。

由于初始数据可以划分的类别不止一项，于是我们需要对已经划分为 D 类别的数据再次分类。假设此次的类别为 A，则类别 A 对数据集 D 划分的条件熵为：

$$\text{entro}_A\, D = \sum_{j=1}^{m} \frac{|D_j|}{|D|} \text{entro}\, D_j \qquad (8\text{-}28)$$

二者的差值即信息熵增益：

$$\Delta A = \text{entro}D - \text{entro}_A D \qquad (8\text{-}29)$$

ID3 算法是根据每次如何分裂使得 ΔA 的值最大的思想来决定下一步的走向。

我们通过调查 10 个微博账号来介绍 ID3 算法是如何构建决策树的，如表 8-2 所示。

表 8-2　10 个微博账号特征

微博更新频率	主要发布内容	性别	账号是否绑定手机号
多	广告	女	是
少	知识普及	女	是
中	广告	女	否
少	生活趣事	男	是
中	广告	男	是
少	生活趣事	男	否
中	知识普及	男	否
多	生活趣事	女	是
多	知识普及	女	是
多	知识普及	女	是

设 W、F、X 和 P 分别表示微博更新频率、主要发布内容、性别和账号是否绑定手机，下面计算熵增益。

选一个初始的分裂项，这里选择 P，则 P 的熵为：

$$\text{entro } P = -0.7\log_2 0.7 - 0.3\log_2 0.3 = 0.7 \times 0.51 + 0.3 \times 1.74 = 0.879$$

之后根据公式计算剩余三个属性对 P 的期望：

W 对 P 的期望为：

$$\text{entro}_W P = 0.3 \times \left(-\frac{1}{3}\log_2\frac{1}{3} - \frac{2}{3}\log_2\frac{2}{3}\right) + 0.3 \times \left(-\frac{1}{3}\log_2\frac{1}{3} - \frac{2}{3}\log_2\frac{2}{3}\right)$$
$$+ 0.4 \times \left(-\frac{0}{4}\log_2\frac{0}{4} - \frac{4}{4}\log_2\frac{4}{4}\right) = 0.277 + 0.277 + 0 = 0.554$$

则信息熵增益 $\Delta A_W = 0.879 - 0.554 = 0.325$

F 对 P 的期望为：

$$\text{entro}_F P = 0.3 \times \left(-\frac{1}{3}\log_2\frac{1}{3} - \frac{2}{3}\log_2\frac{2}{3}\right) + 0.3 \times \left(-\frac{1}{3}\log_2\frac{1}{3} - \frac{2}{3}\log_2\frac{2}{3}\right)$$
$$+ 0.4 \times \left(-\frac{1}{4}\log_2\frac{1}{4} - \frac{3}{4}\log_2\frac{3}{4}\right) = 0.277 + 0.277 + 0.325 = 0.879$$

则信息熵增益 $\Delta A_F = 0.879 - 0.879 = 0$

X 对 P 的期望为：

$$\text{entro}_X P = 0.4 \times \left(-\frac{1}{2}\log_2\frac{1}{2} - \frac{1}{2}\log_2\frac{1}{2}\right) + 0.6 \times \left(-\frac{1}{6}\log_2\frac{1}{6} - \frac{5}{6}\log_2\frac{5}{6}\right) = 0.4 + 0.39 = 0.79$$

则信息熵增益 $\Delta A_X = 0.879 - 0.79 = 0.089$

因为 W 具有最大的信息熵增益，所以第一次分裂选择 W 为分裂特征，如图 8-4 所示。

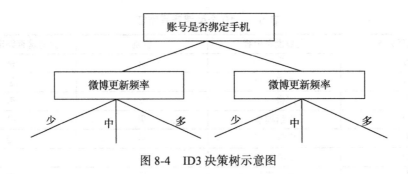

图 8-4　ID3 决策树示意图

在图 8-4 的基础上，再递归使用上述方法计算下一个分裂特征，最终得到整个决策树。

2. C4.5 算法

尽管 ID3 算法能够帮助决策下次分裂特征，但其本身存在一个问题：一般会优先选择有较多属性值的类别，因为属性值多的类别相对属性值少的类别有相对较大的信息熵增益。C4.5 算法则使用增益率（Gain Ratio）作为选择分支的准则，同时引入分裂信息（Split Information）来惩罚取值较多的分类。其定义为：

$$\text{SplitInformation}(D, A) = -\sum_{i=1}^{n} \frac{|D_i|}{|D|} \text{entro} \frac{|D_i|}{|D|} \tag{8-30}$$

其中，$\frac{|D_i|}{|D|}$ 是指全体样本中，使用 D 为分类节点，每个类 i 所占有的比重。所以，公式（8-30）表述的其实是，每一个类别 i 所占比重为权重的熵值的和代表当前特征 D_i 的惩罚值。这样，类别数量越多，特征 D 在样本内部越不趋近于稳定，越不容易被选为当前的分类节点。

3. CART 算法

CART 假设决策树是二叉树，内部节点特征的取值为"是"和"否"，左分支特征取值为"是"，右分支特征取值为"否"。这样的决策树等价于递归地二分每个特征，将输入空间（即特征空间）划分为有限个单元，并在这些单元上确定预测的概率分布，也就是在给定的输入条件下确定输出的条件概率分布。

CART 算法由以下两步组成。

1）**决策树生成**：基于训练数据集生成决策树，生成的决策树要尽量大。

2）**决策树剪枝**：通过验证数据集对已生成的树进行剪枝并选择最优子树，这时以损失函数最小作为剪枝的标准。

CART 决策树的生成是递归地构建二叉决策树的过程。CART 决策树既可以用于分类，也可以用于回归。对于分类而言，CART 以基尼系数最小化准则进行特征选择，生成二叉决策树。

CART 生成算法如下：

1）样本集合 D 根据特征 A 分割成 D_1 和 D_2，即

$$D_1 = \{(x, y) \in D \mid A(x)=a\}, D_2 = D{-}D_1$$

则在特征 A 的条件下，集合 D 的基尼系数为：

$$\text{Gini}(D, A) = \frac{|D_1|}{D}\text{Gini}(D_1) + \frac{|D_2|}{D}\text{Gini}(D_2)$$

2）针对每一个特征 A，其可能取的每个值 a，根据样本点对 $A{=}a$ 表示为是或否，将 D 分割成 D_1 和 D_2 两部分，计算 $A{=}a$ 时的基尼系数。

3）在所有可能的特征 A 以及它们所有可能的切分点 a 中，选择基尼系数最小的特征及其对应的切分点作为最优特征与最优切分点。依据最优特征与最优切分点，从现节点生成两个子节点，将训练数据集依据特征分配到两个子节点中。

4）对两个子节点递归地调用步骤 1~3，直至满足停止条件为止。

下面再介绍一下 CART 树剪枝。

剪枝方法的本质是在树模型庞大的叶子节点中，挑选对于模型整体影响过量或不重要的部分，将其乃至之后可能出现的分类整体从模型中删除。删除节点的好处在于：提高了对于同类问题的泛化能力，同时由于剪去了部分中间树叶节点，提高了训练速度。在树模型中，常用的剪枝方式为前剪枝和后剪枝。

前剪枝，也叫预剪枝，是在决策树构造的时候同时进行剪枝。

前剪枝过程如下。

1）按照判断信息熵下降的方式（所有决策树的构建方法都是在无法进一步降低熵的情况下停止创建分支的），设定特征选择的阈值。

2）对每一个特征 A，计算其带来的信息不确定性下降的程度，并与事先设定的阈值进行对比，若大于阈值则作为新的特征加到树中，否则舍弃。

3）对所有的特征重复步骤 2，直至遍历所有特征。

这种方法存在明显的缺点，就是在不同的模型中，甚至不同的问题中，模型的训练者很难精确地给定阈值。过低的阈值可能会导致剪枝效果不明显乃至基本无效，而过高的阈值又可能导致模型学习能力较差。即使单独调参，由于变量太多，在不断实验过程中，即使最后能找到一个较为适合的阈值，也不可避免地会消耗大量的时间。所以，前剪枝虽然在树模型中应用普遍，但是其表现仍不如后剪枝。

后剪枝本质是对子节点的合并。其原理在于如果子节点合并，熵的增量小于一个范围，则将两个节点合并，且后续节点也重新标示为当前节点的属性。那么，前、后剪枝的最大区别在于后剪枝的熵的判断是基于全局的，而前剪枝的熵的判断其实是基于当前的。两者对于熵的变化的判断能力是完全不同的，导致表现能力不同。

后剪枝过程如下。

1）按照判断信息熵下降的方式，计算每个节点的经验熵。

2）递归地从树的叶子节点往上回缩。计算叶子节点回缩到父节点之前和之后的损失函数值，如果回缩之后的损失函数值小于回缩之前的损失函数值，则进行剪枝。

3）对所有的叶子节点重复步骤2，直至不能继续为止。

下面举例介绍 CART 树的剪枝。

CART 树的剪枝主体可以分为两部分，即子树序列的生成以及交叉验证。

1）**子树序列的生成**：找到一个中间节点，并将后续的所有子节点与叶子节点退回到这个中间节点，这样当前的中间节点就成为一个新的叶子节点，当前新的模型就是原始树模型的一个新的子树模型。而由所有叶子节点由下至上地生成所有子树模型即原始树模型的子树序列。

2）**交叉验证**：依赖所有子树模型的表面误差增益率（即误差的增加速率），选取多个节点组成的子树与交叉验证集合进行验证，选取误差最小的子树作为最优树的结果输出。

图 8-5 所示为所有子树序列 $T_0 \sim T_n$ 的生成过程，其中包含所有可能的剪枝情况。

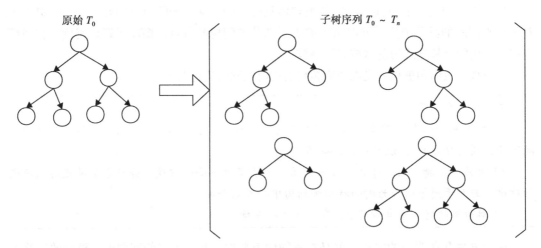

图 8-5 子树序列的生成过程

表面误差增益率 $\alpha = \dfrac{R(t) - R(T_t)}{N(T_t) - 1}$，其中 $R(t)$ 是节点 t 的误差代价，$R(T_t)$ 是子树的误差代价，$N(T_t)$ 是子树中所包含的叶子节点个数。那么，α 就表示当前节点剪枝后，对整体模型误差的影响。图 8-6 是 CART 树剪枝过程。

N_1 节点的 $\alpha = \dfrac{\dfrac{7}{13} \times \dfrac{13}{20} - \left(\dfrac{3}{20} + \dfrac{1}{20} \right)}{2 - 1} - \dfrac{3}{20}$，则 $\alpha_1 = \dfrac{3}{20}$。

设 α 从 0 增加至正无穷，记作 $\alpha(i)$，若 $\alpha(i) > \alpha(t)$，则当前 t 节点可剪枝。随着 α 的变动，每一个节点是否剪枝也会变动，对应着不同的 $\alpha(i)$ 生成的树 $T(i)$，便是子树序列。最后用验证集交叉验证所有子树序列，其中误差最小的树就是我们需要的最后剪枝结果。

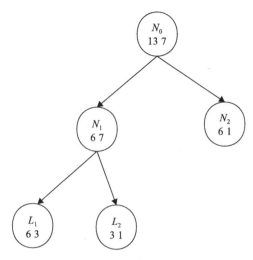

图 8-6　CART 树剪枝过程

8.3.2　集成算法模型

第 5 章已经介绍过提升（Boosting）和装袋（Bagging）算法。本节会在此基础上继续进行归纳总结，希望能通过几个算法实例讲清楚工程实践中用到的集成算法模型，其中包括 GBDT 与 GBDT 的优化。

1. GBDT

梯度提升迭代决策树（Gradient Boosting Decision Tree，GBDT）是一种 Boosting 算法。Boosting 算法的核心思想是：利用前一轮迭代的误差更新训练集的权重，校正前一轮迭代被错误分类的样本，下一轮迭代会将重心放在上一轮分错的样本上。GB（Gradient Boosting）是一个算法框架，即可以将已有的分类或回归算法放入其中，得到一个性能强大的算法。在 GB 框架中，最常用的学习器是决策树，二者结合则为著名的 GBDT 算法。GBDT 在函数空间利用梯度下降法进行优化。其基本思想是沿着梯度的方向，构造一系列的弱分类器，并以一定权重组合起来，形成最终决策的前分类器。

GBDT 可以看作是由 M 棵树组成的加法模型，即

$$F(x) = \sum_{m=1}^{M} \alpha_m h_m(x) \tag{8-31}$$

虽然 GBDT 也是一个加法模型，却是通过不断迭代拟合样本真实值与当前分类器的残差 $y - \hat{y}_{h_{m-1}}$ 来逼近真实值，即

$$F_m(x) = F_{m-1}(x) + \alpha_m h_m(x) \tag{8-32}$$

根据机器学习的思想，$h_m(x)$ 优化目标是缩小 $F_{m-1}(x) + \alpha_m h_m(x)$ 和 y_i 之间的差距，即

$$h_m(x_i) = \underset{h}{\arg\min} \sum_{i=1}^{n} L(y_i, F_{m-1}(x_i) + h(x_i)) \tag{8-33}$$

GBDT 在决策树的基础上引入 GB（逐步提升）和 Shrinkage（小幅缩进）两种思想，从而提升普通决策树的泛化能力。GBDT 是回归树，而不是分类树，调整后可用于分类。

GBDT 算法主要过程如下。

1）建立第一个决策树，预测值为 $f_0(x)$，初始值为 0。

2）通过选择分裂特征和分裂点，将数据集分为左右两个子节点。计算左右两个节点内数据集 N_L 和 N_R 均值，并将其作为预测值 y_i。

3）计算残差：

$$r_{m,i} = y_i - f_{m-1}(x_i), i = 1, 2, 3, \cdots, N \tag{8-34}$$

4）计算损失误差，当误差小于阈值时完成迭代。

5）从而得到一棵回归树，残差将作为下一步迭代的目标值。

6）更新预测结果：$y_{1\sim i} = y_{1\sim i-1} + \text{step} \times y_i$，其中 $y_{1\sim i}$ 表示前 i 次迭代的综合预测结果；y_i 为本次预测结果；step 为学习率，取值一般在 0~1 之间。

在使用 GBDT 过程中，我们应该注意以下几点。

1）在分类树中，一般通过信息熵增益或信息熵增益率等属性来选择分裂特征和分裂点。在回归树中，一般是选择分类增益最大即分类后误差最小的点作为当前的分裂点。其计算公式如下：

$$\text{split}_{\text{gain}} = S - S_i \tag{8-35}$$

$$S = \sum_i (y_i - u)^2, S_i = \sum_{i \in L} (y_i - u_L)^2 + \sum_{i \in R} (y_i - u_R)^2 \tag{8-36}$$

$$u = \frac{1}{N} \sum_i y_i, u_L = \frac{1}{N_L} \sum_{i \in L} y_i, u_R = \frac{1}{N_R} \sum_{i \in R} y_i \tag{8-37}$$

其中，S 为总体误差，S_i 为分裂后左右节点内部误差之和。选择误差下降最多的特征作为分裂点。由于 S 为固定值，因此可以简化为求 S_i 最小时的分裂点。N_L 和 N_R 分别是左右子节点的样本数量，可用于求子节点的预测值 u_L 和 u_R。

2）当 GBDT 用于回归时，常用的损失函数包括平方损失函数、绝对值损失函数、Huber 损失函数。每次朝着损失函数的负梯度方向移动，即可取得损失函数的最小值。以平方损失函数为例，损失函数计算方式如式（8-38）所示；负梯度即为残差，如公式（8-39）所示。对于其他损失函数而言，负梯度即为残差近似值。

$$\varepsilon = \frac{1}{2}(t - F(x))^2 \tag{8-38}$$

$$t - F(x) = -\frac{\mathrm{d}\varepsilon}{\mathrm{d}F(x)} \tag{8-39}$$

3）当 GBDT 用于分类时，常用的损失函数有对数损失函数、指数损失函数等。这种损失函数的目的是求预测值为真实值的概率。对于二分类，以对数损失函数为例，其梯度计算如式（8-40）所示。

$$y_i = 2y_i / (1 + \exp(2y_i F_{m-1}(x_i))) \tag{8-40}$$

对于多分类，其损失函数的梯度如式（8-41）所示。其中，p_k 计算方法如式（8-42）所示。

$$\tilde{y}_{ik} = y_{ik} - p_k(x_i) \tag{8-41}$$

$$p_k = \exp(F_k(x)) / \sum_{l=1}^{k} \exp(F_l(x)) \tag{8-42}$$

2. GBDT+LR

一棵树的表达能力很弱，不足以表达多个有区分性的组合特征。多棵树的表达能力更强一些。RF（随机森林）是由多棵树组成的，但预测效果不如 GBDT。GBDT+LR 模型融合的思想来源于 Facebook 公开的论文。这篇文章的结论是 GBDT+LR 效果要优于 GBDT 和 LR 各自单独的模型效果。

在这个模型中，GBDT 任务是生成高阶组合特征。GBDT 生成 N 棵树，每棵树上都能从根节点走到叶子节点，到了叶子节点非 0 即 1（点击或者不点击）。把每棵树的输出看成一个组合特征，取值非 0 即 1。树 i 有 M_i 个叶子，相当于有 M_i 个组合特征。每棵树采用 one-hot 编码，一共有 $\sum_{i=1}^{N} M_i$ 个维度的新特征，然后将这些新特征作为向量输入逻辑回归模型，得到最终结果。

图 8-7 是 Facebook 公开的 GBDT+LR 模型示例，图中有两棵树，左树有三个叶子节点，右树有两个叶子节点，最终的特征为 5 维向量。对于输入 x，如果它落在左树第一个节点，编码为 [1,0,0]；如果落在右树第二个节点，则编码为 [0,1]，所以整体的编码为 [1,0,0,0,1]，将该编码作为特征输入 LR 模型中进行分类。

3. XGBoost

XGBoost（eXtreme Gradient Boosting）是很多 CART 回归树的集成模型，也是一个大规模、分布式的通用 GBDT 库。它在 GB 框架下实现了 GBDT，是 GBDT 的扩展。图 8-8 是 XGBoost 算法示意图。

XGBoost 算法流程如下。

XGBoost 依然是加法模型，给定数据集合 $D = \{(X_i, y_i)\}$，学习 K 棵树，用公式（8-43）对样本进行预测，

$$\hat{y}_i = \phi(x_i) = \sum_{k=1}^{K} f_k(x_i), f_k \in \mathcal{F} \tag{8-43}$$

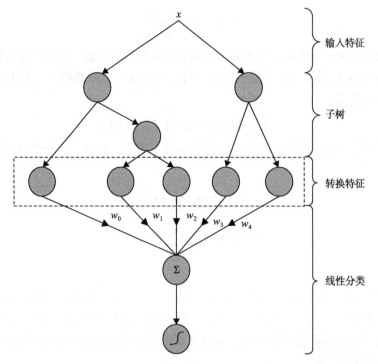

图 8-7 Facebook 中 GBDT+LR 模型示例

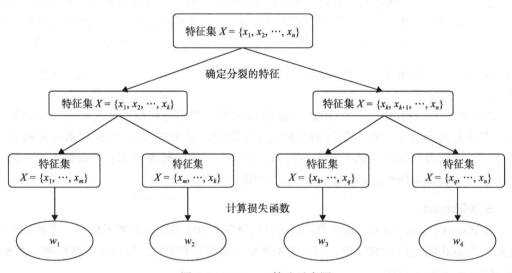

图 8-8 XGBoost 算法示意图

$\mathcal{F}$ 是假设空间，$f(x)$ 是 CART 回归树，则有

$$\mathcal{F}=\{f(x)=w_{q(x)}\}(q:\mathbb{R}^m \to T, w \in \mathbb{R}^T) \tag{8-44}$$

其中，$q(x)$ 表示将样本 x 划分到某个叶子节点，w 表示叶子节点的推荐分数，$w_{q(x)}$ 表示回归树对样本的预测值。对于回归问题，预测值可以直接作为目标；对于分类问题，需要映射成概率。如采用逻辑变换，如下：

$$\sigma(z) = \frac{1}{1+e^{-z}} \tag{8-45}$$

XGBoost 模型的目标损失函数为：

$$\mathcal{L}(\phi) = \sum_i l(\hat{y}_i, y_i) + \sum_k \Omega(f_k) \tag{8-46}$$

其中，$\sum_i l(\hat{y}_i, y_i)$ 表示损失函数，用来度量模型预测与真实数据的拟合程度；$\sum_k \Omega(f_k)$ 是正则项，为了防止模型过拟合，对模型的复杂度施加了惩罚。XGBoost 的正则项为：

$$\Omega(f) = \varUpsilon T + \frac{1}{2}\lambda \|\omega\|^2 \tag{8-47}$$

其中，T 表示叶子的个数，ω 是叶子的权重。XGBoost 在训练过程中对叶子节点个数进行惩罚，相当于在训练过程中进行剪枝。

直观上看，目标函数要求预测误差尽量小，叶子节点尽量少，节点上的数值尽量不极端，因为叶子节点数量越多的树越可能出现过拟合的情况。那么，如何实现分裂点的选择和叶子节点数值的预测呢？分裂点的选择还是采用枚举方法：计算每个特征的损失函数值，选择损失函数值最小的特征点进行分裂，不断迭代生成树，每次在上一次预测的基础上取最优，并进一步分裂构建树。那么，何时停止迭代呢？停止迭代条件是什么？具体如下。

1）当引入的特征带来的信息熵增益小于预先设定的阈值时，阈值参数 $\varUpsilon$ 为正则项里叶子节点数 T 的系数。

2）当树达到最大深度时，停止构建决策树，设置一个超参数 max_depth。

3）当样本权重和小于设定阈值时，停止构建决策树。

上文讲解了 XGBoost 的预测函数和损失函数，下面讲解每棵树的预测优化过程。

XGBoost 中的加法策略：

初始化（模型中没有树时，其预测结果为 0）：$\hat{y}_i^{(0)} = 0$

加入第一棵树：$\hat{y}_i^{(1)} = f_1(x_i) = \hat{y}_i^{(0)} + f_1(x_i)$

加入第二棵树：$\hat{y}_i^{(2)} = f_1(x_i) + f_2(x_i) = \hat{y}_i^{(1)} + f_2(x_i)$

……

加入第 t 棵树：$\hat{y}_i^{(t)} = \sum_{k=1}^{t} f_k(x_i) = \hat{y}_i^{(t-1)} + f_t(x_i)$

每加入一棵树损失函数就会发生变化，在加入第 t 棵树时，前面第 $t-1$ 棵树已经训练完

成，此时前面 $t-1$ 棵树的正则项和训练误差为已知常数项。

$$\mathcal{L}(\phi) = \sum_i l(\hat{y}_i, y_i) + \sum_k \Omega(f_k) = \sum_i l(y_i, \hat{y}_i^{(t-1)} + f_t(x_i)) + \Omega(f_t) + C \qquad (8\text{-}48)$$

如果损失函数采用均方误差，则：

$$
\begin{aligned}
\mathcal{L}(\phi) &= \sum_i l(y_i, \hat{y}_i^{(t-1)} + f_t(x_i)) + \sum_k \Omega(f_k) \\
&= \sum_{i=1}^n (y_i - (\hat{y}_i^{(t-1)} + f_t(x_i)))^2 + \Omega(f_t) + C \\
&= \sum_{i=1}^n \left[2(\hat{y}_i^{(t-1)} - y_i)f_t(x_i) + f_t(x_i)^2 \right] + \Omega(f_t) + C
\end{aligned}
\qquad (8\text{-}49)
$$

其中，$\Omega(f) = \Upsilon T + \frac{1}{2}\lambda |\omega|^2 = \Upsilon T + \frac{1}{2}\lambda \sum_{j=1}^T w_j^2$，因此目标损失函数还可以写成：

$$\mathcal{L}(\phi) = \sum_{i=1}^n \left[2(\hat{y}_i^{(t-1)} - y_i)f_t(x_i) + f_t(x_i)^2 \right] + \Upsilon T + \frac{1}{2}\lambda \sum_{j=1}^T w_j^2 + C \qquad (8\text{-}50)$$

利用泰勒展开式近似目标损失函数，有：

$$
\begin{aligned}
\mathcal{L}(\phi) &= \sum_i l(y_i, \hat{y}_i^{(t-1)} + f_t(x_i)) + \Upsilon T + \frac{1}{2}\lambda \sum_{j=1}^T w_j^2 + C \\
&\approx \sum_i \left[l(y_i, \hat{y}_i^{(t-1)}) + \partial_{\hat{y}_i^{(t-1)}} l(y_i, \hat{y}_i^{(t-1)})f_t(x_i) + \frac{1}{2}\partial_{\hat{y}_i^{(t-1)}}^2 l(y_i, \hat{y}_i^{(t-1)})f_t(x_i)^2 \right] \\
&\quad + \Upsilon T + \frac{1}{2}\lambda \sum_{j=1}^T w_j^2 + C
\end{aligned}
\qquad (8\text{-}51)
$$

令 $g_i = \partial_{\hat{y}_i^{(t-1)}} l(y_i, \hat{y}_i^{(t-1)})$，$h_i = \partial_{\hat{y}_i^{(t-1)}}^2 l(y_i, \hat{y}_i^{(t-1)})$，对于第 t 棵树，$l(y_i, \hat{y}_i^{(t-1)})$ 是常数，去除所有常数项，目标损失函数可以写成：

$$
\begin{aligned}
\mathcal{L}(\phi) &\approx \sum_i \left[l(y_i, \hat{y}_i^{(t-1)}) + g_i f_t(x_i) + \frac{1}{2}h_i f_t(x_i)^2 \right] + \Upsilon T + \frac{1}{2}\lambda \sum_{j=1}^T w_j^2 + C \\
&\approx \sum_i \left[g_i f_t(x_i) + \frac{1}{2}h_i f_t(x_i)^2 \right] + \Upsilon T + \frac{1}{2}\lambda \sum_{j=1}^T w_j^2 \\
&= \sum_{j=1}^T \left[g_i w_{q(x_i)} + \frac{1}{2}h_i w_{q(x_i)}^2 \right] + \Upsilon T + \frac{1}{2}\lambda \sum_{j=1}^T w_j^2 \\
&= \sum_{j=1}^T \left[\left(\sum_{i \in I_j} g_i \right) w_j + \frac{1}{2}\left(\sum_{i \in I_j} h_i + \lambda \right) w_j^2 \right] + \Upsilon T
\end{aligned}
\qquad (8\text{-}52)
$$

式（8-52）中，前两行 $i=1\sim n$ 求和表示在样本中遍历，后两行 $j=1\sim T$ 求和表示在叶子节点上遍历，其中 T 表示第 t 棵树中总叶子节点的个数，$I_j = \{i|q(x_i)=j\}$ 表示在第 j 个叶子节点

上的样本，w_j 表示第 j 个叶子节点分数。

令 $G_j = \sum_{i \in I_j} g_i$、$H_j = \sum_{i \in I_j} h_i$，则：

$$\mathcal{L}(\phi) = \sum_{j=1}^{T} \left[G_j w_j + \frac{1}{2} (H_j + \lambda) w_j^2 \right] + \varUpsilon T \tag{8-53}$$

对 w_j 求偏导，使得其导函数等于 0，有

$$G_j + (H_j + \lambda) w_j = 0$$

得：

$$w_j^* = -\frac{G_j}{H_j + \lambda}$$

目标函数为：

$$\mathcal{L}(\phi) = -\frac{1}{2} \sum_{j=1}^{T} \frac{G_j^2}{H_j + \lambda} + \varUpsilon T \tag{8-54}$$

近几年，XGBoost 是机器学习领域的重要算法，它的执行速度比其他 Gradient Boosting 实现快，而且模型性能在结构化数据集以及分类 / 回归 / 排序预测建模上表现突出。

4. LightGBM

LightGBM 是一种基于 Boost 模型理论的新型模型。在工程应用上，LightGBM 得益于其高效的编译语言和简洁明了的代码语言，大大降低了使用门槛。在算法上，LightGBM 基于梯度的单边采样（Gradient-based One-side Sampling，GOSS）方法和互斥特征捆绑（Exclusive Feature Bunding，EFB）方法，大大提高了模型的训练速度且保证了准确率。下面具体讲一下 LightGBM 的改进方向。

首先介绍一下 GOSS 算法。GOSS 算法的主要思想是，梯度大的样本对信息熵增益的影响大，也就是说梯度大的样本点会贡献更多的信息熵增益。因此，为了保证信息熵增益的精度，当我们对样本进行下采样的时候保留大梯度的样本点，而对于小梯度的样本点按比例进行随机采样即可。通俗地说，人为过滤了一部分小梯度样本，使其不进入随机采样过程。采样样本的减少一方面保证了大梯度样本的存留，另一方面降低了运算压力，这也是 GOSS 算法能够使 LightGBM 模型训练加速的原因之一。

GOSS 的伪代码如下所示。

```
Gradient-based One-Side Sampling:
Input: I: training data, d:iterations
Input: a: sampling ratio of large gradient data
Input: b: sampling ratio of small gradient data
Input: loss: loss function, L: weak learner
models ← {}, fact ← (1-a)/b
topN ←a×len(I), randN ←b×len(I)
```

```
for i=1 to d do
pred ← models.predict(I)
g← loss(I, preds), w← {1,1,…}
sorted ← GetSortedIndices(abs(g))
topSet ← sorted[1:topN]
randSet ← RandomPick(sorted[topN:le(I)], randN)
usedSet ← topSet + randSet
w[randSet] × = fact ▷Assign weight fact to the small gradient data.
newModel ← L(I[usedSet], - g[useSet], w[useSet])
  models.append(newModel)
```

伪代码解释：在利用损失函数得到每一个样本的梯度之后，对绝对梯度进行排序，取出排序结果中 topN 作为大梯度样本，在剩余的样本中随机抽取一部分作为小梯度样本，将大、小梯度样本合并，并给予小梯度样本一个权重。权重系数由大、小样本占总样本量的比重决定。权重系数 $\text{fact} = \dfrac{1-a}{b}$，其中 a 是大梯度样本占全部样本的比重，b 是小梯度样本占全部样本的比重。使用当前样本生成一个新的弱学习器，重复以上步骤直至模型收敛或达到最大迭代次数。这里要特别说明权重系数的作用——本身的目的其实是希望通过提高部分小梯度样本的权重，使当前所使用的小梯度样本能尽可能地担当起原始全部小梯度样本所承担的工作。

EFB 算法是 LightGBM 中内置地对特征降维的方法。其本质与 GOSS 算法类似，如果说 GOSS 是对样本的抽样，那么 EFB 就是对特征的抽样。同理，随着输入特征的减少，模型的复杂度与运算压力都将相应减少，也由此提高了模型的训练速度。EFB 的核心思想在于：在实际生产中，高维度的数据往往是稀疏的，这样就可以通过对特征的降维，实现以一种近乎无损的方式来减少特征数量。而特征降维的思想在于捆绑生成新的特征。在生成新特征过程中，特征几乎是互斥的，即特征并不同时为非 0 值。在这种情况下，我们可以将其捆绑成一个特征，从而减少特征维度。简单举个例子，如果当前有两组特征，分别是 [1,0,1,0] 和 [0,1,0,1,0]，那么按照特征合并的思想，我们可以将这两组特征合并成 [1,2,1,2,1]，而合并之后的特征所含有的属性与之前并无太大区别。当然，实际情况并不会如例子那样完美。下面是 EFB 的贪心解法——Greedy Bundling 伪代码。

```
Greedy Bundling:
Input: F: features, K: max conflict count
Construct graph G
searchOrder ← G.sortByDegree()
bundles ← {}, bundlesConflict ← {}
for i in searchOrder do
needNew ← True
for j=1 to len(bundles) do
cnt ← ConflictCnt(bundles[j], F[i])
```

```
    if cnt + bundlesConflict[i] ≤ K then
        bundles[j].add(F[i]), needNew ← False
        break
    if needNew then
        Add F[i] as a new bundle to bundles
Output: bundles
```

伪代码解释如下。

输入：特征 F，最大冲突计数 K。

输出：捆绑后的特征。

构造一个图 G，其中每个特征 F 的权重等于其与其他特征间的特征冲突值。将特征按照由大到小排序并循环。如果当前有捆绑组，则考虑是否将当前特征加入任意一个捆绑组，其阈值由 K 限定，即加入捆绑组后，当前捆绑组的最大冲突计数值不大于 K。如果当前没有捆绑组或当前特征值无法加入捆绑组，则以当前特征为起点创建捆绑组。循环结束后，返回的捆绑组即特征组合结果。

LightGBM 较其他算法有如下特性。

1）**Leaf-wise 特性**：通常，决策树的分裂是同时进行且不加权重区分的，而对于很多收益较低的叶子，该方法无疑增大了开销。而 Leaf-wise 是在所有叶子节点中选取分裂收益最大的节点进行的。因此在分裂次数相同的情况下，Leaf-wise 享有更高的准确度。同样，对于树模型本身的过拟合问题，LightGBM 也可以通过 max_depth 即最大树深来做出限制。

2）**类别特征的分裂**：LightGBM 采用的是直方图加回归树的方式，因此在类别特征分裂时，继承了直方图与回归树的优势。利用直方图，LightGBM 可以将所有的特征压缩至有限的（bin，value）中，这大大减少了需要计算的特征类别。同时，所有分裂节点的梯度都可以通过保存的当前节点的梯度与 value 值不断运算得到。而对于排好序的直方图，回归树又可以寻找到最好的分裂点。这既保证了准确度，又大大提高了运算速度。

8.4　深度学习模型

在搜索系统中，深度学习在 NLP 中的 Query 理解、语义分析中已得到广泛应用。在推荐系统中，大量离散特征及高维度的稀疏特征，甚至特征交叉或组合对预测效果所产生的影响，对深度学习模型提出了更高要求。CTR 系统在形式上更像推荐系统，所以可以把它和推荐系统一并考虑。第 5 章介绍过两种深度学习模型，本节会继续归纳深度学习模型在推荐系统的中应用。

8.4.1　Wide & Deep 模型

Google 在 2016 年提出 Wide & Deep 模型，其将宽度模型与深度神经网络进行联合训练，结合了记忆与泛化能力。该模型应用于 Google Play 的推荐场景中，有效地增加了 Google Play 的下载量。

推荐系统中有一个极具挑战的问题，就是需要让系统同时具有记忆和泛化能力。记忆能力的实现需要系统学习大量物品和特征的共现率，然后利用这些共现率挖掘历史数据的相关性。其在实现上需要对一系列宽泛的跨产品特性进行转换。记忆的优点是可解释性强，缺点是与用户已执行的操作项目直接相关。泛化能力的实现需要系统基于相关性转移，探索之前很少出现或从未出现过的新的交叉特征。其在实现上需要进行更多的特征工作，而且模型越深可能越有效。泛化的优点是可以提高推荐项目的多样性，缺点是当查询矩阵稀疏且秩高时，难以有效地学习低维表示。针对记忆和泛化能力的优劣之处，我们提出 Wide 和 Deep 相结合的方式，如图 8-9 所示。

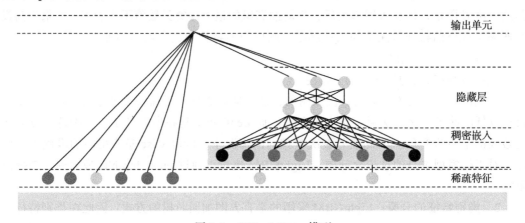

图 8-9　Wide & Deep 模型

前面曾介绍过集成模型，以及 XGBoost 在工业实践中取得的优异成绩。那么，Wide & Deep 模型和集成模型有哪些异同点呢？集成模型中每个模型是单独训练的，Wide & Deep 模型是联合训练并且同时优化所有参数。Wide & Deep 模型训练方法如图 8-10 所示。

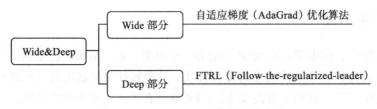

图 8-10　Wide & Deep 模型训练方法

Wide&Deep 模型，即广度和深度兼顾的模型，其基本思想在于，深度学习模型本身虽然有着较好的泛化能力，但是对于样本提供的直观特点记忆能力较弱；而广度模型，虽然对于训练样本本身的记忆较强，但是缺乏较好的泛化能力。结合两者，同时训练的 Wide &

Deep 模型，由于最终的预测结果是由 Wide 部分与 Deep 部分耦合得来的，所以有着更强的表现效果。这里主要介绍 AdaGrad 算法与 FTRL 算法。

1. AdaGrad 算法

AdaGrad 其实是对学习率进行了约束。该算法是将每一个参数的每一次迭代的梯度取平方累加后再开方，然后用全局学习率除以开方后的值，作为学习率的动态更新。

$$n_t = n_{t-1} + g_t \tag{8-55}$$

$$\Delta\theta_t = -\frac{\eta}{\sqrt{n_t + \varepsilon}} g_t \tag{8-56}$$

其中，对 g_t 从 1 到 t 进行递推，形成一个正则化约束项 $-\dfrac{1}{\sqrt{\sum_{r=1}^{t}(g_r)^2 + \varepsilon}}$，$\varepsilon$ 用来保证分母非 0。

从公式（8-56）可以看出，随着算法不断迭代，n_t 会越来越大，整体的学习率会越来越小。一般来说，AdaGrad 算法一开始是激励收敛，后面慢慢变成惩罚收敛，速度越来越慢。

AdaGrad 算法流程如下。

已知：全局学习率 ε，初始参数 θ，小常数 δ，为了数值稳定设为 10^{-7}

初始化梯度累积变量 $r=0$

当没有达到停止准则，则

　　从训练集中采集 m 个样本 $\{x^{(1)}, \cdots, x^{(m)}\}$，对应目标为 $y^{(i)}$

　　计算梯度：$g \leftarrow \dfrac{1}{m}\nabla_\theta \sum_i L(f(x^{(i)};\theta), y^{(i)})$

　　累计平方梯度：$r \leftarrow r + g \odot g$

　　计算更新：$\Delta\theta \leftarrow \dfrac{\varepsilon}{\delta + \sqrt{r}} \odot g$

　　应用更新：$\theta \leftarrow \theta + \Delta\theta$

结束

---

2. FTRL 算法

使用流式样本实时训练模型时，在线梯度下降算法不能非常高效地产生稀疏解。常见的产生稀疏解的方法如下。

1）设定一个阈值，每次线上训练 K 个数据后截断一次，这种方法称为简单截断。但简单截断无法确定特征确实稀疏还是只是刚刚开始更新。简单截断示意图如图 8-11 所示。

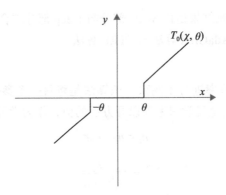

图 8-11 简单截断示意图

2）当 t/k 不是整数时，采用 SGD 算法；当 t/k 是整数时，采取梯度截断（Truncated Gradient）方法。梯度截断示意图如图 8-12 所示。

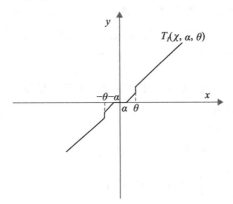

图 8-12 梯度截断示意图

前向后向切分（Forward-Backward Splitting，FOBOS）可以看作是梯度截断在特定条件下的特殊形式。正则对偶平均（Regularized Dual Averaging，RDA）是一种非梯度下降类方法，通过判定对象梯度的累加均值，避免了某些维度由于训练不足导致截断的问题。RDA 的截断阈值是常数，截断判定上更加激进，更容易产生稀疏性，但会损失一定精度。

FTRL 综合考虑了 FOBOS 和 RDA 的优点，采取如下优化方法：

$$w_{t+1} = \arg\min_{w}\left(g_{1:t} \cdot w + \frac{1}{2}\sum_{s=1}^{t}\sigma_s \|w - w_s\|_2^2 + \lambda_1 \|w\|_1 \right) \qquad (8\text{-}57)$$

式（8-57）等式右边第一部分为累计梯度和，代表损失函数下降的方向；第二部分表示新的结果不要偏离已有结果太远；第三部分是正则项，用于产生稀疏解。下面分别具体介绍一下 FOBOS 和 RDA 算法。

（1）FOBOS 算法

FOBOS（Forward Backward Splitting，前向后向切分）算法的权重更新分为两步，其中 t 是迭代次数，η^t 是当前迭代的学习率，G^t 是损失函数的梯度，$\psi(W)$ 是正则项，有：

$$W^{t+0.5} = W^t - \eta^t G^t \tag{8-58}$$

$$W^{t+1} = \underset{w}{\mathrm{argmin}} \left\{ \frac{1}{2} \left\| W - W^{t+0.5} \right\|_2^2 + \eta^{t+0.5} \psi(W) \right\} \tag{8-59}$$

权重更新的另一种方式如下。

对上式 argmin 部分求导，令导数等于 0，可得：

$$W^{t+1} = W^t - \eta^t G^t - \eta^{t+0.5} \partial \psi(W^{t+1}) \tag{8-60}$$

可以看出，W^{t+1} 的更新不仅和 W^t 相关，还和自身相关。

当正则化项是 L1 范数（L1-FOBOS），其中 $\lambda > 0$，则，

$$W^{t+0.5} = W^t - \eta^t G^t \tag{8-61}$$

$$W^{t+1} = \mathrm{argmin}_w \left\{ \frac{1}{2} \left\| W - W^{t+0.5} \right\|_2^2 + \eta^{t+0.5} \lambda \left\| W \right\|_1 \right\} \tag{8-62}$$

（2）RDA 算法

RDA 算法的特征权重的更新策略如下。

累计梯度：

$$G^{(1:t)} = \sum_{s=1}^{t} G^s \tag{8-63}$$

累计梯度平均值：

$$g^{(1:t)} = \frac{1}{t} \sum_{s=1}^{t} G^s = \frac{G^{(1:t)}}{t} \tag{8-64}$$

设 $\psi(W)$ 是正则项，$h(W)$ 是一个严格的凸函数，$\beta^{(t)}$ 是一个关于 t 的非负递增序列，则：

$$W^{t+1} = \mathrm{argmin}_w \left\{ g^{(1:t)} W + \psi(W) + \frac{\beta^{(t)}}{t} h(W) \right\} \tag{8-65}$$

当正则化项是 L2 范数（L2-RDA），令 $\psi(W) = \lambda \left\| W \right\|_1 (\lambda > 0)$，$h(W) = \frac{1}{2} \left\| W \right\|_2^2$，$\beta^{(t)} = \gamma \sqrt{t}$（$\gamma > 0$），各项同时乘以 t，得：

$$W^{t+1} = \underset{w}{\mathrm{argmin}} \left\{ g^{(1:t)} W + \lambda \left\| W \right\|_1 + \frac{\gamma}{2\sqrt{t}} \left\| W \right\|_2^2 \right\} \tag{8-66}$$

累计梯度 $G^{(1:t)} = \sum_{\gamma=1}^{t} G^\gamma$，$\sigma^s = \frac{1}{\eta^s} - \frac{1}{\eta^{s-1}}$，$\sigma^{(1:t)} = \frac{1}{\eta_t} = \sum_{s=1}^{t} \sigma^s (\lambda_1 > 0, \lambda_2 > 0)$，则特征权重的更新公式：

$$W^{t+1} = \underset{w}{\mathrm{argmin}}\left\{ G^{(1:t)}W + \lambda\|W\|_1 + \frac{1}{2}\|W\|_2^2 + \frac{1}{2}\sum_{s=1}^{t}\sigma^s\|W - W^s\|_2^2 \right\} \quad (8\text{-}67)$$

维度 i 的学习率 $\eta_i^t = \dfrac{\alpha}{\beta + \sqrt{\sum\limits_{s=1}^{t}(g^{(s)})^2}}$，其随着迭代次数增加而减小，$\beta$ 主要作用是保证分母不为 0。

用 σ 替换学习率可将 L1-FOBOS、L2-RDA、FTRL 写成类似的形式：

$$W_{\text{L1-FOBOS}}^{t+1} = \underset{w}{\mathrm{argmin}}\left\{ G^tW + \lambda\|W\|_1 + \frac{1}{2}\sigma^{(1:t)}\|W - W^t\|_2^2 \right\} \quad (8\text{-}68)$$

$$W_{\text{L1-RDA}}^{t+1} = \underset{w}{\mathrm{argmin}}\left\{ G^{(1:t)}W + t\lambda\|W\|_1 + \frac{1}{2}\sigma^{(1:t)}\|W - 0\|_2^2 \right\} \quad (8\text{-}69)$$

$$W_{\text{FTRL}}^{t+1} = \underset{w}{\mathrm{argmin}}\left\{ G^{(1:t)}W + \lambda\|W\|_1 + \frac{\lambda_2}{2}\|W\|_2^2 + \frac{1}{2}\sum_{s=1}^{t}\sigma^s\|W - W^s\|_2^2 \right\} \quad (8\text{-}70)$$

闭式解及其推导过程如下。

将二次项展开，消去常数项，得：

$$W^{t+1} = \underset{w}{\mathrm{argmin}}\left\{ \left(G^{(1:t)} - \sum_{s=1}^{t}\sigma^sW^s\right)W + \lambda_1\|W\|_1 + \frac{1}{2}\left(\lambda_2 + \sum_{s=1}^{t}\sigma^s\right)\|W\|_2^2 \right\} \quad (8\text{-}71)$$

设 $Z^t = G^{(1:t)} - \sum_{s=1}^{t}\sigma^sW^s$，则 $Z^t = Z^{t-1} + G^t - \sigma^tW^t$，得：

$$W^{t+1} = \underset{w}{\mathrm{argmin}}\left\{ Z^tW + \lambda_1\|W\|_1 + \frac{1}{2}\left(\lambda_2 + \sum_{s=1}^{t}\sigma^s\right)\|W\|_2^2 \right\} \quad (8\text{-}72)$$

对于单个维度 i 来说：

$$W_i^{t+1} = \underset{w}{\mathrm{argmin}}\left\{ z_i^tW + \lambda_1\|W\|_1 + \frac{1}{2}\left(\lambda_2 + \sum_{s=1}^{t}\sigma^s\right)w_i^2 \right\} \quad (8\text{-}73)$$

对于公式（8-73），假设 w_i^* 是最优解，令上式导数等于 0，得：

$$z_i^t + \lambda_1\mathrm{sgn}(w_i^*) + \left(\lambda_2 + \sum_{s=1}^{t}\sigma^s\right)w_i^* = 0 \quad (8\text{-}74)$$

将式（8-74）分成三种情况进行讨论。

（1）当 $|z_i^t| \leq \lambda_1$ 时

1）当 $w_i^*=0$ 时，满足 $\mathrm{sgn}(0) \in (-1, 1)$，式（8-74）成立。

2）当 $w_i^*>0$ 时，$z_i^t+\lambda_1\mathrm{sgn}(w_i^*) = z_i^t+\lambda_1 \geq 0$ 且 $(\lambda_2+\sum_{s=1}^{t}\sigma^s)w_i^*>0$，式（8-74）不成立。

3）当 $w_i^*<0$ 时，$z_i^t+\lambda_1\mathrm{sgn}(w_i^*) = z_i^t+\lambda_1 \leq 0$ 且 $(\lambda_2+\sum_{s=1}^{t}\sigma^s)w_i^*<0$，式（8-74）不成立。

（2）当 $z_i^t>\lambda_1$ 时

1）当 $w_i^*=0$ 时，不满足 $\mathrm{sgn}(0) \in (-1,1)$，式（8-74）不成立。

2）当 $w_i^*>0$ 时，$z_i^t + \lambda_1\mathrm{sgn}(w_i^*)=z_i^t + \lambda_1>0$ 且 $(\lambda_2 + \sum_{s=1}^{t}\sigma^s)w_i^*>0$，式（8-74）不成立。

3）当 $w_i^*<0$ 时，$z_i^t + \lambda_1 \mathrm{sgn}(w_i^*) = z_i^t + \lambda_1 > 0$ 且 $(\lambda_2 + \sum_{s=1}^t \sigma^s)w_i^*<0$，$w_i^*$ 有解，

$$w_i^* = -\left(\frac{\beta + \sqrt{\sum_{s=1}^t (g^{(s)})^2}}{\alpha} + \lambda_2\right)^{-1}(z_i^t - \lambda_1)。$$

（3）当 $z_i^t < -\lambda_1$ 时

1）当 $w_i^*=0$ 时，不满足 $\mathrm{sgn}(0) \in (-1, 1)$，式（8-74）不成立。

2）当 $w_i^*>0$ 时，$z_i^t + \lambda_1 \mathrm{sgn}(w_i^*) = z_i^t + \lambda_1 < 0$ 且 $(\lambda_2 + \sum_{s=1}^t \sigma^s)w_i^*>0$，$w_i^*$ 有解，

$$w_i^* = -\left(\frac{\beta + \sqrt{\sum_{s=1}^t (g^{(s)})^2}}{\alpha} + \lambda_2\right)^{-1}(z_i^t + \lambda_1)。$$

3）当 $w_i^*<0$ 时，$z_i^t + \lambda_1 \mathrm{sgn}(w_i^*) = z_i^t + \lambda_1 < 0$ 且 $(\lambda_2 + \sum_{s=1}^t \sigma^s)w_i^*<0$，式（8-74）不成立。

综上所述，可得分段函数形式的闭式解：

$$w_i^{t+1} = \begin{cases} 0, 若\ |z_i^t| < \lambda_1 \\ -\left(\dfrac{\beta + \sqrt{\sum_{s=1}^t (g^{(s)})^2}}{\alpha} + \lambda_2\right)^{-1}(z_i^t - \mathrm{sgn}(z_i^t)\lambda_1), 否则 \end{cases}$$

8.4.2 Deep FM 模型

随着推荐系统的广泛使用，基于 CTR 预估的推荐方法被广泛应用。而对于 CTR 推荐方法来说，最重要的就是理解用户行为背后的隐含的特征。在不同的场景下，低阶组合特征与高阶组合特征都可能对模型产生影响。因此，通用且方便快捷地提取有效的组合特征是 CTR 模型进化的主要方向。

FM 考虑将特征交叉，这样就可以通过每一维特征的隐式变量内积来提取组合特征。虽然在理论上，我们可以无限度地去提取高维特征，但是考虑到模型的计算复杂度，一般不超过二阶的组合特征。这样往往可能错过更多有效的高阶组合特征。

DNN 模型通过 one-hot 编码方式将各种复杂的离散特征扁平化处理成一维向量特征，以便学习理解。随着网络深度的拓展，DNN 模型对高维特征的提取也更为有效。但是，由于我们追求的是方便、快捷、高效且通用的方法，因此希望在备选特征不明确的情况下，DNN 模型有自动挑选特征的能力，能兼顾所有特征。在现实工作中，这些都会导致 one-hot 编码后，输入特征过大，网络模型参数过多，大大降低模型的性能，增加训练和使用成本。同时，DNN 模型对于不同阶的特征是无法兼顾的。也就是说，随着对高维特征的提取，低维特征将无法有效地影响深度网络的输出结果。

在这种情况下，Deep FM 方法应运而生。总体来说，Deep FM 模型更像是 FM 模型与 DNN 模型的融合。一方面，该模型参考了 FFM 算法的思想，将不同的特征分到不同的场，然后利用一个全连接层对过大的特征进行压缩。压缩后的特征作为输入，可以有效地控制网络参数。另一方面，将 FM 计算后的低阶特征组合与 DNN 计算后的高阶特征组合作为输出，可以更直观有效地表述低阶特征组合与高阶特征组合对于最终结果的输出影响。

由此可以看出，Deep FM 既保留了 FM 对于低阶特征的有效组合和特征筛选功能，又保留了 DNN 对于高阶特征的挑选功能，同时又避免了输入特征过大的情况，有效地解决了 FM、FFM、DNN 所带来的问题。

Deep FM 可以看作是将 Wide & Deep 模型中 LR 模型换成了 FM 模型。Deep FM 包含两部分：神经网络部分与因子分解机部分，分别负责高维特征的提取和低维特征的提取。这两部分共享同样的输入。Deep FM 结构示意图如图 8-13 所示。

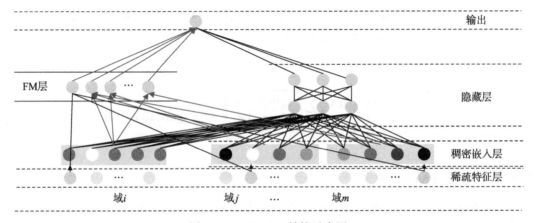

图 8-13　Deep FM 结构示意图

在稀疏特征层，所有特征按照既有的场分组，并分别按照给定的 k（即隐向量长度）计算全连接层。所以，全连接层的长度为 mk，其中 m 是特征的场数量。对于 FM 侧，在经过稠密嵌入层之后，FM 层有了来自稀疏特征层准备求和的、带有待训练权重的原始特征，也有了来自稠密嵌入层准备交叉内积的、权重为 1 的隐向量特征。而对于 DNN 侧，所有的输入数据均来自全连接层，之后进入正常的隐藏层进行计算。最终，将来自 FM 侧与 DNN 侧的结果利用 sigmoid 激活函数结合，作为模型总的输出结果。

$$\hat{y} = \text{sigmoid}(y_{\text{FM}} + y_{\text{DNN}}) \tag{8-75}$$

自此，Deep FM 算法流程结束，而中间训练的过程中，参数的迭代与之前的 FM 和 DNN 并无差异。

在同类高阶特征的提取上，Deep FM 有效提高了运算速度；在低阶特征组合与高阶特征组合的使用上，Deep FM 更为有效、便捷甚至易懂；在特征工程上，Deep FM 更是省去了大量烦琐的工作。当然，Deep FM 也并非完美无缺，作为同时训练 FM 与 DNN 的结合模型，虽然使用了全连接层压缩输入向量，但模型训练的耗时仍然很长。

8.5　本章小结

本章主要对推荐系统中经常用到的算法进行总结。8.1 节主要讲解了矩阵分解算法，矩阵分解算法也经常会在推荐系统的离线计算过程中用到。8.2 节着重介绍了两种线性模型以及它的变种。8.3 节对业界经常用到的树模型进行有效的梳理。8.4 节对深度学习模型在推荐系统中的使用进行了描述，因为第 5 章已经提到过 DNN 和 DSSM 模型，所以本节着重讲解了 Deep FM 模型。

推荐系统的评价

推荐系统落地到业务中，需要搭建支撑推荐系统的各个模块，其中效果评估模块是非常重要的一个模块。本章通过介绍推荐系统的评价体系、评估方法和评价指标，使读者了解推荐系统评估模块，包括怎样评估推荐系统的效果、有哪些评估手段、在推荐业务中的哪些阶段进行评估、具体的评估方法。

9.1　推荐评估的目的

推荐系统评估与推荐系统的产品定位息息相关。推荐系统是信息高效分发的手段，用于更快、更好地满足用户的不确定需求。所以，推荐系统的精准度、惊喜度、多样性等都是评估的指标。同时，推荐系统要具备稳定性。稳定性可以通过实验评估。在实现方面，是否能支撑大规模用户访问等也是推荐系统评估指标。

推荐系统评估的目的是从上述维度评估推荐系统的实际效果及表现，从中发现优化点，以便能够更好地满足用户需求，为用户提供更优质的推荐服务，同时获取更多的商业利益。

9.2　推荐系统的评价指标

怎么评估推荐系统？从哪些维度来评估推荐系统？这是评估推荐系统不可回避的两个问题。对于一个推荐系统，我们可以从用户、平台方、标的物、推荐系统本身 4 个维度进行评估，如图 9-1 所示。

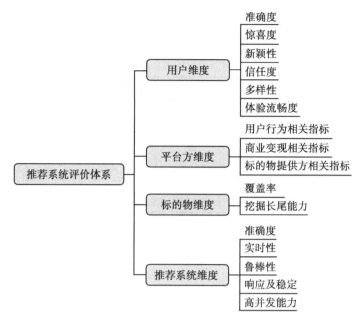

图 9-1　推荐系统的评价体系

下面分别对这 4 个维度进行介绍。

1. 用户维度

用户维度是指从用户的角度出发，用户喜欢什么，系统就推荐什么。从用户维度看，我们可以从准确度、惊喜度、新颖性、信任度、多样性、体验流畅度这几个方面进行评估。

1）准确度指推荐的物品是不是用户需要的。以视频推荐为例，如果用户点击观看了推荐的电影，说明推荐的电影是用户喜欢的，推荐准确度高。这里的准确度主要表示用户的主观体验。

2）惊喜度指推荐给用户一些完全与他们历史喜欢物品不相似，但是用户却喜欢的物品。这些推荐可能超出用户的预期，给用户一种耳目一新的感觉。

3）新颖性指推荐给用户一些应该感兴趣但是不知道的内容。比如，用户非常喜欢某位歌星的歌曲，如果推荐给他一部电影，假设用户从未听说该歌星演过电影，且用户确实喜欢这部电影，那么当前的推荐就属于新颖推荐。

4）信任度指用户对推荐系统或者推荐结果的认可程度。比如，用户喜欢头条推荐的内容，就会持续点击或浏览系统的推送内容。

5）多样性指推荐系统会提供多品类的标的物，以便拓展用户的兴趣范围及提升用户体验，如图 9-2 所示。比如，系统推荐了不同风格的音乐，且用户体验效果更好，则认为该系统具有大量的乐曲。

6）体验流畅度指系统与用户交互时，用户体验不会出现卡顿。从系统角度看，要求推荐系统性能更可靠，提供服务更流畅，不会出现卡顿和响应不及时的情况。

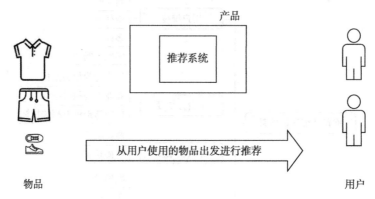

图 9-2　推荐系统提供多品类标的物

2. 平台维度

平台维度是指从标的物提供方和用户角度出发，通过衡量双方利益来评价整体效益。因此，我们既可以从标的物提供方进行评价，也可以从用户方的商业价值进行评价，同时可以针对双方进行评价。评价的指标包括商业指标，如大部分互联网产品通过广告赚取的收益。除了关注商业指标外，我们还需要关注用户留存、用户活跃、用户转化等指标。所以从平台维度看，我们可以从以下三类指标评价推荐系统：第一类是用户行为的相关指标；第二类是商业变现的相关指标；第三类是标的物提供方指标。

（1）用户行为的相关指标

用户行为的相关指标包括以下相关指标。比如，PV（Page View）指标（页面访问率或者页面点击率、页面的刷新次数）；日活或月活（周期内活跃用户的数量）指标；留存率（下一个周期留存继续使用的用户）；转化率（期望的行为数与行为总数的商）。

（2）商业变现的相关指标

商业变现的相关指标可由涉及的具体商业指标衡量。衡量推荐系统商业价值，需要从产品的盈利模式谈起。目前，互联网产品主要有 4 种盈利模式：游戏（游戏开发、游戏代理等）、广告、电商、增值服务（如会员等），后三种模式都可以通过优化推荐技术做得更好。推荐技术的优化目标可以以商业表现为最终目标，比如考虑提升系统的曝光与转化，提升用户的留存率、活跃度、延长停留时长等。

（3）标的物提供方指标

标的物提供方指标指与商家相关的指标。平台方需要服务好用户和标的物提供方（比如视频网站是需要花钱购买视频版权的）。大部分互联网产品会通过广告赚取收益。

3. 标的物维度

当然，我们也可以从标的物视角去评价推荐系统，比如通过覆盖率和挖掘长尾用户的能力去评估。

1）覆盖率主要是考察推荐的覆盖范围。

$$覆盖率 = \frac{|U_{u \in U} R_u|}{|I|} \tag{9-1}$$

式（9-1）中，$U_{u \in U} R_u$ 表示所有提供推荐服务的用户的集合，I 表示所有标的物的集合，是给用户 u 推荐的全量物品。

2）挖掘长尾用户的能力是推荐系统的一个重要价值，具体指将小众的标的物分发给喜欢该类标的物的用户的能力。

4. 推荐系统维度

推荐系统维度指从自身出发去衡量整个系统的优劣。前面章节在介绍推荐系统时，强调了推荐算法在推荐系统中的重要作用，因此评价推荐系统可以从评价算法出发。在评价过程中，我们可以考虑从以下几个方面进行。

1）准确度是指核心推荐算法的准确程度。在推荐场景下，无论有监督学习还是无监督学习，机器学习模型都有一定的解决实际问题的能力。所以，我们可以从模型解决实际问题的能力等进行评价。比如，在推荐排序中，我们可以使用准确率、召回率和 nDCG 等指标来评判推荐算法准确度。简单来说，准确率反映的是模型正确预测的结果，召回率反映的是仅考虑预测结果中正召回结果占正确结果的比例，而 nDCG 考量了最终的排序结果与原始排序结果的差异性。

注意，这里的准确度和用户视角的准确度可以一致也可以不一致。用户视角的准确度强调主观感受，而这里强调客观存在。

2）实时性是指用户的兴趣随时间变化而变化，推荐系统能做到近实时推荐是非常重要的。

3）鲁棒性是指推荐系统及推荐算法不会因为"脏"数据而脆弱，能够为用户提供稳定的服务。从宏观上讲，推荐系统依赖于用户行为日志；从微观上讲，推荐算法也依赖于用户行为日志。如果用户行为日志产生偏差，推荐系统不会因为"脏"数据影响最终的推荐效果。比如，我们可以在系统中引入知识图谱，用知识图谱来纠正因用户行为日志产生的偏差，减小"脏"数据对推荐效果产生的负面影响。

4）推荐系统响应推荐服务的时长以及推荐服务的稳定性。推荐服务的稳定包括推荐是否可以正常访问，推荐服务是否挂起等。

5）高并发能力是指推荐服务在较高频次的用户请求下能正常稳定地运行。

补充： 在实际生产中，我们遇到的问题往往非常复杂，并且为了让模型能更好地解决

当前问题，需要用不同的方法去评价推荐模型。

比如，如果在一个应用场景中采用了单文档排序方法，那么我们会偏向于使用准确率与召回率去评价模型。当然，我们也可以选择使用 NDCG 去评价模型。但是，它对于排序顺序并不敏感，所以评价结果可能不会太好。如果针对强调排序顺序固定或极其敏感的场景，通常建议使用 nDCG。

9.2.1　RMSE 和 R 方

前文已经介绍了不少关于测评指标的内容，这里再补充一些，首先是 MAE 和 RMSE。

平均绝对误差（Mean Absolute Error，MAE）是绝对误差的平均值，如公式（9-2）所示：

$$\mathrm{MAE}(X,h)=\frac{1}{m}\sum_{i=1}^{m}\left|h(x^{i})-y^{(i)}\right| \tag{9-2}$$

RMSE（Root Mean Square Error，均方根误差）是用来衡量观测值同真实值之间偏差，如式（9-3）所示：

$$\mathrm{RMSE}(X,h)=\sqrt{\frac{1}{m}\sum_{i=1}^{m}(h(x_{i})-y_{i})^{2}} \tag{9-3}$$

如式（9-2）、（9-3）所示，$h(x_i)$ 是模型的预测值（观测值），y_i 则是真实值。

与所有的均方根方法一样，RMSE 方法对于异常值比较敏感。通俗地讲，RMSE 方法更能准确地评价同样准确率下的不同模型，能够有效地判定哪一个预测结果更可靠。在场景上，如果不苛求模型的准确度，我们希望模型的预测结果更可靠，那么 RMSE 方法则更适用。

R 方（R-Squared）是一种评价模型与真实值之间拟合程度的方法，如式（9-4）所示：

$$\mathrm{R}^{2}=1-\frac{\sum(y-y_{r})^{2}}{\sum(y_{r}-y_{m})^{2}} \tag{9-4}$$

其中，y 是预测值，y_r 是真实值，y_m 则是均值。那么，R^2 其实是用平方误差 / 平方差。这样做的好处在于 R^2 可以简单直接地评价预测值与真实值的耦合程度，即 $R^2=0$ 时，模型与真实结果几乎不拟合；$R^2=1$ 时，模型与真实结果几乎全拟合。同时，R^2 还解决了 RMES 和 MAE 中样本波动的问题。

9.2.2　MAP 和 MRR

MAP（Mean Average Precision，平均正确率），其中 AP 的计算方法如式（9-5）所示：

$$\mathrm{AP}=\frac{\sum_{k=1}^{n}(P(k)\times\mathrm{rel}(k))}{N_{\mathrm{rel}}} \tag{9-5}$$

其中，k 为检索结果队列中的排序位置；$P(k)$ 为前 k 个结果的准确率，即 $P(k) = \dfrac{N_{\text{rel}}}{N}$；$N$ 表示总文档数量；$\text{rel}(k)$ 表示与位置 k 的文档是否相关，相关为 1，不相关为 0；N_{rel} 表示相关文档数量。

MAP 即对将多个查询对应的 AP 求平均。MAP 是反映系统在全部相关文档上性能的单值指标。系统检索出来的相关文档越靠前，MAP 就可能越高。

$$\text{MAP} = \frac{\sum_{q=1}^{Q} \text{AP}(q)}{Q} \tag{9-6}$$

其中，Q 为查询的数量。

MRR（Mean Reciprocal Rank，平均倒数排名）是依据排序的准确度，对查询请求响应的结果进行评估。该方法的详细内容可以查看第 6 章。

9.2.3　其他相关指标

前文介绍了很多方法去评价模型，但是这些评价结果很可能会随着数据的变动而变动，所以，我们就需要一个可以无视数据波动的模型效果评价指标。如果我们把召回设定为 TPR，则有 $\text{FPR} = \dfrac{\text{FP}}{\text{FP} + \text{TN}}$，以 FPR 为横坐标，TPR 为纵坐标，随着阈值的变动可以得到一个用来评价分类器性能、在 (0,0) 与 (1,1) 之间的线段。

这里要特殊说明一下，以二分类模型举例，分类器训练之后得到一个可以利用固定阈值和样本预测值进行分类的模型。在预测值固定不变的情况下调整阈值，那么分类结果也会随之变动。同理，这个过程中 TPR 和 FPR 也会随之变动。将不同阈值下的 TPR 和 FPR 的结果展示在坐标系上，最终就可以得到 ROC 曲线。

AUC 则是 ROC 曲线靠近横坐标侧的面积。因为 ROC 曲线均为凸曲线，所以 AUC 的值在 0.5~1 之间浮动。AUC 其实描述的是模型的性能，AUC 越大，当前越存在一个合适的阈值使得模型的分类效果越好。另外，这里还要说明一点的是，为什么 ROC 曲线总是凸曲线？ROC 其实取决于 TPR 和 FPR 之间的变换关系，如果预测结果为凹曲线，我们只需要调换正负预测关系，则凹曲线自然就变换成了凸曲线。对于 AUC 低于 0.5 的模型，我们更偏向于通过调整数据和参数等其他手段，以保证 ROC 曲线呈现凸曲线。一旦 AUC 低于 0.5，以二分类模型举例，我们可以理解为当前模型一定程度上比随机猜测的结果还要差。

最后，为什么我们要使用 ROC 和 AUC 评价指标？很重要的原因是 ROC 的横纵坐标分别是 FPR 和 TPR，得益于其计算方式，两者对于样本正负比例的变化是不敏感的。这种情况下，ROC 与 AUC 指标更能集中突显模型分类性能的好坏，而几乎不受其他因素的影响。

9.3 推荐系统的评估实验方法

前面的章节已经介绍过推荐系统架构一般包含召回和排序两个阶段。推荐算法存在于推荐系统的两个阶段。推荐算法本质上是一个机器学习问题。首先，我们需要构建推荐算法模型，选择合适并且效果好的算法模型，将算法模型部署到线上推荐业务，利用算法模型来预测用户对标的物的偏好，通过用户的真实反馈，包括是否点击、是否购买、是否收藏等来评估算法效果；同时，在必要的时候和用户沟通，收集用户对推荐系统的真实评价。我们可以根据推荐业务流将推荐系统评估分为三个阶段：离线评估、在线评估和主观评估，如图 9-3 所示。与此同时，我们可以将之前介绍的评价指标嵌入各阶段。

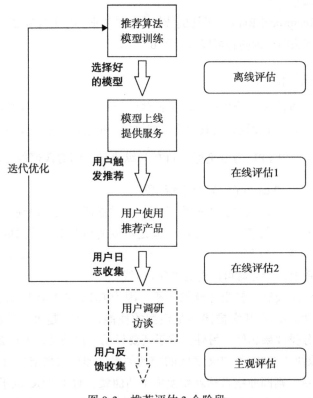

图 9-3　推荐评估 3 个阶段

9.3.1　离线评估

离线评估是算法人员在线下进行实验来检查算法、数据、系统等是否正常的方法。离线评估的主要过程如下。

1）从数据仓库提取线上数据，分别用于线下训练和测试。

2）对数据进行预处理，并分为训练集和测试集。

3）在训练数据集上进行模型训练，在测试集上进行测试。

4）计算测试集上模型训练效果，按照一定的指标评估离线效果是否达到上线标准。

离线评估有三大优点。

1）不需要对系统有实际控制权。

2）不需要用户和内容提供方实时参与。

3）在性能满足的前提下，可以大批量地测试多种模型，利于调整及优化算法模型。

但是，离线评估也有一些缺点。

1）无法计算部分核心商业指标。

2）预测结果与真实结果存在一定差距。

通过离线评估，我们可以将适合评价推荐算法的具体指标应用到离线评估过程中，具体涉及的评估指标如下所示。

1. 准确度

准确度评估的主要目的是事先评估推荐算法模型是否精准，为选择合适的模型上线提供决策依据。在这个过程中，主要是评估推荐算法是否可以准确预测用户的兴趣偏好。我们可以根据三种不同的范式评估系统的准确度。

第一种范式是将推荐算法看作预测问题。预测对标的物的评分值（比如 0 ~ 10 分）。解决该类型问题的思路：预测出用户对所有没有产生行为的标的物的评分，按照评分从高到低排序。这种思路下，推荐算法可作为评分预测模型。

第二种范式是将推荐算法看成分类问题。推荐可以看作是二分类，将标的物分为喜欢和不喜欢两类；也可以看作是多分类，每个标的物就是一个类，根据用户过去行为预测下一个行为。解决该类型问题的思路一般是：预测出某个标的物属于某个类别的概率，根据概率值进行评估；也可以类似第一种思路，排序形成 Top N 推荐。

第三种范式是将推荐算法看成一个排序学习问题，利用排序学习的思路来做推荐。这类问题需要学习一个有序列表。

推荐系统的目的是为用户推荐一系列标的物，命中用户的兴趣点，让用户消费标的物。所以，在实际推荐产品中，一般都是为用户提供 N 个候选集，称为 Top N 推荐，尽可能地召回用户感兴趣的标的物。上面这三类推荐算法范式都可以转化为 Top N 推荐。

下面针对上述三类推荐范式，介绍一下对应的评估指标。

1）针对评分预测模型，评估推荐准确度的指标主要有：RMSE（均方根误差）、MAE（平均绝对误差）。

2）针对分类模型，评估推荐准确度的主要指标有：准确率（Precision）、召回率（Recall）。关于准确率、召回率的描述，前面的章节已经讲过。简单地说，准确率是指为用户推荐的候选集中有多少比例是用户真正感兴趣的或者在推荐的候选集中有多少比例是用户消费过的标的物；召回率是指用户真正感兴趣的标的物中有多少比例是推荐系统推荐的。一般来说，推荐的标的物越多，召回率越高，准确率越低。当推荐数量为所有标的物时，召回率为 1，而准确率为 0。

3）针对排序学习模型，评估指标主要有 MAP、NDCG、MRR 等。

2. 覆盖率

对于推荐系统，覆盖率都可以直接计算出来。覆盖率的计算方法在 9.2 节中已经提到过。

3. 多样性

用户的需求容易受外界因素影响，所以系统在推荐时需要尽量保证推荐的多样性。在实际中，我们可以通过聚类标的物和增加不同类别的标的物来保证推荐结果的多样性。

多样性指标又分为个体多样性指标和整体多样性指标。

个体多样性可用用户推荐列表内所有物品的平均相似度[⊖]衡量：

$$\text{IntraListSimilarity}(L_u) = \frac{2\sum i, j \in L_{u, i \neq j} \text{similarity}(i, j)}{|L_u|(|L_u| - 1)} \tag{9-7}$$

其中，$\text{similarity}(i, j)$ 表示相似度的计算指标，L_u 表示某用户的推荐列表。

整体推荐列表内相似度可用系统中所有用户的推荐列表列内的所有物品的平均相似度的平均值衡量：

$$\text{IntraSimilarity} = \frac{1}{n} \sum \text{IntraListSimilarity}(L_u) \tag{9-8}$$

IntraSimilarity 值越大，说明用户的推荐列表内的物品平均相似度越高，也就是系统整体的个体多样性越低。

再来看看整体多样性[⊖]指标。整体多样性指标采用推荐列表间的相似度，也就是通过用户的推荐列表间的重叠度来衡量。

$$\text{InterDeversity} = \frac{2}{n(n-1)} \sum_{u,v \in U, u \neq v} \frac{|L_u \cap L_v|}{L_u} \tag{9-9}$$

其中，L_u 和 L_v 指用户 u 和 v 的推荐列表。

4. 实时性

一般来说，推荐系统的实时性可以分为 4 个级别：T+1 级、小时级、分钟级、秒级。响应时间越短，对整个系统设计、开发、工程实现、维护、监控要求越高。我们可以按照以下的原则设计推荐系统。

1）利用用户碎片时间推荐产品，因此推荐系统需要做到分钟级。用户消耗标的物的时间很短。

⊖ Zanker M, Felfernig A, Friedrich G. Recommender Systems: an Introduction[M]. Cambridge:Cambridge University Press, 2011,124-142.

⊜ C.Ziegler, S.M. McNee, J. A. Konstan et al. Improving Recommendation Lists Through Topic Diversification. In: Proceedings of the 14th International Conference on World Wide Web. Chiba, ACM, 2005, 22-32.

2）用户需要较长时间消耗标的物，因此推荐系统应考虑更长的响应时间，做到小时级或者 T+1 更合理。

3）广告系统有必要做到秒级响应，大多数推荐系统没有必要做到秒级响应。

5. 鲁棒性

鲁棒性指标主要是评价推荐系统的稳定性。为了提升推荐系统的鲁棒性，我们需要注意以下几点。

1）尽量选用鲁棒性较好的模型。

2）细化特征工程，通过算法和规则去除"脏"数据。

3）避免垃圾数据的引入。

4）完善日志系统，有较好的测试方案。

9.3.2　在线评估

通常，在离线评估完成后，我们就可以进行在线评估。现在，业界通用的在线评估方式是 A/B 实验，即新系统与老系统同时在线并分配不同的流量，在一段时间内对比同级别的核心指标，以确定新旧系统的优劣。具体的 A/B 实验方法如图 9-4 所示。

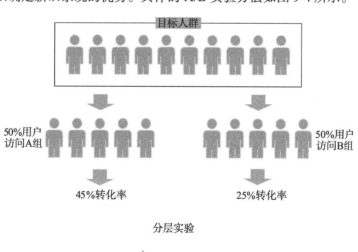

图 9-4　A/B 实验示意图

在线评估可以分为两个阶段。

1）第一阶段是从推荐服务上线到用户使用推荐产品阶段，该阶段用户通过使用推荐产品触发推荐服务。这个阶段的评估指标有实时性、稳定性和抗高并发能力。响应及时且稳定是衡量推荐系统优劣的重要指标。这个指标可以通过用户请求推荐服务时，推荐接口提供数据反馈的时间来衡量。响应时间越短越好，一般响应时间要控制在 200ms 之内。抗高并发能力是指当用户规模很大，或者在特定时间点有大量用户访问，推荐接口能够承载的最大压力。如果同一时间点有大量用户调用推荐服务，推荐系统高并发的压力将非常大。推荐服务在上线前应该做好压力测试，我们可以采取一些技术手段来提高接口的抗并发能力，比如增加缓存等。在特殊情况下，我们应该对服务进行分流、限流、降级等。

2）第二阶段是通过用户行为相关指标等来评估。我们需要在这一阶段站在平台方角度来选用指标，这些指标主要有用户行为相关指标、商业化指标等。以一个简单用户行为漏斗为例，评估示意图如图 9-5 所示。

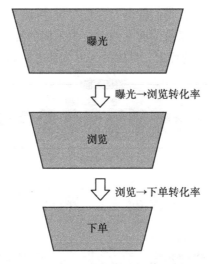

图 9-5　用户行为漏斗评估示例

重要的用户行为指标有转化率、购买率、点击率、人均停留时长、人均阅读次数等。一般情况下，用户行为是一个漏斗。我们需要知道从漏斗上一层到下一层的转化率。通过转化率来衡量推荐系统带来的最终价值。

总之，在数据量足够的情况下，我们可以通过线上的 A/B 实验从各个方面评估推荐系统的效果。

为了能够让推荐模型快速上线，我们需要快速衡量该模型带来的具体价值，即需要一种快速上线的实验方法进行支持。所以，下面再介绍一个快速线上实验框架——Interleaving 实验框架。

Interleaving 是美国视频流量巨头 Netflix 开发的线上实验框架。作为现存的在视频网站领域少数盈利的流量巨头，它的成功与其商业模式是分不开的。作为早期以租赁碟片出身的租赁巨头，Netflix 的营业模式随着碟片租赁时代的落寞渐渐地将业务转向线上，尤其注重给用户推荐他们喜爱的影片。当然，受限于电影、电视剧等版权问题，Netflix 在自制剧方面也有巨大的投入。也正是这样一家极其依赖推荐系统的网站，才会产生 Interleaving 实验框架。Netflix 对于推荐系统极致的追求是多方面的，首先提供了多个推荐栏，如图 9-6 所示。

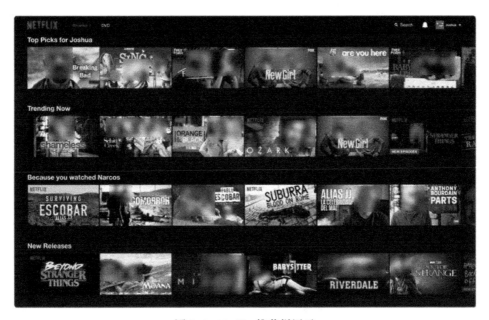

图 9-6　Netflix 推荐栏展示

在不同的推荐栏下，其提供了不同的推荐内容。而不同类型的推荐又都与用户行为相关。由于网站的推荐栏很多，而且作为推荐驱动型公司，Netflix 推荐算法的迭代也比较频繁。这些需要大量的 A/B 实验来满足算法迭代，同时也带来了一个巨大的矛盾，即 A/B 实验需求的增长超过了线上 A/B 样本资源的供给。简单来说，就是现有的 A/B 实验体系不足以满足网站待测的推荐算法，需要更高效、快速的线上评估方法。因此，Netflix 认为新的线上评估方法应该适用于两个阶段：第一阶段可以进行批量测试且新方法的敏感度应该更高，即可以使用较小的样本达到传统 A/B 实验效果。第一阶段的结果可以预测新方法在第二阶段的表现。图 9-7 展示 Interleaving 方法与传统 A/B 实验的对比。

如图 9-7 所示，Interleaving 在第一阶段可以快速地筛选算法，最终在 A/B 实验阶段去验证，这样整体的用户样本的消耗将大大缩小。那么，Interleaving 具体是怎么实现的？图 9-8 展示了 Interleaving 第一阶段与传统 A/B 实验的区别。

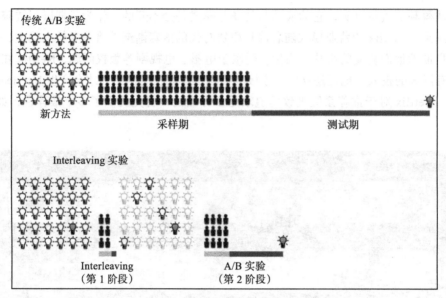

图 9-7　Interleaving 实验与传统的 A/B 实验在算法上的对比

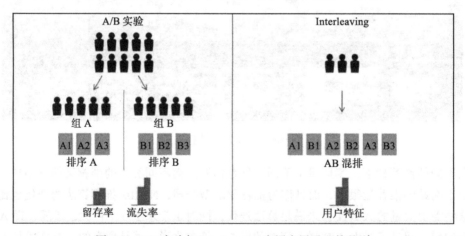

图 9-8　A/B 实验与 Interleaving 在用户展示上的差别

　　如图 9-8 所示，Interleaving 的排序与传统 A/B 实验区别就在于混排。通常来说，我们在做 A/B 实验的时候，虽然不知道当前的推荐结果是来自 A 组还是 B 组，但是可以确定当前的推荐结果一定来自相同的组。而 Interleaving 可以确定的是当前的推荐结果来自 A、B 组，且交叉互异。这里需要明确的是，Interleaving 中 A、B 组在混排的时候应该平均地给两组以同等概率的优先权，即 A1、B1 的排序方式数量应该相当于 B1、A1 的排序方式数量。这种情况下，我们再统计来自不同组点击的核心指标，即可以在较小的样本下初筛算法。统计结果如图 9-9 所示。

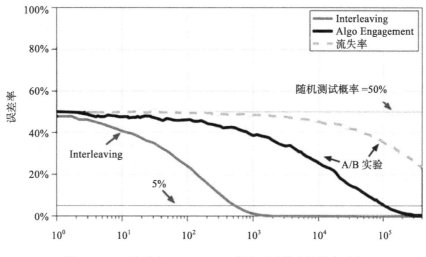

图 9-9　A/B 实验与 Interleaving 实验对于样本的需求对比

如图 9-9 所示，Interleaving 方法达到 5% 误差率时对样本的需求大致是同等情况下 A/B 实验的百分之一。

虽然我们这里介绍了 Interleaving 方法也体现了优于 A/B 实验的地方，但是 Interleaving 也有着较为严重的缺点。首先，与传统的 A/B 实验相比，Interleaving 要复杂得多。同时，受限于 Interleaving 的混排方法，不少指标在 Interleaving 第一阶段是无法测试的，比如用户留存率。因为所有的推荐栏都是由 A、B 组混排得到的，所以对于用户整体的影响是无法分组评估的，这也是为什么 Interleaving 需要第二阶段的 A/B 实验。这里的问题就在于如果网站关心的核心指标是整体指标如用户留存率，那么 A/B 实验可能依旧是一个较好的选择，即使它可能需要更长的时间和更多的用户样本。所以，最终选择何种方法进行何种测试还是需要大家在生产中视具体情况而定。

9.3.3　主观评估

主观评估最常用的方法就是用户调查。用户调查本身是一种收集用户判断的行为。用户调查存在的意义更多是保守策略的一种体现。

一个通过了离线实验的模型，如果进入线上实验，其实是有极大风险的。因为在上线之前，系统方关注的是如用户体验、存留率、销售额等指标，但在离线实验中只能得到参考结果而无法获得真实结果。所以，有些时候需要进行用户调查，以此来确保当前的改变符合用户预期，能够有效提高用户体验，兼顾三方利益。

用户调查的流程基本上可以整理为：分析现有问题、确定提问和引导过程、选择备选用户、收集用户评价等。为了更好地完成用户调查，我们也面临着不少难点。

对于调查问卷而言，如何选择适量且高效的问题就是一个不小的难点。以用户满意度为例，如果我们单单在调查问卷上直截了当地咨询用户对当前推荐系统的满意度。这样的调查结果可能不能达到实际的效果，无法得到用户真实的反馈。同时，如何选择适合的用户获取更全面、更有代表性的答复？也是我们需要考虑的问题。所以，在开始用户调查之前，我们应该先做好以下准备工作。

1）明确此次用户调查的目的。目的清晰地设计用户调查相关的内容，往往可以更有效地完成用户调查。所以，在每次用户调查前，我们都要对当前的用户调查要完成的目标有清晰的定义。

2）仔细考虑选择用户的范围与数量。从统计学角度讲，这其实是保证了调查结果的可用性，因为只有针对有效用户获取有效数据，结果才有指导意义。在执行上，我们应该基于网站的用户画像选择用户。希望挑选的测评用户可以尽可能地以较少的数量真实地反映测评结果，这就需要我们按照用户画像对用户分层，然后按照不同的方式，随机从不同类型的用户中挑选一定数量的用户进行调查。

3）严格控制调查问卷问题的方向与数量，并尽可能地挖掘用户真实评估。很多时候，用户对于推荐系统的评价是模糊的，所以在调查问卷中，我们应该尽可能地引导用户，挖掘他们真实的评价。同时，我们希望用户调查可以对推荐系统的改进有指导意义。所以，用户调查中应该包含一些具体而又具有指导意义的问题。最后，考虑到调查问卷的真实性，可行的问卷长度和有效的激励措施也是必不可少的。

这里介绍两个样例。

样例一 xxx用户教育需求调研

1）您所在的年级

2）上学期考试在班级的排名

3）您所在的城市

4）您所在的学校是否可以走读

5）您家庭父母的年综合收入

6）您家庭每年在教育方面消费的金额大致包括……

7）除去正常学校教学外，您有参加过课外辅导吗

8）您参加辅导的频率是……

9）没有参加辅导的原因是……

10）您辅导课的形式是……

11）您作业不会做的时候怎么办

12）您听说过或使用过 ××× 一类的教育 app 吗

13）您一般什么情况下会做练习

14）您做练习时会碰到哪些问题

15）对于在线教师答疑一类的服务，您觉得决定您选择的关键点在于……

16）如果是在线答疑一类的服务，您觉得单次 5 元的服务价格能接受吗

17）如果是在线答疑一类的服务，您希望得到什么样的帮助

以上的样例是常见的需求调研。这样的调查通常发生在离线实验之后，也是我们常说的用户需求驱动的系统改版。这里要特殊说明的是，除了问题 17，前面的问题 1~16 都是选择题，选择题的答案也来自平台的分析结果。

这类调查有几个明显的特点，首先是整体上体现出对用户的筛选，根据系统内部的用户画像和本次调研所针对的人群，通过不断地对用户发问进行用户分级和筛选。其次是对用户的引导。引导一方面是为了挖掘用户的真实反馈，另一方面是为了挖掘潜在用户。

在本样例中，如果调查问卷中排除其他关于费用金额的问题，比如问题 6、7、8，直接提问 16，那么很可能只有使用过单次付费的用户才会对当前的收费标准有清晰的对比，而其他用户其实很难表达他们真实的想法。而在询问问题 6、7、8 时，没有类似经历的用户，可能会基于总的支出、使用频率和便捷性等方面综合考虑，提供更贴近真实的反馈。同时，这类对比问题也会产生一种锚定效应，对网站的推广很有帮助。最后，这个调查还包含痛点咨询。网站运营过程中，一定会产生大量的问题反馈，与用户对接的销售人员和客服人员尤为清楚这一点。但是在与销售和客服的沟通过程中，我们发现用户质量和反馈极其不均衡，有的甚至无法真实表述当下系统存在的问题。这主要是因为：

1）与销售沟通的用户其实是缺乏使用体验的，他们的表述往往可能很主观，充满臆想。

2）与客服沟通的用户在反馈问题时虽然出自真实的用户体验，但是在网上愿意主动沟通的用户数量与分布可能与真实的用户整体相差较大。这可能是分布的不均匀和数量级的差距导致的，也可能是一种幸存者偏差。所有与客服主动沟通的用户反映的痛点仅仅适用于当前存留的用户，对于流失用户，很可能不具有代表性。同时，受限于用户的表达能力与理解能力，他们所反馈的问题本身可能在表述和理解上存在问题，甚至一些问题与网站本身的运营理念有差距，这些都导致这类问题的可用性变低。

3）无法有效地解决网站拉新问题。无论是与销售沟通的用户还是与客服沟通的用户，都是当前网站运营过程中现存用户的属性边界。而对于拉新而言，网站还需要考虑不在数据库内的用户的情况，这部分用户的特征数据恰恰是可以通过随机的用户调查解决的。而在改版过程中，如果有效地添加了用户调查，新用户的留存会有明显的提升。

用户调查是网站应对所有可能的情况做出的预先准备。这类调查从本质上讲既应该包含现有情况的咨询，也应该包含对未来可能发生情况的调研。

样例二　xxx 网购物用户满意度调查

1）您的性别是……

2）您的年龄是……

3）您的婚姻状况是……

4）您的最高学历是……

5）您目前的个人税前收入是……

以下问题分 1 ~ 5 星表述

6）您对网站 logo 的满意度

7）您对网站的导航栏满意度

8）您对网站的页面布局满意度

9）您对网站的内容满意度

10）您对于新的热点商品栏的满意度

11）您对于热点商品推荐结果的满意度

12）您对网站的色彩风格的满意度

13）您对网站字体的满意度

14）与同类网站对比，您对网站上商品价格的满意度

15）您对网站上商品信息的可信度如何

16）您觉得网站的售后如何

17）您觉得网上新产品或更新信息的及时性如何

18）您的咨询或抱怨或投诉通常会得到及时的回复吗

19）您觉得网站的交易信息和评价真实可靠吗

20）您觉得网站能很好地保证交易的安全性吗

　　如上述样例所示，对比样例一与样例二，可以发现样例二除了固定的用户分类和筛选的问题之外，少了很多用户引导问题，更多是将问题集中在当前用户的使用体验上。这也更符合此次用户调查的目的，即针对系统改版情况的调查。如问题 10、11，我们可以很直白地咨询使用网站的用户的体验，甚至可以继续加深咨询用户满意的点是什么、不满意的原因、可能希望做出的改进等。

　　当然，用户调查也不仅限于上述调查问卷，还有一种常用的用户调查是包含在网站的使用过程中的。这里我们用 Amazon 举例，如图 9-10 所示。

图 9-10　Amazon 低价关联推荐

我们可以看到在图 9-10 上出现了一个关于低价商品的推荐，同时还有一个关于这个推荐是否有帮助的按钮。当然，这种类型的用户调查也可以理解为将用户调查与在线实验结合。需要注意的是，一旦用户调查与在线实验结合，就需要考虑到用户的使用体验。简单地说，在用户点击 Yes/No 按钮的时候，系统已经确定之后的界面。如果一个用户点击了 No 按钮，即当前推荐并不受用户喜爱，你就要考虑提供其他的备选方案，甚至移除当前的推荐栏，以保证用户的整体体验。

到此为止，本节简单地介绍了用户调查的能效范围和不同类型的使用表现。在日常线上生产中，我们只需要考虑用户调查的目的、调查的设计逻辑以及相关的影响，不必受限于载体与形式。

9.4 本章小结

本章主要讲解了关于推荐系统设计实验相关的内容，包括离线评估、在线评估以及主观评估，以及相关评价指标，旨在帮助读者了解为什么我们要通过这样的流程去设计实验与评估过程中要注意的具体事项。值得注意的是，以上介绍的流程更多是通用流程，在具体使用的过程中，大家可依照实际推荐系统进行适当调整。

接下来，第 10 ~ 12 章会集中在实际工作中遇到的问题，内容会更偏向工程与应用方向。希望可以帮助读者进一步了解和掌握搜索系统与推荐系统相关的知识。

第四部分 *Part 4*

应　用

搜索引擎工具

本章主要介绍几款主流的搜索引擎工具：Lucene、Solr、Elasticsearch，因为在搜索、推荐和广告等场景中会越来越多地使用这些搜索引擎工具。

10.1　Lucene 简介

Lucene 是一种高性能、可伸缩的信息搜索引擎，最初由鼎鼎大名的 Doug Cutting 开发，是基于 Java 实现的开源项目。Lucene 采用了基于倒排表的设计原理，可以非常高效地实现文本查找；在底层采用了分段的存储模式，大大提升了读写性能。Lucene 作为搜索引擎，优点是具有成熟的解决方案，低成本，快速上手；支持多种格式索引。缺点是不能友好地支持分布式扩展，可靠性差等。所以在实际应用中，我们需要根据特定场景评估 Lucene 是否适合于当前场景。

10.1.1　Lucene 的由来及现状

为了更好地理解 Lucene，我们先看一下全文索引。Lucene 搜索架构如图 10-1 所示。

数据包括结构化和非结构化数据。结构化数据是指具有固定格式或有限长度的数据，如数据库、元数据等。非结构化数据是指长度不固定或无固定格式的数据，如邮件、HTML、Word 文档等。因此，根据数据分类，我们可以把搜索分为两种：对结构化数据的搜索，如对数据库的搜索，可以使用 SQL 语句；对非结构化数据的搜索，如使用 Windows 搜索、grep 命令。百度、Google 等搜索引擎对非结构化数据搜索采用的方法包括顺序扫描。所谓顺序扫描，即一个文档一个文档查，逐行扫描，直到扫描完成为止。对于一个 500GB 或者更大的源文件，按照这种方式处理，可能需要花费几个小时甚至数天的时间。简单来说，这种方式只适合于小文档搜索，直接方便。顺序扫描处理非结构化数据很慢，而处理结构化数据速度非常快，我们是否可以考虑把非结构化数据转换成结构化数据？那么具体怎么转换呢？举个例子，根据新华字典检字表的音节和部首，我们可按照拼音排序，根据每一个读音指向字的详细页面，迅速定位。按照这种方式，我们先对搜索词进行分词，然后找每个词对应的文本，接着每个词取一个交集，最后获得查询结果。这种先建立索引，再对索引进行搜索的过程就叫作全文检索。

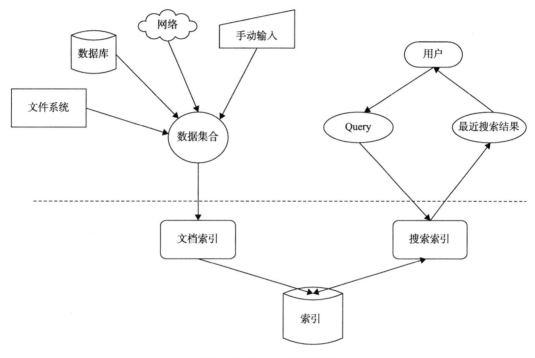

图 10-1　Lucene 搜索架构

Lucene 中常用的核心术语如下。

1）Term：索引里最小的存储和查询单元，对于英文来说一般指一个单词，对于中文来说一般指一个分词后的词。

2）词典（Term Dictionary）：也叫作字典，是 Term 的集合。查找词典中的数据的方法有很多种，每种都有优缺点，比如哈希表比排序数组的检索速度更快，但是会浪费存储空间。

3）倒排表是 Lucene 的核心思想。一篇文章通常由多个词组成，倒排表记录的是某个词在哪些文章中出现过。倒排表结构如图 10-2 所示。词典和倒排表是实现快速检索的重要基石。词典和倒排表是分两部分存储的。倒排表不但存储了文档编号，还存储了词频等信息。

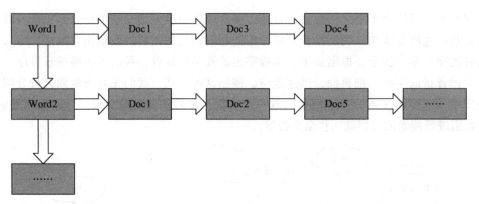

图 10-2　倒排表结构

4）正向信息是原始的文档信息，可以用来做排序、聚合、展示等。

5）段是索引中最小的独立存储单元。一个索引文件由一个或者多个段组成。Lucene 中的段有不变性，也就是说段一旦生成，只能有读操作，不能有写操作。

Lucene 主要模块如图 10-3 所示。

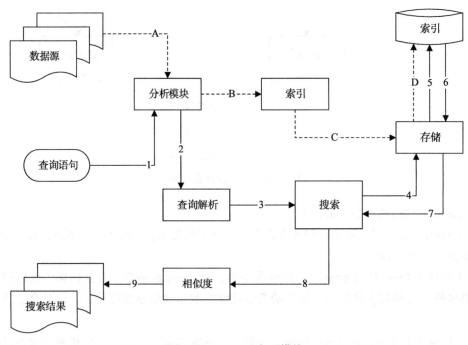

图 10-3　Lucene 主要模块

1）分析模块一般由 Token 和 Filter 组成。Token 是分词器，Filter 一般是同义词、大小写转换过滤器等，主要负责词法分析及语言处理，也就是我们常说的分词。通过该模块可获得存储或者搜索的最小单元。

2）索引模块主要负责索引的创建工作，包括建立倒排索引、写入磁盘操作。

3）存储模块主要负责索引的读写，主要是针对文件，抽象出和平台文件系统无关的存储信息。

4）查询解析主要负责语法分析，将查询语句转换成 Lucene 底层可以识别的语句。Lucene 的语法分析主要基于 JavaCC。JavaCC 是词法分析器以及语法分析器的生成器。

5）搜索模块主要负责对索引的搜索工作，后续会有一个详细的搜索过程描述。

6）相似度模块主要负责相关性打分和排序。

10.1.2　Lucene 创建索引过程分析

Lucene 创建索引过程如图 10-4 所示。

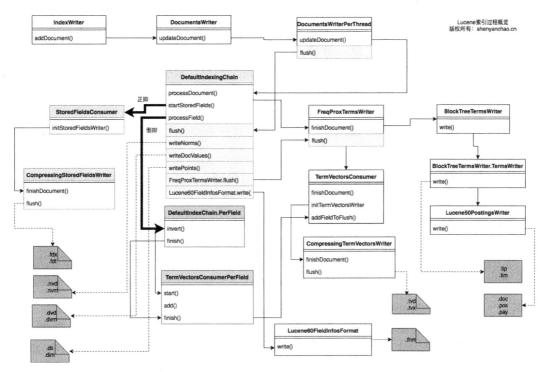

图 10-4　Lucene 创建索引过程

1）添加文档。这个过程会处理没有写入磁盘的数据，遍历需要索引的文件，构造对应的文档和字段，生成 DefaultIndexingChain。DefaultIndexingChain 是一个默认的索引处理链。后续生成正排表以及倒排表都是在这个链里完成的。

2）构建正排表。在该过程中，我们会使用差值存储、压缩算法将文档写入正排表。

3）构建倒排表，流程如下。

❑ 获取原文档，将原文档传递给分词组件，将文档分成单独的单词，去除标点符号。

- 去除停用词。所谓停用词，是语言中最普通的一些词，没有特殊含义，一般情况不能作为搜索的关键词，因此创建索引时候会被去掉，以减少索引量。
- 添加同义词。
- 将得到的词元传给语言处理组件，然后由语言处理组件对得到的词元做一些相关处理，比如大写变小写、单词缩减为词根形式。
- 语言处理组件得到的结果被称为词，将词传递给索引组件，并利用得到的词创建一个词典。词典是每个词和词所在的文档 ID。
- 对词典按字母进行排序，合并相同的词。
- DefaultIndexingChain、processDocument() 方法主要用来构建正排信息，而针对每个字段的 processField() 则通过一系列的操作，构建出倒排信息。

4）写入磁盘。触发写入磁盘文件的是 DocumentsWriterPerThread(DWPT) 的 flush() 方法。触发时间可能是以下条件：超过 MaxBufferedDocs 限制；超过 RAMBufferSizeMB 限制；人为设置 flush() 或 commit()；MergePolicy 触发。

经过以上 4 步处理，Lucene 就可以生成一个最小的独立索引单元——段。一个逻辑上的索引（表现为一个目录）由 N 个段构成。

10.1.3 Lucene 的搜索过程解析

Lucene 的搜索过程解析如下。

1）对查询语句进行词法分析、语法分析、语言处理。词法分析主要用来识别单词和关键字，语法分析主要根据查询语句的语法规则形成一棵语法树。

2）搜索索引，得到符合语法树的文档，根据得到的文档和查询语句的相关性，对结果进行排序。

3）计算词的重要性。词的权重表示词对文档的重要程度。越重要的词权重越大，因而权重在计算文档相关性上发挥很大的作用。判断词之间的关系，从而得到文档相关性可用向量空间模型（Vector Space Model，VSM）。

TF-IDF 是 Lucene 默认使用的打分公式，是一种统计方法，用于评估一个字词对一个文件集或一个语料库中其中一份文件的重要程度。字词的重要性随着它在文件中出现的次数成正比增加，同时会随着在语料库中出现的频率成反比下降。Lucene 自 6.0 起使用 BM25 算法代替了之前的 TF-IDF 算法。

BM25 算法将相关性当作概率问题。相对于 TF-IDF，BM25 限制 TF 值的增长极限、平均了文档长度。如图 10-5 所示，BM25 中的 TF 值有一个上限，文档里出现 5~10 次的词会比那些只出现一两次的词与搜索相关性更高，但是，文档中出现 20 次的词几乎与那些出现上千次的词与搜索的相关性几乎相同。

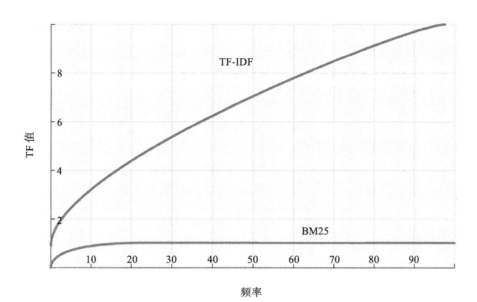

图 10-5 TF-IDF 与 BM25 的词频饱和度

结合代码的详细搜索过程如下。

1）初始化 Indexsearch。在该过程中，词典被加载到内存，这步操作是在 Directory-Reader.Open() 函数中完成的。而完成加载的类叫作 BlockTreeTermsReader，每次初始化 IndexSearch 都会将 .tim 和 .tip 加载到内存中，这些操作是很耗时的。

2）Query 生成 Weight。首先 Weight 类会将 Query 重写。重写的目标是将 Query 组装成一个 TermQuery。最典型的，prefixquery 会被重写成多个 TermQuery。接着计算查询权重，Boost 算法通过 TF-IDF 打分机制，计算出 Term 的 IDF 值、QueryNorm 值，返回 Weight。代码如下：

```
1.  /**
2.     * Creates a normalized weight for a top-level {@link Query}.
3.     * The query is rewritten by this method and {@link Query#createWeight} called,
4.     * afterwards the {@link Weight} is normalized. The returned {@code Weight}
5.     * can then directly be used to get a {@link Scorer}.
6.     * @lucene.internal
7.     */
8.     public Weight createNormalizedWeight(Query query, boolean needsScores)
            throws IOException {
9.     query = rewrite(query);
10.    Weight weight = createWeight(query, needsScores);
11.    float v = weight.getValueForNormalization();
12.    float norm = getSimilarity(needsScores).queryNorm(v);
13.    if (Float.isInfinite(norm) || Float.isNaN(norm)) {
14.       norm = 1.0f;
15.    }
16.    weight.normalize(norm, 1.0f);
17.    return weight;
18.  }
```

3）由 Weight 生成 Scorer。首先根据 Term 获取 TermsEnum，然后根据 TermEnum 获取 DocsEnum，最后生成 Scorer。代码如下：

```
1. for (LeafReaderContext ctx : leaves) {
2.     final LeafCollector leafCollector;
3.     try {
4.       leafCollector = collector.getLeafCollector(ctx);
5.     } catch (CollectionTerminatedException e) {
6.       continue;
7.     }
8.     BulkScorer scorer = weight.bulkScorer(ctx);
9.     if (scorer != null) {
10.      try {
11.        scorer.score(leafCollector, ctx.reader().getLiveDocs());
12.      } catch (CollectionTerminatedException e) {
13.      }
14.    }
15.}
```

4）给每个文档打分，并添加到结果集。该过程是最耗时的，需要对每个文档进行打分，并将结果放入生成的容器中。代码如下：

```
1. static void scoreAll(LeafCollector collector, DocIdSetIterator iterator,
        TwoPhaseIterator twoPhase, Bits acceptDocs) throws IOException {
2.     if (twoPhase == null) {
3.       for (int doc = iterator.nextDoc(); doc != DocIdSetIterator.NO_
            MORE_DOCS; doc = iterator.nextDoc()) {
4.         if (acceptDocs == null || acceptDocs.get(doc)) {
5.           collector.collect(doc);
6.         }
7.       }
8.     } else {
9.       final DocIdSetIterator approximation = twoPhase.approximation();
10.      for (int doc = approximation.nextDoc(); doc != DocIdSetIterator.
            NO_MORE_DOCS; doc = approximation.nextDoc()) {
11.        if ((acceptDocs == null || acceptDocs.get(doc)) && twoPhase.matches()) {
12.          collector.collect(doc);
13.        }
14.      }
15.    }
16.}
```

10.2　Solr 简介

Solr⊖是基于 Apache Lucene ™构建的快速、开源的企业搜索平台，是一个 Java Web 应用，可以运行在任何主流 Java Servlet 引擎中。Solr 服务器的主要构成如图 10-6 所示。

⊖ Solr 详细内容参考地址：https://lucene.apache.org/Solr/.

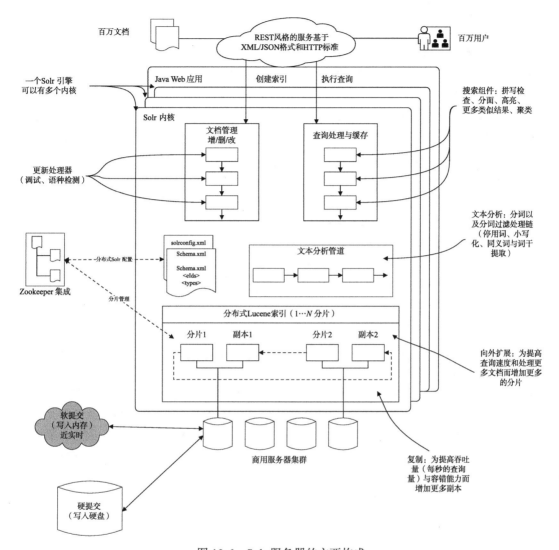

图 10-6　Solr 服务器的主要构成

　　Solr 基于已有的 XML、JSON 格式和 HTTP 标准，提供简单的类似 REST 的服务，使得 Solr 可以被不同编程语言的应用访问。其可以使用 Zookeeper 实现简易分片和复制，统一配置。为了提高查询速度和处理更多的文档，Solr 通过索引分片来实现分布式查询。为了提高吞吐量和容错能力，Solr 可以为每个索引分片增加副本，同时把所有的索引复制到其他的服务器，搭建成一个服务器集群，提高吞吐量；也可以通过缓存来提高查询速度，达到近实时查询，并写入硬盘以达到索引持久化。Solr 具有高可靠性、可扩展性和容错性，可提供分布式索引、复制和负载均衡查询、自动故障转移和恢复、集中配置等。Solr 为很多互联网站点的搜索和导航功能提供支持。

10.2.1 Solr 特性

1）**高可靠性**。Solr 有三个主要的子系统：文档管理、查询处理和文本分析。每一个子系统都是由模块化的管道构成的，通过插件方式实现新功能，这意味着我们可以根据特定的应用需求实现定制。

2）**可扩展性**。Solr 汲取了 Lucene 速度方面的优点，但因 CPU 的 I/O 原则，单台服务器终会达到并发请求的处理上限。为了解决这个问题，Solr 提供灵活的缓存管理功能进行扩容，以及通过增加服务器实现增容。

Solr 可扩展性体现在两个维度：查询吞吐量和文档索引量。查询吞吐量是指搜索引擎每秒支持的查询数量。文档索引量是指索引文档的大小。为了处理更多文档，我们可以将索引拆分为很小的索引分片，然后在索引分片中进行分布式搜索。

3）**容错性**。如果索引分片中其中一个索引分片服务器断电，会导致 Solr 无法继续索引文档和提供查询服务。因此，为了避免此种情况出现，Solr 对每一个索引分片添加副本，当其中一个索引分片服务器发生故障时，可以启用副本来索引和处理查询。

10.2.2 Solr 的核心概念

1）Schema。索引中的文档内容有哪些？每个文档如何做到唯一确定？用户会搜索文档中的哪些字段？在搜索结果中应该向用户显示哪些字段？针对特定的搜索应用，我们需要设计特定的 Schema。Schema 的设计过程实际是确定文档表征为 Solr 索引的过程。下面举例说明。当把一段文字作为文档查询内容时，输入其中的文字查询，得到的结果是这段文字；当把书籍中的一个章节作为文档查询内容时，返回的结果就是此章节内容。通常情况下，输入文件粒度细，返回的结果就会很多；输入文件粒度粗，返回的结果就会很少。因此，我们需要根据用户的需求来确定输入文件粒度。

2）Solrconfig。顾名思义就是 Solr 的配置，可以定义如何处理索引、高亮搜索等，还可以指定缓存策略。

3）Document。Document 是 Solr 索引和搜索的基本单元，类似于关系型数据库的一条记录，可以包含多个字段。

4）Field。Field 是构成 Document 的基本单元，对应于数据库的某一列，可以设置 indexed 和 stored 属性。如果 indexed 为 true，表示 Field 会被索引，可以被搜索到。

5）Field Type。Solr 中每个字段都有一个对应的字段类型，比如 float、long、double、text。当然，我们也可以自定义数据类型。

10.2.3 Solr 的核心功能

1）**复制模式**。直到 Solr7，SolrCloud 能够在集群出现问题的时候提供可靠的故障切换，同时要求副本必须保持同步。

2）**自动缩放**。自动缩放是 Solr 一个新功能套件，让 SolrCloud 集群更加简单和自动化。核心是为用户提供一个规则语法，以便定义如何在集群中分发节点、首选项和策略，以便保持集群平衡。

3）**无须手动编写 Schema**。Schemaless 模式是一组 Solr 功能，它们一起使用时，只需索引数据即可快速地构建 Schema。

以下这些 Solr 功能都是通过 solrconfig.xml 文件实现的。

模式管理：在运行时通过 Solr 接口进行架构修改，这需要使用支持这些更改的 SchemaFactory。更多详细信息，请参阅 SolrConfig 中的 SchemaFactory 定义部分。

字段猜测：对于未定义的字段，自动根据 FieldValue 猜测字段属于哪种类型（Boolean、Integer、Long、Float、Double、Date）。

基于字段猜测自动添加字段到 Schema 中：未定义的字段会根据 FieldValue 对应的 Java 类型自动添加到 Schema，请参阅 Solr 字段类型。

建议关闭 Schemaless 模式。官网不推荐使用此功能，因为如果字段类型不正确，索引也就不能正常查询（例如存储汉字，我们如果不指定 FiledType，就无法正常索引到汉字文档）。

4）**结构化非文本字段类型**。示例中除了文本外，其他字段都是 Solr 中常用的字段类型。下面对这些常用的字段类型进行讲解。

Solr 中常用字段类型的类图如图 10-7 所示。

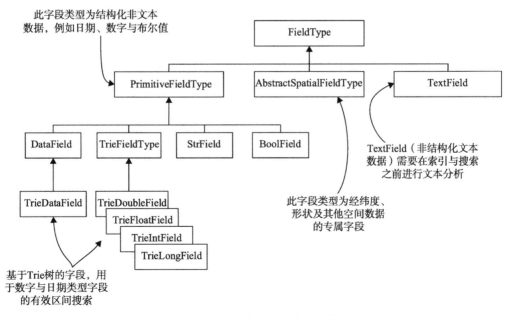

图 10-7　Solr 中常用字段类型的类图

10.3 Elasticsearch 简介

Elasticsearch 是一个分布式的开源搜索和分析引擎，适用于对所有类型的数据搜索。Elasticsearch 是在 Apache Lucene 的基础上开发而成，由 Elasticsearch N.V.（即现在的 Elastic）于 2010 年首次发布。Elasticsearch 以其简单的 REST 风格接口、分布式特性、速度快和可扩展性而闻名，是 Elastic Stack 的核心组件。Elastic Stack 是适用于数据采集、充实、存储、分析和可视化的一组开源工具。人们通常将 Elastic Stack 称为 ELK Stack（代指 Elasticsearch、Logstash 和 Kibana）。目前，Elastic Stack 包括一系列丰富的轻量型数据采集代理，这些代理统称为 Beats，可用来向 Elasticsearch 发送数据。

10.3.1 Elasticsearch 的核心概念

1. 集群

一个集群包含一个或多个节点，用于保存数据。这些节点联合起来提供索引和搜索能力。集群的名称很重要，因为一个节点要加入一个集群，需要配置集群名称。在实际应用中，我们需要确保不同网络环境所使用的集群名称是不同的，否则会导致节点加入其他集群。比如你可以使用 logging-dev、logging-stage、logging-prod 分别搭建开发、过渡、生产环境。集群只有一个节点，也能正常提供服务。Elasticsearch 的集群如图 10-8 所示。

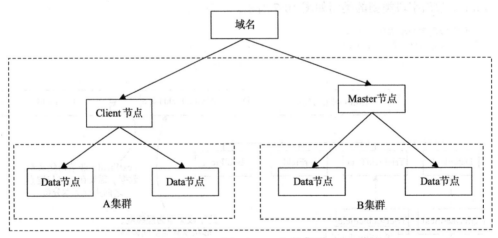

图 10-8　Elasticsearch 的集群

2. 节点

在集群中，一个节点是一个单独的服务，用来存储数据，为集群的索引和搜索提供支持。集群中的节点也有唯一标识，默认在节点启动的时候会随机指定一个通用唯一标识码（Universally Unique IDentifiter，UUID）。默认情况下，每个节点配置集群名称为 Elasticsearch。当在同一个网络环境中，默认启动一些节点，这些节点会组装成一个名为

Elasticsearch 的集群。如果不使用默认名称，可以为其指定一个名称。节点名称对于集群管理也是很重要的。

3. 索引

相对于关系型数据库，索引对应数据库实例。索引中包含许多特征类似的文档。例如，索引可指向用户数据，也可指向产品目录。一个索引需要指定一个名称（必须全部小写）。执行索引、搜索、修改和删除操作时，需要指定对应的索引名称。在一个集群中，我们可以创建多个索引。

4. 类型

相对于关系型数据库，类型对应数据库表。一个索引中可以定义多个类型。一个类型可以管理索引中符合特定逻辑的一部分数据。一般来说，类型可定义具有公共字段的文档。例如创建一个博客平台，并且使用一个索引存储所有数据，在这个索引中，可以定义一个类型来存储用户数据，另一个类型来存储博客数据，还可以创建一个类型来存储评论。

5. 文档

相对于关系型数据库，文档对应数据库表。文档是能够被索引的基础单元。文档可以存储用户信息，也可以存储产品信息。Elasticsearch 中的文档使用 JSON 格式来存储数据。需要注意，文档必须被索引或分配给索引的类型中。

10.3.2　Elasticsearch 的核心功能

1. 近实时

Elasticsearch 索引是由段组成的。查询一条数据要经过分钟级别的延迟才能被搜索到，瓶颈点主要在磁盘。持久化一个段需要利用 fsync() 函数确保其写入物理磁盘，但因为涉及 I/O 操作，比较耗时，不能每索引一条数据就执行一次，所以引入了轻量级处理方式——FileSytemcache，即先将写入 Elasticsearch 的文档收集到索引缓冲区并重写成一个段，然后再写入 FileSytemcache，之后经过一定间隔时间或者外部触发才写入磁盘，但是写入 FileSytemcache 后就可以打开和查询，保证短时间查询到数据。所以，Elasticsearch 是近实时的。

2. 分片或副本

在实际应用中可能存在这样的场景，索引存储超过了节点的物理存储容量。为了解决这些问题，Elasticsearch 提供了为索引切分成多个分片的功能。当创建索引的时候，我们能够定义索引被分割成多少个分片。每一个分片支持独立索引，可以分配到集群中任何一个节点。使用分片有两个重要原因：允许水平分割文档，分布式存储；多个节点提供查询，提高了吞吐量。

一个查询发出后去哪些分片请求数据，这些对于用户来说都是透明的。在网络环境中，节点或分片中的数据可能丢失。Elasticsearch 提供了故障转移功能，就是副本。Elasticsearch 允许为一个分片创建一个或多个副本。分片和副本又称为主／副分片。使用副分片有两个重要原因：主／副分片不会存储在一个节点中，因此副分片可防止主分片数据丢失导致查询不能继续；当进行搜索的时候，允许搜索所有的副分片，提高了搜索性能。

一个索引可以分成多个副分片。每个索引都有主分片（索引切割后的分片，又称原始分片）和副分片（从原始分片复制出来的）。主分片数量和副分片数量在创建索引的时候可以被指定。当索引创建后，我们可以改变副分片数量，但是不能改变主分片数量。因为某个文档分配在哪个分片，是在设置分片数量的时候就已经确定的。如果改变主分片数量，可能导致查询为空。

3. 选主算法

Elasticsearch 使用的是 Master-slave 方式，相对于分布式哈希表，可以支持每小时数千节点的加入和离开。但是在相对稳定的网络中，Master 模式比较适合。那么在 Master-salve 模式下，怎么选主算法呢？其实，选择一个合适的主算法对于 Elasticsearch 是至关重要的。Elasticsearch 使用的是 Bully 算法，功能强大，灵活性高。相对于 Paxos 算法，Bully 算法实现简单，假定所有节点都有唯一 ID，对 ID 排序，任何时候的当前主流程都是参与集群的最高节点 ID。Bully 算法的特点是易于实现，但是在最大节点 ID 不稳定的场景下会出现集群假死的情况。Elasticsearch 通过推迟选举直到当前的主流程失效的方法来解决假死问题。但是，另一个问题又来了——脑裂。Elasticsearch 通过法定得票人数过半来解决脑裂问题。

4. 高可用

Elasticsearch 使用乐观锁控制并发。因为乐观锁的使用场景是读多写少，而 Elasticsearch 恰好符合这一场景，如果按照悲观锁的策略，会大大降低吞吐量。Elasticsearch 基于版本号进行乐观锁并发控制，以确保新版本不会被旧版本覆盖，由应用层来处理具体的冲突。对于写操作，一致性级别包括 quorum/one/all，默认为 quorum，即只有当大多数分片可用时才允许写操作。即使大多数分片可用，也可能存在因为网络故障使写入副分片失败的情况，此时分片将会在不同的节点重建。对于读操作，replication 可以设置为 sync，这样主分片和副分片都搜索完成才返回结果。如果将 replication 设置为 async，可以通过设置请求参数 _preference 为 primary 来查询主分片，确保文档是最新版本。

10.4 搜索引擎工具对比

1. Solr 和 Lucene

Solr 与 Lucene 并不是竞争对立的关系，而是 Solr 依存于 Lucene，因为 Solr 底层的核心技术是使用 Lucene 来实现的。Solr 和 Lucene 的本质区别有以下三点。

1）Lucene 本质上是搜索库，不是独立的应用程序，而 Solr 是应用程序。

2）Lucene 专注于搜索底层的建设，而 Solr 专注于企业应用。

3）Lucene 不负责支撑搜索服务所必需的管理，而 Solr 负责。

所以，Solr 是 Lucene 面向企业级搜索应用的扩展。

2. Solr 和 Elasticsearch

1）Solr 查询语句比 Elasticsearch 查询语句简单。

2）Solr 利用 Zookeeper 进行分布式管理，而 Elasticsearch 自身带有分布式协调管理功能。

3）Solr 支持更多格式的数据，Elasticsearch 仅支持 JSON 格式。

4）Solr 官方提供的功能较多，Elasticsearch 注重核心功能。

5）对于一般的搜索，Solr 好于 Elasticsearch，但在处理实时搜索时效率不如 Elasticsearch。

6）Solr 专注于文本搜索，Elasticsearch 常用于查询、过滤和分组分析统计。

10.5　本章小结

本章对搜索引擎——Lucene、Solr 以及 Elasticsearch 进行介绍，结合源码讲述 Lucene 索引过程和搜索过程；对 Solr 和 Elasticsearch 的核心功能和核心概念详细讲解；并对这三个搜索引擎进行对比，总结优缺点，便于读者在使用时选择适合当前场景的工具。本章也为后续实战部分做了铺垫，所述工具也将在实战中发挥作用。

搜索应用实战：基于电商的搜索开发

网上购物、网上订餐、网上找房、网上订购航班和出行都离不开搜索，可以说搜索系统已经渗透到我们生活的方方面面。本章将通过具体的实例讲解搜索系统在电商领域的具体实现。

11.1　电商搜索系统的架构设计

在电商领域，一个完整的搜索系统的设计需要多年的经验和对整个领域的认知。下面先给出一个搜索系统架构示例，如图 11-1 所示。

对于电商公司来说，网站索引商品的量大概在百万级别，因此要求搜索引擎既要搜得准，又要搜得全。搜得准能够提升客户满意度，减少客户流失；搜得全能够给商品带来更多的曝光度，提高转化率。二者最终目的都是要提高用户转化率。图 11-2 是电商搜索引擎的架构。

通常，搜索系统可以做以下几方面优化。

1）**做好联想输入**。好的联想输入能够帮助客户快速找到自己想要的搜索词，不需要输入完整词汇，只需要输入首字母，或者输入拼音就可以快速定位搜索词，进而快速找到自己想要的商品。这种方式可以提升用户满意度，提高转化率。

2）**做好分词**。分词是搜索中比较重要的一环，是构成倒排索引的基础。分词相对单字索引能够减少索引量，提高统计排序的灵活性。

3）**做好纠错**。用户在使用搜索时，难免会输入错误，这时候就要对输入进行纠错。我们通常会采用两种纠错方式：一种是固定纠错法，即统计客户输入的词语，找到错误率比较高的词语，以及一些有歧义的词语，并固定设置遇到此类词语就转成纠错词去查询；另一种是拼音纠错法，即对经常输入错误的词语提取拼音，对同音词按照搜索频率排序提示给客户。

4）**做好对搜索无结果时的推荐**。对于电商搜索来说，搜索无结果经常出现，比如客户输入错误或者没有客户想要的东西，如果仅仅给客户展示白屏，那就相当于放弃了该客户，所以针对这种情况，应有针对性地做一些推荐，比如可以采用查询扩展和用户意图识别的方法来解决。

5）**做好商品排序**。排序是整个搜索过程比较重要的一个过程。通常，我们可以将排序过程分为几个阶段，在每一个阶段完成一项重要的任务，并在整个排序过程关注转化率。

6）**做好搜索业务的支撑平台，比如训练、标注、监控、算法管理与发布等**。训练平台提供专门的训练环境，供算法工程师使用；标注平台给运营人员提供专门标注的地方，同时将这些系统打通，实现自动化管理，为后续算法上线提供系统化管理。

7）**关注系统性能，提高系统的响应能力及吞吐能力**。我们要对系统高并发能力有一定的预判，尽量做好相关预案。线上系统要能经受"双 11"这种大型促销活动的考验。

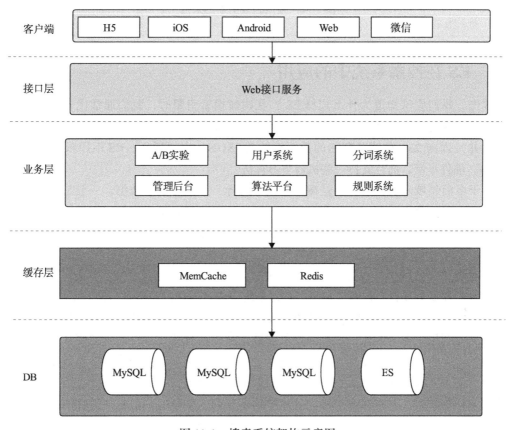

图 11-1　搜索系统架构示意图

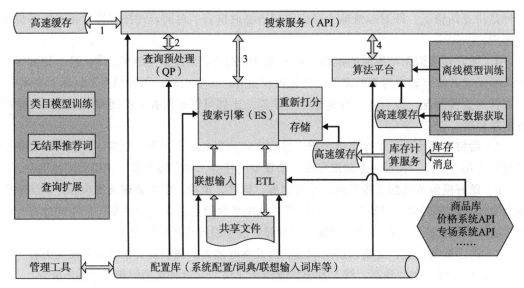

图 11-2　电商搜索引擎的架构

11.2　ES 在搜索系统中的应用

首先，我们应该知道为什么选择 ES ？在构建搜索引擎时，我们通常优先考虑开源的搜索引擎，因为完全自研成本会很高。选择 ES 的依据是它是一款分布式、高可用的搜索引擎，并且面向文本存储，存储的数据格式是 JSON，方便通用。ES 不用限制其内部的 Schema，插件丰富，而且支持一些机器学习算法。

对于电商领域来讲，第一步是搜索引擎的选择；第二步是看数据，一般是从大数据中搜索数据，通过分析数据解决转化率低的问题；第三步需要实现实时数据的同步，数据的增删改等操作都需要在搜索引擎中实现同步，原始数据也需要实时同步到搜索引擎中；第四步就是实现用户访问。

在使用 ES 的过程中，也有一些值得注意的地方。对于分布式系统，其会将数据分布到多台机器或者多个节点。查询请求发出后，系统会通过总调度将数据分流到对应的分片上。ES 在创建索引的时候就可以指定分片数，如果只指定一个节点会出现数据倾斜的现象，也不利于充分利用机器，因此一般会依据机器数量来指定分片数。查询时需要从每个分片中找到满足对应查询条件的数据，然后在总调度中汇聚。例如，要查询 100 条数据，需要在分片中查询 100 次数据，最后在总调度中汇聚成 400 条数据，再从这 400 条数据依据优先级取前 100 条数据，返回到客户端。分片数越多查询效率越低，但是写的性能会提升。在设置分片数量时，我们需要依据业务需求设定。如果分片主要用于读操作就将分片数设置得少一些，如果是写操作就根据数据量匹配分片数，达到最大存储量。

在使用 ES 的过程中，笔者的一些经验和教训如下。

1）硬件必须要强。公司应尽量使用 SSD（固态硬盘），因为 SSD 读取速度快，能够提升 I/O 吞吐量。对于高并发情况，内存条主频应尽量保持一致；内存条主频不一致可能使系统运行变慢。有兴趣的读者可以网上搜索一下相关知识。

2）索引不能只依靠磁盘，即使是 SSD，查询一次的代价也是昂贵的。对于高并发，ES 会加载索引到堆外内存，包括倒排索引、正排索引、向量信息。整个查询过程会使用堆外内存查询。如果堆外内存不存在索引，再去磁盘查询，同时写入堆外内存；如果堆外内存已满，ES 会替换掉一些不常用的索引。需要注意的是，我们应该把服务器交换分区关掉，否则内存满了会使用磁盘，使系统性能大幅下降。如果有条件，我们可以把所有文件加载到 JVM 内存，这样查询会更快，但如果 JVM 内存故障，要保证对刚更新的内存索引进行备份。

3）预热。为了把索引文件充分加载到堆外内存，我们可以把系统需要使用的词典文件加载到 JVM 内存。

4）注意 ES 缓存设计。ES 缓存分为三种：查询缓存、请求缓存、数据结构的缓存。在设计 ES 缓存的时候，要注意缓存大小的设置。如果设置得过小，缓存命中率可能比较低，起不到效果；如果设置得过大，可能会导致垃圾回收时间过长。我们可以根据索引大小以及机器配置适当调整缓存大小。

5）建议禁用 Source 字段。因为开启 Source 字段，ES 会在返回结果时根据查询到的文档 ID，找到对应的文档信息，将 JSON 反序列化成结果对象，这个过程比较消耗 CPU。

6）合并段。ES 在查询过程中对每一个段都要根据输入词查询一次索引，这个过程会涉及 I/O 或者堆外内存的交互。ES 在每次提交结果时都会生成一个段文件，如果段文件非常多会导致多次循环，严重影响性能，因此可以合并成一个段去请求。但是要注意，段合并非常消耗 CPU，建议不要在服务高峰期合并段。

11.3　NLP 在搜索系统中的应用

NLP 在搜索系统中的应用主要包括：搜索意图识别、查询理解、网页内容理解、搜索排序、相关推荐等。排序是一个比较大的专题，这里先看看 NLP 在搜索系统中的应用。

查询理解的任务是最经典的关于 NLP 在搜索场景中的应用，主要通过对海量的查询日志、点击反馈日志进行数据挖掘。查询理解任务主要包括中文分词、新词发现、词性标注、句法分析、同义词挖掘、拼写纠错、查询扩展、查询改写等。这些知识点在第 4 章和第 5 章也有一定程度的总结和梳理。毫不夸张地说，查询理解是搜索场景中的灵魂。

当然，查询理解也有一些技术上的挑战。比如，针对长尾关键词查询，如果用基于规则的方式处理，工作量大；如果用机器学习的方式处理，没有足够的样本支持。另外，从技术实现角度看，真正做到语义上的召回也是非常有挑战的。

NLP 在查询理解上的应用如图 11-3 所示。

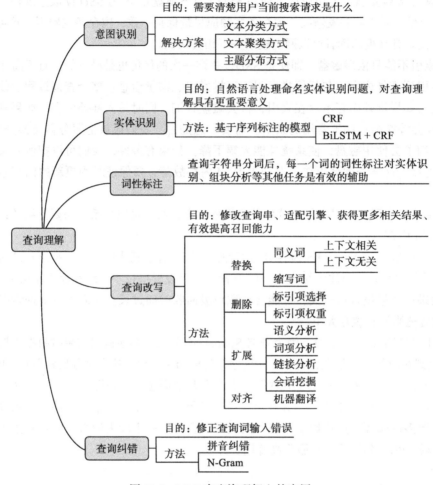

图 11-3　NLP 在查询理解上的应用

图 11-4 是基于电商的搜索逻辑设计示意图。从图中可以看出，搜索逻辑可以在查询扩展的基础上进行各种演变。这样做的目的是丰富查询条件，并且加强对查询的语义理解。

下面再举一个"猜你喜欢"逻辑设计示意图，如图 11-5 所示。如何让搜索引擎能够"猜"到用户的兴趣点是该功能逻辑设计的主要目的。当然让搜索引擎具有"猜"的功能在技术层面上也是比较有挑战的。首先要分析用户的查询内容以及用户的查询行为。用户查询内容的分析可以通过对查询条件进行分析。用户查询行为一般需要经过大数据的统计分析，挖掘用户深层次的需求。

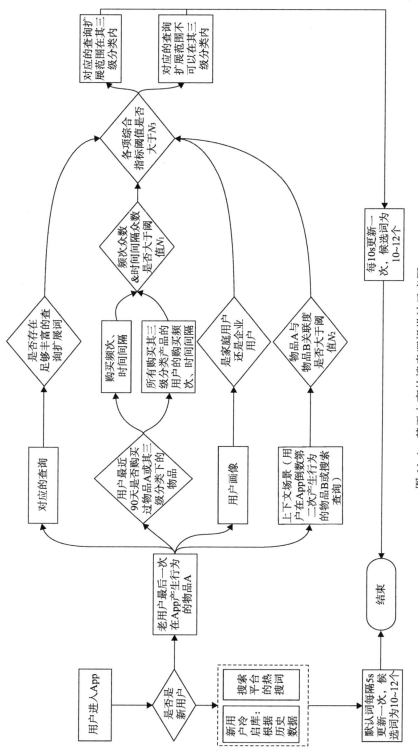

图 11-4　基于电商的搜索逻辑设计示意图

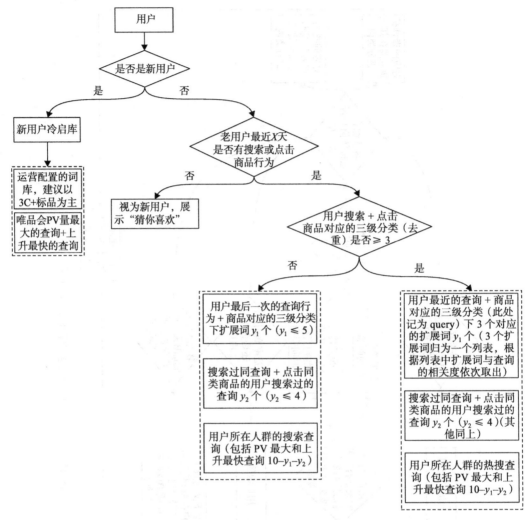

图 11-5 "猜你喜欢"逻辑设计示意图

11.4 商品数据排序算法研究

随着我国经济与互联网技术的飞速发展，电商平台上商品的种类也急剧增加。如何让用户在最短的时间内便捷地找到自己感兴趣的商品，并且对商品有效排序已经成为每一个电商平台必须面对的问题。

在开始讨论排序算法之前，我们先回顾一下电商平台数据的运作流程，这对于合理地使用排序算法是尤为重要的。如果说排序是将现有的结果按照用户感兴趣的程度由高到低排列，那么用户当前的兴趣和召回数据的极限范围就是排序算法的重要依据。

　　首先，对于确定用户兴趣，我们通常会选择使用用户画像、用户行为以及热点推荐的方式来综合评价。其次，我们还要确定用户的最近行为反映出了用户的哪些特质，如性格、爱好等。最后，我们需要确定最近热门的商品，这些商品中有哪些可能和当前用户的兴趣强相关。基于这三步，最终产出优质的召回数据。

　　对于用户当前兴趣的确定，我们可以将不同的属性按照其内部的互异性、分割后的特质所含样本数量，以及样本时效性等维度进行分析。首先是获取用户基本属性，可以依据用户长期以来在平台上产生的数据获得。这里需要格外注意网格的大小。如果把用来确定用户基本属性的每一个特征当作一个维度，那么由性别和收入特征产生的简单网格可以是 $2 \times X$，其中 X 是收入的划分间隔，而 2 是性别的划分。具体要收纳多少个特征作为基础维度，而每一个特征又要如何分割，这既要考虑每一个特征分割后的区分性或者说互异性，又要考虑网格内用户的数量。

　　比如，给 0～1 岁、1～3 岁、3～5 岁与 5～8 岁的孩子在选择教育的时候，其目标商品是有明显区别的。那么在当前电商场景下，就可以将其细分到不同的子分类上，然后根据用户的数量确定维度，例如，如果当前 1～3 岁的男孩数量较少，那么可以酌情删除当前分割的年龄区间或与其他近似特征分割后的区间进行合并。

　　关于时效性，我们可以分为两个不同的维度：用户侧的时效性以及商品侧的时效性。这里我们先以用户侧的时效性举例。一个 18 岁的用户在 5～6 月的时候感兴趣的商品可能是《三年真题五年模拟》。而 2 个月后，他还会对于这些商品感兴趣吗？如果我们能确定他是一位高三考生，那么 2 个月后，他对这种商品的兴趣度就会下降。

　　这里是对基础数据准备的简单样例的讲解。对于召回数据的理解也同样如此。召回数据的理解是建立在平台总体情况与当前页面情况基础之上的。在不考虑商业逻辑的前提下，我们首先要清楚当前页面在当前平台上到底会召回哪些范围的数据，它们又包含哪些特征，这些特征在接下来的排序阶段是否可用，等等。

　　下一步我们进入模型的选择。无论是复杂度较低的规则排序，还是排序算法模型，首先要权衡的是算法的性能。很简单的一个逻辑就是保证用户体验。除了参考性能指标之外，很多时候我们优先选择可解释性强的模型，即模型本身对于排序结果的计算方式是易于理解的，比如规则模型、逻辑回归模型、树模型及其部分衍生模型等。对于如何选择合适的模型去满足不同的需求，就需要大家对于模型本身的数学逻辑和应用场景等有着更深入的理解，这里就不再过多赘述了。

　　而当确定了模型后，我们就需要考虑评估模型性能和优化模型。

11.5　搜索排序的评价及优化

　　搜索排序方法的评价在前面章节中已经做了详细描述。这里需要讲的是具体指标的选取和实验方法。在算法实现阶段，每一个模型都是单一目标的实现。但是，由于业务场景的需要，线上评估有可能是多目标融合结果的评估。

　　离线实验对搜索排序的评价主要侧重两个方面：效率评价和效果评价。效率评价一般是指搜索系统在响应时间和空间消耗方面的评估。一个系统的响应时间受诸多因素的影响：硬件、数据量、数据结构等。对于搜索排序模型，我们要根据实际应用场景对模型进行选择，按照系统能够给出的时间限度，选择具有合适的复杂度的模型、特征等。对于搜索系统而言，不同的文档存储结构所用内存区别较大，如正排索引和倒排索引所需内存空间不同，布尔检索和正文检索所需内存空间也不同。

　　效果评价是对模型排序后的结果进行评价，即对比排序结果和标准结果的差异。评估指标包括：准确率、召回率、F 值、平均准确率以及 nDCG 指标等。准确率描述最终的推荐列表中有多少比例是发生过的用户 – 物品评分记录；召回率描述有多少比例的用户 – 物品评分记录包含在最终的列表结果中；F 值是同时考虑准确率和召回率的综合指标，使用调和平均数的计算方式强调较小值的重要性；平均准确率考虑到相关文档的位置信息，在召回率从 0 到 1 逐渐提高的过程中，对每个相关文档位置上的准确率进行相加；在关注排序靠前的评价指标中，使用最多的是 nDCG 指标，其对文档的相关度进行多种等级的打分，同时综合考虑文档的位置信息。

　　ROC 曲线是解决正负样本比例不均衡以及分类阈值选择的一种方法。图 11-6 中有三条 ROC 曲线，我们可以通过 AUC 对其进行量化。AUC 为 ROC 曲线下半部分的面积。AUC 越大，模型效果越好。

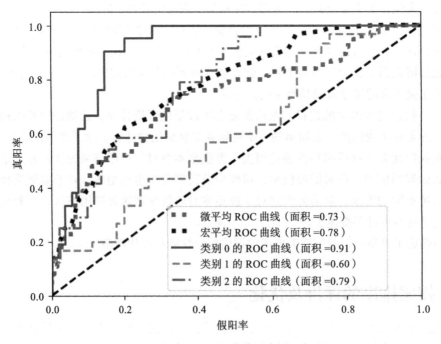

图 11-6　ROC 曲线示意图

11.6　深度学习在搜索系统中的应用

1. 将深度学习应用于"扫一扫"功能

谈到深度学习最成功的应用莫过于在图像与语音方面的应用了。在搜索框上的"扫一扫"功能正是利用了图像识别技术，这颠覆了传统的以文字作为输入的方式。如图 11-7 所示，我们可以看到电商平台已经应用了语音和图像技术。

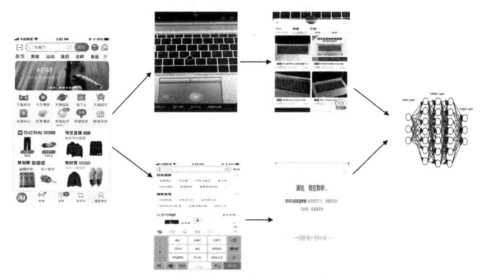

图 11-7　深度学习在图像与语音方面的应用

2. 将深度学习用于搜索引擎的召回和排序阶段

在召回阶段，我们可以利用序列标注模型进行查询理解的分析工作，也可以利用 Fasttext 或者其他模型进行意图识别。在排序阶段，我们可以使用 DSSM 模型，也可以使用其他深度学习模型。另外，我们还可以通过深度学习模型主动学习特征，利用深度学习自动扩展查询条件，等等。

11.7　电商搜索系统中的 SEM

搜索引擎营销（Search Engine Marketing，SEM）简单地说就是基于搜索平台的营销方法，主要分为自身调整和外部购买。为了提高商品曝光度，我们会考虑通过一些手段提高商品的召回率，这就是我们常说的 SEM。与 SEM 相关的还有 SEO 和手机平台的 ASM 和 ASO。

比如，我们在应用商店单纯地搜索"淘宝"，可以看到很多与"淘宝"不太相关的内容，如"唯品会"和"美团"等。阅读"美团"的内容发现，美团在内容中有描述："相关应用：

大众点评、百度糯米、饿了么、淘宝、京东……"。

　　在尝试了所有相关 App 的搜索之后，我们发现美团或多或少地存在于相关的搜索结果中，所以猜测"美团"App 在内容描述上极大概率地应用了 SEM。当然由于商业保密等，我们无法知道应用商店具体使用的是什么样的搜索策略。由苹果官方公布的影响搜索结果的因素可知：搜索结果只与用户行为和文本相关性有关。

　　再比如，图 11-8 所示为 SensorTower 提供的 2017 年 5 ~ 8 月游戏与非游戏 App 下载来源比例。我们可以发现来自搜索的比例要远远大于来自推荐的比例。2018 年，随着应用商店的大规模改版，也有人称搜索比重有所下降。就现在情况来看，应用商店中 App 下载来源依旧主要依赖于搜索。而考虑到应用商店所提供的搜索服务，ASO 主要是通过对搜索规则的解析尽可能地提高召回率，进而提高 App 曝光度。

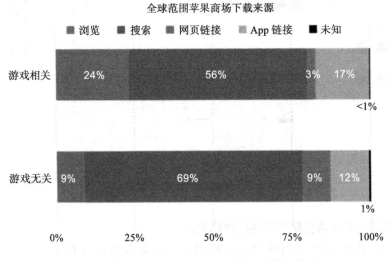

图 11-8　SensorTower 下载来源数据分布

数据来源：SensorTower

　　图 11-9 是在京东搜索"手机"的 SEM 结果，我们能清晰地看到在结果的右下角有一个广告的标记。这也是我们常见的一种基于电商平台的 SEM 方法，即置顶。当产品方购买了相关热词之后，与当前用户搜索内容相关的结果展示中一定会展示这类购买了"置顶"广告的产品。这类 SEM 其实是一种流量出售的方式。通常，一件商品的购买量在存量充足的情况下，我们可以简单地理解为：购买量 = 流量 × 浏览系数 × 服务系数 × 商品本身属性。以这个公式为例，我们看出商品的购买量除了与商品本身的属性有关，还与商品的曝光量即流量和商家的服务有关。这也是现代商品社会中广告基于搜索平台的一种新型表达。

图 11-9　在京东搜索"手机"的 SEM 结果

流量购买型的 SEM 方式也是多种多样的，不仅限于置顶一种，还有系数调整方法。而在搜索排序中，所有的 SEM 策略统称为商业策略。

前面的章节讲解搜索排序的时候讲到，展示给用户的最终排序结果应该是经过模型排序之后再依照商业逻辑调整之后的结果。所以，SEM 策略应该独立于整个排序结果之外，但又与搜索结果相关。通常，SEM 有两种策略，即添加和重排。添加即将与当前搜索内容相关但不存在于当前结果中的数据强行添加至排序结果的预设位置。值得注意的是，添加的内容是否与搜索内容相关是需要仔细斟酌的。在一些搜索平台中，平台自身可能允许 SEM 购买方选择关键词或热词。在这种情况下，只要热词与添加内容相关就会触发 SEM 规则。如果没有控制好 SEM 购买方选择的热词，同时在关系判断时又过于简单地依赖于热词，很有可能损失当前排序结果的精度。

相比于添加，重排的方法会显得更温和，也更有可能保证搜索排序的精度。同时，就商业逻辑而言，重排效果可能不如添加方法，主要表现在受众和价格上。因此，如何选择合适的 SEM 方法与触发 SEM 规则，就成了 SEM 最重要的考验。常见广告位、专题推送后台逻辑如图 11-10 所示。

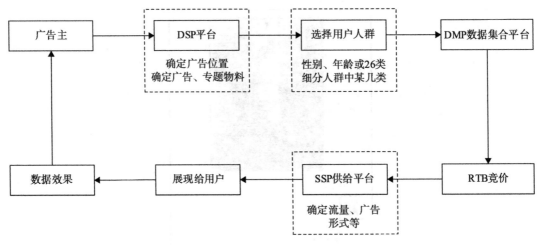

图 11-10 常见广告位、专题推送后台逻辑

11.8 本章小结

本章主要讲解在电商领域搜索系统架构设计的实战经验和方法总结。因为每年的"双11"大促活动对电商平台来说都是一次严峻考验，所以电商的搜索系统同样也需要浴火重生。凡是在这些活动中经受得住考验的系统从架构到实现阶段都经过了严谨的设计。在这个过程中，我们逐渐积累了很多血与泪的教训。希望本章能给大家在类似系统的设计上带来便利。

推荐应用实战：基于广告平台的推荐

广告是为了达到某种特定的目的，向公众传递信息的宣传手段。广告对每一个企业业务的增长起到了举足轻重的作用。本章将介绍基于广告平台的推荐实践经验。

12.1 推荐系统的架构设计

广告是互联网公司流量商业变现的主要形式，是由多方参与主体共同完成的一项商业营销活动。计算广告的核心问题是在给定的一系列上下文环境中，去寻求最合适的广告投放策略，从而实现广告价值最大化。广告涉及的三方包括平台、用户以及广告主。

从技术实现角度来讲，广告更偏推荐技术，但从本质上讲是将推荐和搜索技术完美统一。总体来说，广告平台需要均衡三方利益，推荐系统则需要更多关注用户体验。举一个简单的例子，同样使用 CTR 预估模型，对于广告平台，其可能更多是从收益出发，排序的最终结果也是为了最大化收益；对于推荐系统，除了关注排序结果，还需要在评价体系中评估用户体验，比如推荐结果的惊喜度、新颖性等。图 12-1 是将搜索、推荐、广告三者统一的架构设计。

另一方面，推荐更多是一种技术，而广告是一种业务。个性化推荐可以用在广告中，也可以用在其他产品中，只是计算广告的一个环节。个性化推荐不能等同于机器学习，因为从推荐系统实现的角度来看，我们可以使用机器学习也可以使用其他技术和策略。但是广告系统一般会使用机器学习。表 12-1 从不同维度说明了搜索、推荐以及广告的异同之处。

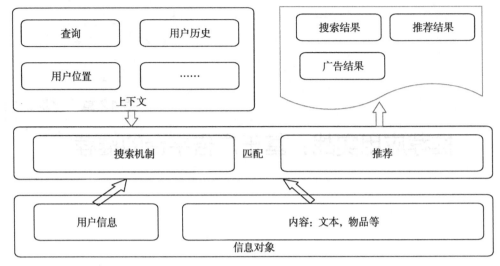

图 12-1 搜索、推荐、广告三者的统一

表 12-1 搜索、推荐、广告的差异

	搜索	推荐	广告
信息传送方式	拉	推和拉	推
关注点	内容消费方	内容生产和消费方	内容生产方
是否期待惊喜度	否	是	否
是否需要查询	是	分场景	分场景
是否依赖上下文	可能	可能	可能

所以，广告系统的架构和推荐系统的架构有类似的地方，也有些许区别。图 12-2 是一个简单的 DSP 广告系统架构，图中箭头表示数据流的走向，1 是收到一个广告展示请求，8 是发出针对此次请求的出价、广告创意等。

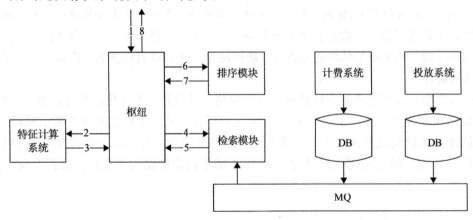

图 12-2 DSP 广告系统核心示意图

其中，枢纽、检索模块和排序模块是广告系统的核心，特征计算系统、计费系统和投放系统是辅助模块。

枢纽：对外提供 HTTP 服务，接收请求后，依次与特征计算系统、检索模块、排序模块交互，最后返回出价和广告创意等。

检索模块：解决相关性问题，检索出与用户查询相关性较高的广告。相关性较低的广告会影响用户体验和广告效果。

排序模块：解决收益最大化问题，在约束下最大化收益。

特征计算系统：实时计算场景（媒体、广告位、上下文、设备等）曝光度、用户的特征，并向其他模块提供实时查询支持。

计费系统：实时处理曝光后媒体返回的数据，以及其他点击、转化等数据，并计算广告费用、剩余预算等。

投放系统：供广告主设置定向条件、创意等，是广告主直接交互的系统。

图 12-3 是微博广告架构，基本的广告系统具有类似的框架体系。

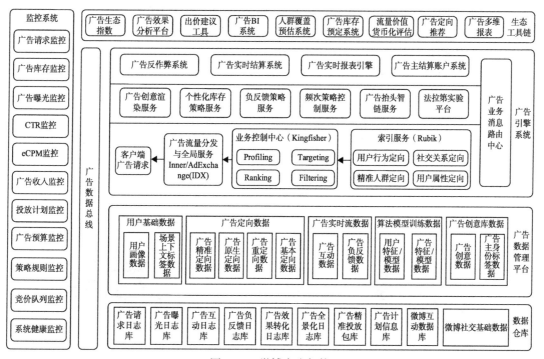

图 12-3　微博广告架构

12.2　推荐系统的召回和冷启动

广告平台关于广告的两种思考方式：当前推荐的广告的优劣以广告收益为评价标准，

还是以用户体验为评价标准。注重广告收益的策略，在推荐广告时会更关注广告人均点击、推广人数等指标。这些指标能有效识别当前推荐的广告是否与用户相匹配。注重用户体验的策略其实更关注广告平台的用户留存。这样看，广告平台其实更像是一个推荐系统。注重广告收益的策略，可能会发生重复推荐同一条广告给一个用户的情况，因此我们应在最大化商业利益的前提下，合理制定触达方式。所以，广告平台应该平衡好广告收益和用户体验。

再回到推荐系统的冷启动策略。前文已经介绍了一些推荐系统冷启动的基本解决方法。在计算广告中，解决冷启动问题通常还有两种方法：一种是利用强化学习的方法。这类方法通常将冷启动问题转化为多臂赌博机问题进行解决，根据用户对广告的反馈，不断调整系统推荐广告的策略。另一种是利用推荐系统中基于内容的推荐方法。这类方法利用用户的描述信息，比如用户的年龄、性别、地理位置、工作、爱好等信息，给用户推荐相应的广告。传统的解决冷启动问题的方法通常在为用户推荐过程中需要进行大量的计算，非常耗时。如何降低推荐过程中计算的复杂度，是我们持续保持关注和待解决的问题。

以 Google 的广告平台为例，它是业内少数能将多方利益平衡好的公司之一。首先，我们先看看 Google 广告平台的整体运作逻辑。对于每一个想要加入 GA（Google Adwords）平台的广告主来说，GA 会要求客户以组为单位，提供相应的广告并选择合适的热词、地区范围等相关信息，以便通过最基本的标签信息获得足够的内容支持。图 12-4 展示的是在 Google 中搜索 video games 时，右侧出现的与 video games 相关的广告及其推荐原理解释。我们可以发现 Google 在冷启动召回时，为了保证搜索界面信息的准确，召回广告主要采用基于关键词的方法。这也是我们之前在广告提供商处提到的提交的相关信息。当在短时间内反复搜索 video games，除了第一次之外，并没有再看到广告。由此可见对于非注册用户，GA 平台的冷启动广告推荐具有时效性。

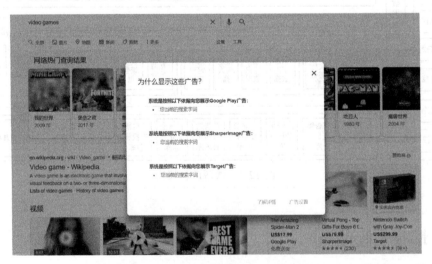

图 12-4　在 Google 中搜索 video games

再举一个 360 广告系统召回的例子，召回模块先初步选出广告候选集，然后进入过滤模块，最后进入排序阶段。过滤方法主要包括基于规则、黑白名单、预算控制。在排序阶段，粗排模块对初选的广告候选集按评价函数模型进行打分，但没有精排模块那么复杂，相对比较简单。召回过程中使用的方法如图 12-5 所示。

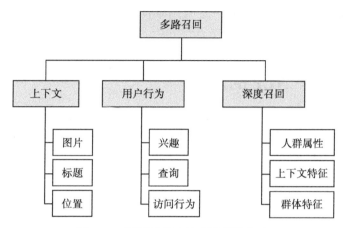

图 12-5　召回过程中可以使用的方法

上下文召回包括以下三种类型，第一种是基于图片的，即将图片向量化，通过计算广告商品与图片向量的相似度进行召回；第二种是基于标题的，主要是基于文本分类模型进行召回；第三种是基于位置的，广告主自身设定某个标签区域进行投放，在该区域内进行标签匹配召回。

用户行为召回有以下三种类型，第一种是基于兴趣的，即基于用户历史行为建立用户画像，形成兴趣标签，属于布尔召回；第二种是基于查询的，根据用户的历史查询行为，通过 NLP 相关模型进行召回；第三种是基于访问行为的，利用广告主回传的用户行为，采用 Item CF、ALS、Neural MF 等模型进行召回。

深度召回主要是把人群属性、群体特征、上下文特征等结合起来，采用深度学习模型进行召回。

上述方法在第 7 和第 8 章中都有详细的描述。这些召回的策略和方法基本上与推荐系统相似。

12.3　ES 在推荐系统中的应用

ES 加入了分布式、分片等特性后越来越多地应用在大型的搜索、推荐以及广告系统中。那么，为什么选择 ES 呢？究其原因，ES 有以下 4 大特性。

1）**可实时分析**。ES 可以根据业务要求，发挥分布式的优点，尽最大可能实时分析、解析出业务需要的数据。

2）**可实时存储**。ES 在某个主节点保存数据时候，只有当副分片保存成功，才能认为是实时保存成功，并且支持批量保存数据。

3）**分布式集群**。根据业务需求及当前的搜索量，ES 可以横向扩展，支持存储最大 PB 级的数据，可以提高搜索速度。

4）**支持快速搜索**。ES 可以并发从 *N* 台机器的副分片或主分片搜索数据，通过查询机器负载进行组合数据，最终响应请求。

12.4 推荐系统中 NLP 的应用

在广告的召回过程中，查询理解是一个重要的环节。第 4 章也归纳梳理了一些对查询理解的基本方法。图 12-6 是广告中的 NLP 算法应用，具体包括两个最基本的任务：用户查询意图的识别和查询重写。

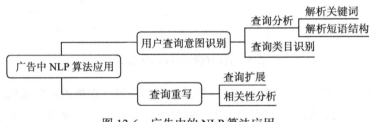

图 12-6　广告中的 NLP 算法应用

1. 用户查询意图识别

查询分析过程中需要对查询进行分词，分析分词后的标引项以及标引项的权重。这和搜索中的查询分析完全一致。查询类目识别主要是判定类目，通常这类问题都会转化为文本分类问题来解决。目前，文本分类方法也有很多，比如基于传统统计模型、基于深度神经网络的方法等。关于具体的模型和方法前面的章节中都有讲解，针对不同的业务场景我们选择合适的分类模型即可。下面介绍在使用文本分类方面的经验技巧，这些技巧可能体现在预处理和训练阶段。

（1）文本预处理阶段

1）需要对文本进行泛化，如泛化命名实体。

2）规范文本的长度，可以取所有文本长度的均值或者中位数。

3）构建数据集的词典时，应该注意以下几点。

❏ 可以取高频词或者过滤次数小于某个阈值的词。

❏ 可考虑去掉停用词。

❏ 采用的预训练模型，要尽可能让词典中的词找到对应词向量。

4）中文分词

- □ 判断是否需要分词，判断选用哪个分词器。
- □ 分词后可以根据词的长度过滤一些词，降低维度。
- □ 采用预训练的词向量时，要保证分词后的大部分词语能够出现在预训练的词向量表中，否则词嵌入就相当于是随机初始化，预训练的词向量没有提供任何信息。

5）数据增强

常见的方法有随机删除文本、改变文本顺序、同义词替换等。

（2）模型训练

1）特征工程。传统的机器学习方法根据特征工程可以分为三大类。

- □ 词袋模型，矩阵维度高且稀疏。
- □ 向量空间模型，需要考虑文档的频率、互信息、信息熵增益、卡方等。
- □ 主题模型，利用 PLSA/LDA 等模型提取文本特征，解释性较好。

2）模型选择。建立好一个基线模型，然后依次选用不同模型做比较。

3）双向 RNN 模型一般比单向效果要好。

4）处理训练震荡及适当调整学习率等。

2. 查询重写

查询重写的第一种方法是做查询扩展。前面的章节中也提到过一些查询扩展通用的方法。这里举一些实际的例子，比如"阿迪运动鞋"中的"阿迪"和"阿迪达斯"是同义关系。所以，我们可以把"阿迪运动鞋"这个查询直接扩展到"阿迪达斯运动鞋"。再举一个例子"小棕瓶眼霜"，这个查询中并没有提到"小棕瓶"属于哪一个品牌，所以可以通过知识图谱建立"小棕瓶"与"雅诗兰黛"品牌的关系，这里可以将"小棕瓶眼霜"直接改写为"雅诗兰黛眼霜"。

第二种方法是相关性分析。相关性分析的方法也有很多，这里再介绍一种查询和商品条目相关性分析的方法，可以抽象成排序学习的问题。如给定查询 Q 和比对的短文本 D，判别相关性的档位，假设相关性档位从 0 到 5 逐渐变强，相关性分析问题就可以抽象成如式（12-1）所示的形式。

$$sim(Q, D) \in 0, 1, 2, 3, 4, 5 \qquad (12\text{-}1)$$

这个问题转化成排序学习问题，那么解决方案就简单多了，比如可以采用前面介绍DSSM 模型或者其他模型。解决问题的关键在于学习数据的标注，所以采用完全的有监督学习模型可能是件不现实的事情。

12.5　推荐系统中粗排和精排

广告从召回到曝光的过程需要经历粗排、精排和竞价及反作弊等阶段。广告粗排框架是对引擎端召回的若干广告进行排序，并将排序的结果进行截断。截断后的候选集会被传给广告精排模块处理。粗排目的是尽可能在候选广告集中找到与流量相关性较高的广告，一般可以有效转化为目标。

CTR 是指网络广告（图片广告 / 文字广告 / 关键词广告 / 排名广告 / 视频广告等）的点击到达率，即该广告的实际点击次数除以广告的展现量。CTR 预估是互联网主流应用（广告、推荐、搜索等）的核心环节，包括 Google、Facebook 等业界巨头都在对该问题进行研究，国内阿里巴巴、腾讯、百度等一线互联网公司也在做持续研究。精排是使用 CTR 预估模型进行排序。

为什么 CTR 预估是互联网计算广告的关键技术环节呢？我们可以把 CTR 问题抽象成如下的形式 $P(X=click|query, ad)$，广告被展现后有两种可能的结果——点击或不点击，在 n 次展现中被点击的次数 X 服从二项分布。根据历史统计，CTR 预估可以简化为：

$$CTR = \frac{k}{n} \tag{12-2}$$

式（12-2）中，k 是点击次数，n 是展示次数。

CTR 的准确性直接影响公司广告收入，因为

$$ECPM = CTR \times Bid \tag{12-3}$$

式（12-3）中，ECPM 指有效的千次展示成本，Bid 指广告中的买方出价。在广告排序的过程中，CTR 未知，Bid 已知。

还有，扣费计算的方式，如下：

$$CPC_i = (CTR_{i+1} \times CPC_{i+1})/CTR_i \tag{12-4}$$

式（12-4）中，CPC_i 指当前广告的扣费，依赖于当前和后一条广告 CTR。所以，计算 CTR 是排序和扣费的核心。

理论上，我们可以通过直接估计方法计算 CTR。但是由于数据稀疏、真实点击率低、点击率未必恒定等，CTR 必须通过预估的方式获得。前面章节介绍了的排序学习过程中的算法模型，从理论上讲都适用于 CTR 预估。

从算法视角来看，广告系统至少包括以下环节：匹配、召回、海选、粗排、精排、策略调控等。我们可以将广告系统、推荐系统、搜索系统统一成一种架构，就像图 12-1 中所描述的那样。排序阶段包括粗排和精排两个阶段，有的公司甚至还加入二次精排。

12.6　推荐系统的评价和优化

11.5 节讲述了搜索系统的评价和优化，其中所提到的指标同样适用于推荐系统排序阶段。本节将在此基础上讲述推荐系统的相关实验方法：离线评估、在线评估和主观评估，同时将各个指标嵌入其中，对各个阶段的模型和数据进行评估。

离线评估是工程师拉取线上数据在实验环境训练模型，并进行离线指标评估的过程。该过程不需要各方人员全部参与，可以高效地进行多种模型的调整和优化，但可能导致线上和线下模型表现不一致，无法完全复制到线上环境，无法衡量具体业务指标的波动。在这个过程中，工程师衡量模型表现的指标一般有：1）准确度指标，包括：均方根误差、平均绝对误差、准确率、召回率、AUC 以及 nDCG 等；2）覆盖度指标；3）多样性指标；4）实时性能指标；5）鲁棒性指标。工程师只有对上述指标评估后，才可将模型放到线上环境进行在线实验。

在线实验常用的方法是 A/B 实验，把旧策略下的流量分出一定的比例给新策略，通过一段时间的测试，根据制定好的业务指标对新旧策略进行比较。在线评估涉及的主要指标有：1）服务响应时间；2）抗高并发能力；3）相关业务指标，主要包括曝光、浏览、下单等业务转化率指标。除了使用 A/B 实验，常用的还有 Interleaving 实验框架。该框架相比于传统 A/B 实验，有较小的样本需求量、较低的实验误差率，但也比传统 A/B 实验更加复杂，缺乏部分指标的预测能力。所以，读者在使用时需要根据具体需求自行选择。

策略上线后，我们还可以进行主观评估。用户调研是一种常用的主观评估方法。问卷调查是一种重要的用户调查途径，但需要注意调查问卷的设计、用户引导、调查对象选取的范围和数量，从而确保调查结果的可用性等。

总之，在推荐系统的评价和优化过程中，离线评估、在线评估以及主观评估都是必不可少的，在此基础上进行系统的迭代和优化才能更加有效。

12.7　深度学习在推荐系统应用

深度学习在推荐、搜索以及广告中都发挥着举足轻重的作用。在数据驱动的时代背景下，深度学习模型也开始在各个领域发挥作用。广告系统是深度学习的实验田。

下面以阿里为例具体讲一下阿里在排序方面的进化。

在 2012 年，阿里巴巴就提出了 MLR(Mixed Logistic Regression) 模型并实际部署到线上系统，同时期的模型还有 FM 模型。MLR 的本质是由多个 LR 模型组合而成，用分片线性模式来拟合高维空间的非线性模式。当时，只有阿里采用了"大规模离散特征 + 分布式非线性 MLR 模型"。MLR 模型最大的问题如下。

1）从数百维统计特征到数十亿离散特征，训练架构需要调整。

2）模型学习到兼具拟合能力和泛化能力的范式存疑。

3）这种超大规模数据上的非凸优化问题难以解决。

2015 年，MLR 模型遇到了发展瓶颈，当数据量增加，训练样本量也逐渐增大，而且引入高阶特征，需要更复杂的模型，代价高。

2016 年，阿里巴巴引入了深度学习模型，把基于第一代端到端深度网络模型 GWEN 引入 CTR 预估实际应用中，并产生了第一代 Deep CTR 模型，如图 12-7 所示。

$$f(x) = \sum_{i=1}^{m} \pi_i(x,u)\eta_i(x,w) = \sum_{i=1}^{m} \frac{e^{u_i^T x}}{\sum_{j=1}^{m} e^{u_j^T x}} \cdot \frac{1}{1+e^{-w_i^T x}}$$

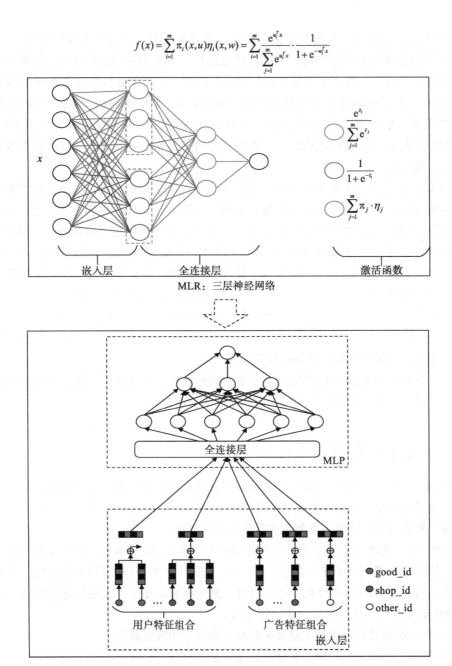

图 12-7 第一代 Deep CTR 模型的产生

从 2016 年到 2017 年，阿里巴巴从第一代 GWEN 模型开始不断进行变革。同时期，工业界也从机器学习的特征工程跨越到深度学习的模型工程，前者是特征驱动，后者是数据驱动。同时，业界提出了很多模型，如 PNN/DeepFM/DCN/xDeepFM 等。这些模型是一脉相承的思路，即用人工构造的代数式的先验来帮助模型建立对某种认知模式的预设，如 LR 模型对原始离散特征的交叉组合。

如图 12-8 所示，这个时期产生了 DIN(Deep Interest Network) 和 DIEN(Deep Interest Evolution Network) 模型。这两个模型都是围绕着用户兴趣建模，切入点是从电商场景观察到的数据特征，并针对性地进行了网络结构设计。DIN 模型捕捉了用户兴趣的多样性以及与预测目标的局部相关性；DIEN 模型进一步强化了兴趣的扩展以及兴趣在不同维度的投影关系。

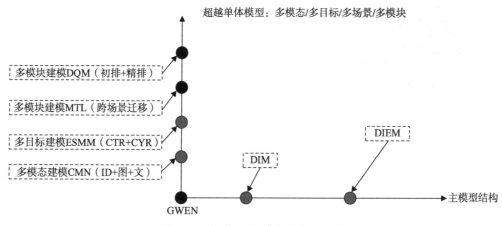

图 12-8　深度 CTR 模型演化双轨道

12.8　本章小结

本章以广告系统的推荐为例，先描述推荐系统的整体架构设计，然后分层次介绍广告系统召回、排序过程，同时串讲 ES、NLP 和深度学习在广告系统中的应用，以及推荐系统的评价和优化。希望读者能从中充分理解推荐系统理论和实践的结合点。

推荐阅读

推荐阅读

机器学习与深度学习：通过C语言模拟

作者：[日] 小高知宏 译者：申富饶 于僙 ISBN：978-7-111-59994-4

本书以深度学习为关键字讲述机器学习与深度学习的相关知识，对基本理论的讲述通俗易懂，不涉及复杂的数学理论，适用于对机器学习与深度学习感兴趣的初学者。当前机器学习的书籍一般只讲述理论，没有具体的程序实例。有些以实例为主的机器学习书籍则依赖于一些函数库或工具，无法理解其内部算法原理。本书没有使用任何外部函数库或工具，通过C语言程序来实现机器学习和深度学习算法，读者不太理解相关理论时，可以通过C语言程序代码来进行学习。

本书从强化学习、蚁群最优化方法、神经网络、深度学习等出发，分阶段介绍机器学习的各种算法，通过分析C语言程序代码，实际执行C语言程序，使读者能快速步入机器学习和深度学习殿堂。

自然语言处理与深度学习：通过C语言模拟

作者：[日] 小高知宏 译者：申富饶 于僙 ISBN：978-7-111-58657-9

本书详细介绍了将深度学习应用于自然语言处理的方法，并概述了自然语言处理的一般概念，通过具体实例说明了如何提取自然语言文本的特征以及如何考虑上下文关系来生成文本。书中自然语言文本的特征提取是通过卷积神经网络来实现的，而根据上下文关系来生成文本则利用了循环神经网络。这两个网络是深度学习领域中常用的基础技术。

本书通过实现C语言程序来具体讲解自然语言处理与深度学习的相关技术。本书给出的程序都能在普通个人电脑上执行。通过实际执行这些C语言程序，确认其运行过程，并根据需要对程序进行修改，读者能够更深刻地理解自然语言处理与深度学习技术。

推荐阅读

数据中台

超级畅销书

这是一部系统讲解数据中台建设、管理与运营的著作，旨在帮助企业将数据转化为生产力，顺利实现数字化转型。

本书由国内数据中台领域的领先企业数澜科技官方出品，几位联合创始人亲自执笔，7位作者都是资深的数据人，大部分作者来自原阿里巴巴数据中台团队。他们结合过去帮助百余家各行业头部企业建设数据中台的经验，系统总结了一套可落地的数据中台建设方法论。本书得到了包括阿里巴巴集团联合创始人在内的多位行业专家的高度评价和推荐。

中台战略

超级畅销书

这是一本全面讲解企业如何建设各类中台，并利用中台以数字营销为突破口，最终实现数字化转型和商业创新的著作。

云徙科技是国内双中台技术和数字商业云领域领先的服务提供商，在中台领域有雄厚的技术实力，也积累了丰富的行业经验，已经成功通过中台系统和数字商业云服务帮助良品铺子、珠江啤酒、富力地产、美的置业、长安福特、长安汽车等近40家国内外行业龙头企业实现了数字化转型。

中台实践

超级畅销书

本书是国内领先的中台服务提供商云徙科技为近百家头部企业提供中台服务和数字化转型指导的经验总结。主要讲解了如下4个方面的内容：

第一，中台如何帮助企业让数字化转型落地，以及中台在资源整合、业务创新、数据闭环、应用移植、组织演进5个方面为企业带来的价值；

第二，业务中台、数据中台、技术平台这3大平台的建设内容、策略和方法；

第三，中台如何驱动新地产、新汽车、新直销、新零售、新渠道5大行业和领域实现数字化转型，给出了成熟的解决方案（实现目标、解决方案和实现路径）和成功案例；

第四，开创性地提出了"软件定义中台"的思想，通过对中台的进化历程和未来演进方向的阐述，帮助读者更深入地理解中台并明确未来的行动方向。